Neil Boorman
Goodbye, Logo

Neil Boorman

Goodbye, Logo

Wie ich lernte, ohne Marken zu leben

Aus dem Englischen von Christoph Bausum

Econ

Die Originalausgabe erschien 2007
unter dem Titel *Bonfire of the Brands*
bei Canongate, Edinburgh

Econ ist ein Verlag der Ullstein Buchverlage GmbH

ISBN 978-3-430-20015-8

Inhalt

17. September 2006

Welches Poloshirt soll ich nehmen – das von Lacoste oder das von Gucci?

Normalerweise trage ich tagsüber Lacoste, besonders dann, wenn ich mich jugendlich oder leichtsinnig geben will. Gucci ist eher perfekt für ein informelles Beisammensein oder einen Drink in einem eleganten Pub. Doch im Moment ist dieser Unterschied eigentlich egal. Ich schnappe mir beide vom Stapel meiner Polohemden, der sich mir ordentlich gefaltet darbietet. Neben den Shirts liegt ein Dutzend Hosen, auch sie präzise aufeinandergelegt, damit ich die Label der Hersteller sehen kann, so wie im Geschäft. Dann kommen Pullover, Anzüge, Mäntel – und schließlich Schuhe: reihenweise Turnschuhe, schicke Brogues und Schnürschuhe aus Leder, Stiefel und Flipflops. Ihr makelloser Zustand zeugt davon, wie viel Liebe und Zuneigung ihnen zuteil wurde, seit ich diese Sammlung vor mehr als zwanzig Jahren begann.

Mit den Poloshirts in der Hand stehe ich auf und schaue auf eine Menge von vielleicht dreihundert Schaulustigen, die sich gegen die aufgestellten Absperrgitter drängen. Mit offenen Mündern, geröteten Wangen und weit aufgerissenen Augen schreien sie irgendetwas in meine Richtung. Der Geräuschpegel müsste ohrenbetäubend sein, doch unter dem Klopfen meines Herzschlags werden alle anderen Laute zu einem undeutlichen Hintergrundrauschen.

Ich drehe mich um, entferne mich von der Menschenmenge, was ein Blitzlichtgewitter zur Folge hat. Fotografen schubsen sich gegenseitig aus dem Weg, um in eine bessere Position zu kommen. Aus dem Augenwinkel sehe ich einen Mann mit einer großen Fernsehkamera, der mich und meine kleinsten Bewegungen im Visier hat, gefolgt von einem schick gekleideten sonnenbankgebräunten Reporter, der in ein Mikrofon quasselt. Nichts davon ist wichtig.

Der Scheiterhaufen vor mir ist riesig. Er brennt so hell, dass man unmöglich einzelne Flammen unterscheiden kann – ein riesiges orangefarbenes Etwas, das die Augen blendet. Ich habe noch nie eine solche Hitze erlebt, sie versengt die Augenbrauen und die Haare, die mir ins Gesicht fallen, als ich noch näher herangehe. In drei Metern Entfernung ist sie nicht mehr zu ertragen, und ich muss wieder zwei Schritte zurücktreten. Jetzt oder nie. Ich hole aus und werfe die Shirts ins Feuer. Es sieht aus, als würden sie sich sofort in Luft auflösen.

Ich gehe zurück zu meinem Kleiderstapel, mein Tunnelblick lässt nach – so, als ob ein riesiger Wollschal von meinem Kopf entfernt worden wäre. Plötzlich nehme ich meine Umgebung klar und deutlich wahr. Ich stehe auf einem öffentlichen Platz mitten in London, und vor mir auf dem Rasen liegt der materielle Inhalt meines Lebens ausgebreitet. Um das Areal herum steht eine Menschenmenge. Sicherheitskräfte hindern die Leute daran, die Barrieren zu überklettern. Pyrotechniker laufen umher und kümmern sich um das Feuer. Ein Mann in einem blauen Overall steht mit einem Vorschlaghammer bereit, um meinen LCD-Fernseher von Sharp und meinen Technics-Plattenspieler zu zerstören. Doch zuvor muss ich erst den Rest meiner Garderobe den Flammen übergeben. Die Helmut-Lang-Schuhe, die Louis-Vuitton-Tasche, den Westwood-Anzug … Doch jetzt, da der Moment gekommen ist, habe ich keine große Lust, diese Dinge wegzuwerfen. Lieber würde ich den ganzen Haufen zusammenklauben und mit nach Hause nehmen, wo er hingehört.

Ratlos stehe ich vor diesem ganzen Zirkus und frage mich: Wie bin ich bloß hier hineingeraten?

TEIL I
Einige Monate vorher

Ich bin ein angebissener Apfel, ein polospielender Reiter, ein schneebedeckter Berg. Auf der Arbeit will ich als kreativer Freigeist wahrgenommen werden, deshalb ist mein Computer ein Mac von Apple, weil den offenbar alle coolen Künstlertypen benutzen. Mein Poloshirt von Ralph Lauren ist bei den Jugendlichen aus den Sozialbau-Wohnsiedlungen sehr beliebt, und ich trage es, um ein bisschen tougher zu wirken. Ich trinke den ganzen Tag lang Wasser von Evian. Nicht weil es besonders gut schmeckt, sondern weil das Etikett den Effekt hat, dass ich mich gesund fühle und, nun ja, irgendwie besonders. Ich bin Londoner, weiß, gehöre der unteren Mittelschicht an – das, was die Demografen hier in England als ABC1 klassifizieren. Wenn Sie selbst ein Markenkonsument sind, dann können Sie das alles wahrscheinlich bestätigen, indem Sie mich einfach anschauen.

Wenn wir uns auf einer Party begegneten, dann würden Sie mich wahrscheinlich fragen, was ich arbeite, wo ich lebe und vielleicht noch, welche Schule ich besucht habe – eben die Fragen, die Ihnen helfen, sich ein Bild davon zu machen, wer ich bin. Ich würde Sie vielleicht das Gleiche fragen, aber vermutlich würde ich bei Ihren Antworten nicht zuhören. Es ist wahrscheinlicher, dass ich nach dem Etikett auf Ihrer Jeans, auf Ihre Schuhe und auf Ihr Mobiltelefon schauen würde. Das sind die Dinge, die mir wirklich sagen, wer Sie sind. Unter Tausenden von Bekleidungs- und Handymarken, die es zu kaufen gibt, haben Sie sich speziell diese herausgesucht. Sie haben sich dafür entschieden, weil sie zu dem Menschen passen, der Sie zu sein glauben. Oder vielleicht zu dem Menschen, der Sie gern wären. Wenn ich bedenke, wie viel Zeit und Geld ich aufwende für die Kleidungsstücke, die ich trage, und die Dinge, die ich benutze, dann hoffe ich wirklich sehr, dass Ihnen an mir die gleichen Dinge auffallen.

Die Wahrheit ist, dass ich eine sorgfältig abgestimmte Zusammenstellung von Marken bin. Diese senden für einen Eingeweihten klare Signale aus: Signale über mich und meinen Freundeskreis, über das, was wir tun und woher wir kommen. Es ist kein Zufall, dass ich ein BlackBerry benutze und Adidas-Schuhe trage. Ich habe viel Zeit investiert, um mich an diese Marken zu binden. Ich möchte, dass Sie mein Handy und meine Turnschuhe sehen und verstehen, welche Botschaft sie aussenden. Und wenn es jemand von Ihnen nicht begreift – nun ja, das ist schon in Ordnung. Wir werden vermutlich ohnehin nie Freunde werden.

Ich fing schon in einem sehr frühen Alter an, mich so zu verhalten. Ich erinnere mich an meinen ersten Tag in der Grundschule, als ich allein auf dem Schulhof stand und mir verzweifelt wünschte, Freunde zu haben. Ich ging schnurstracks auf die Gruppe von Jungen zu, die einen vielversprechenden Eindruck machten. Sie waren eindeutig am beliebtesten – sie redeten mit Mädchen, tauschten Fußballkärtchen und aßen giftgrüne Süßigkeiten. Sie taten all die Sachen, die ich gern tun wollte. Als ich mich zu der Gruppe gesellte, fragte mich einer der Jungen: »Bist du für Tottenham Hotspur?« Ein anderer: »Hast du 'ne Carrera-Bahn?« Ein dritter: »Stehst du auf Michael Jackson?« Ich antwortete auf alle Fragen mit »ja«, obwohl die ehrliche Antwort ein Nein gewesen wäre. Ich wollte alles machen, um nicht in der langen Nachmittagspause allein auf dem Schulhof zu stehen.

Die Sache schien sich gut zu entwickeln, bis einer der Jungen einen Blick auf meine Turnschuhe warf. Ich hatte vorher nie besonders viel über diese Dinger nachgedacht. Es waren einfache blaue Sportschuhe, die meine Mutter mir zum Spielen in unserem Garten gekauft hatte. Sofort brach ein Aufschrei der Ablehnung los: »Wo hast du denn *die* her – aus dem Oxfam-Laden?« Ich blickte die anderen Jungen verwirrt an, wobei mir zum ersten Mal auffiel, dass sie im Gegensatz zu mir alle ähnliche Symbole auf ihren Turnschuhen hatten – Haken oder Streifen, wie man sie auch bei berühmten Fußballern im Fernsehen sah. Und es waren nicht nur die Schuhe: Krokodile, Adler und Tiger schmückten die Brust ihrer T-Shirts, und sie schienen alle die gleiche Schultasche zu besitzen, eine blaue

Plastikumhängetasche, die auf der Seite einen silbernen Puma im Sprung zeigte. Niedergeschlagen und verwirrt schlich ich von dannen. Es war ein plötzliches und brutales Erwachen, das mir eine Ahnung davon gab, was man brauchte, wenn man von diesen Kids akzeptiert werden wollte. Von diesem Tag an war ich entschlossen, es den anderen gleichzutun, sie wenn möglich gar noch zu übertreffen.

Ich fühlte mich, als hätten meine Eltern mich belogen. Na ja, vielleicht nicht direkt belogen, aber doch, als hätten sie mir bestimmte Dinge vorenthalten. Wie es schien, hatte jeder Junge in der Schule die Regeln erklärt bekommen – und war entsprechend vorbereitet: Um cool zu sein, um in zu sein, um beliebt zu sein und um akzeptiert zu werden, brauchte man die richtige Kleidung. Meinen Eltern musste dieses wichtige Gesetz bekannt gewesen sein, warum hatten sie es mir nur verschwiegen? In meinem kurzen Leben hatten meine Mutter und mein Vater mir den Unterschied zwischen Recht und Unrecht beigebracht, und ich hatte ihnen jedes Wort geglaubt. Ich hatte mich völlig darauf verlassen, dass sie mich auf die Welt da draußen vorbereiteten, doch in diesem Fall hatten sie mich entsetzlich im Stich gelassen. Sie versicherten mir oft, wie sehr sie mich liebten, doch in diesem Moment wurde mir plötzlich klar, dass sie mich nicht genug liebten, um mir solch wichtige Angelegenheiten zu erklären. So begann eine wachsende Entfremdung von meinen Eltern, gleichzeitig ein herkulischer Kampf, um sie davon zu überzeugen, dass ich Namen und Logos – die *richtigen* Namen und Logos – auf all meinen Sachen haben musste.

In den folgenden Jahren focht ich zahlreiche Auseinandersetzungen mit ihnen aus. Der blutigste dieser Kämpfe drehte sich um einen Pringle-Pullover. Pringle war eine der wichtigsten Marken bei den Jungen in der Schule, sodass ich einfach einen haben musste. Die Farbe und das Design waren nicht so wichtig. Er musste nur diesen aufgestickten goldenen Löwen auf der Brust haben. Meine Mutter fragte mich, warum sie 50 Pfund für einen Pullover mit einem winzigen Logo ausgeben sollte, wenn es bei Marks & Spencer exakt den gleichen Pullover für den halben Preis zu kaufen gab – nur eben ohne das Logo? Abgesehen davon, war denn nicht allgemein bekannt, dass Markenhersteller Produkte für Marks & Spencer entwarfen und sowieso alles aus derselben Fabrik kam? Also bestand eigentlich gar kein Unterschied zwischen den beiden Pullovern – abgesehen von Pringles verbrecherischen Preisen. Diese Argumentation ignorierte gleich eine ganze Reihe von wichtigen Punkten. Wenn wir ins Einkaufszentrum fuhren, legte ich regelmäßig spektakuläre Zornesausbrüche hin und sorgte dafür, dass die Mission »Ein Schulpullover für Neil« eine weitere Woche aufgeschoben wurde.

Nach zahllosen Trotzanfällen gewann ich schließlich diese Schlacht – ein Sieg unter vielen erkämpften Triumphen, die ich alle meinem Bonuskonto auf der Schulhof-Status-Bank verbuchte. Ich weiß nicht, ob ich meinen Eltern jemals die genauen Gründe dafür darlegte, warum das Tragen von Adidas, Fila und Lacoste statt Woolworth, Marks & Spencer oder BHS für mich so fundamental wichtig war. Ehrlich gesagt, ich bin gar nicht sicher, dass ich diese selbst vollkommen verstand. Ich erinnere mich lebhaft, dass ich zu Gott betete und ihm ein Geschäft anbot: Ich würde brav meine Hausaufgaben machen und lieb zu meiner Schwester sein, wenn ich nur den Puma-Fußball bekäme, den ich im Katalog des Argos-Versandes gesehen hatte. Die Tatsache, dass ich beim Fußballspielen eine Flasche war und es nur selten schaffte, in die Schulmannschaft berufen zu werden, spielte dabei keine Rolle. Es war nur wichtig, dass ich die richtigen Sportsachen hatte.

Ich wuchs in einer Zeit auf, in der sich die Strukturen der englischen Gesellschaft dramatisch veränderten. Die Thatcher-Regierung schuf Mitte der Achtzigerjahre – was mir natürlich zu jener Zeit in keiner Weise bewusst war – einen neuen Wohlstand für die untere Mittelschicht, zu der auch meine Familie gehörte, und meine Eltern (und damit auch ihre Kinder) kamen nach und nach in den Genuss eines größeren Hauses, eines Zweitwagens und eines jährlichen Pauschalurlaubs in Spanien. In der Schule allerdings war die Zugehörigkeit zur Mittelschicht kein Grund, stolz zu sein. Verglichen mit mir waren die ärmeren Kinder besser beim Prügeln, sie durften sich Videos ausleihen, die erst ab achtzehn Jahren freigegeben waren, sie gingen zu Fußballspielen, und ihre Freundinnen trugen am meisten Make-up und Schmuck. Außerdem waren ihre Klamotten, ihre Fahrräder und sogar ihre Frühstücksdosen immer von den richtigen Marken. Diese Tatsache fand ich besonders verwirrend. Wenn ihre Eltern weniger Geld hatten als meine, woher hatten diese Jungen dann all die teuren Sachen? Nicht, dass meine Eltern grausam oder lieblos gewesen wären, schließlich hatte ich die größte Sammlung von *Star Wars*-Spielzeug weit und breit. Sie konnten nur einfach meine stetig wachsende Leidenschaft für Marken nicht verstehen.

Im Alter von vierzehn Jahren war ich fest entschlossen, nach dem Gesetz der Labels zu leben, auch wenn ich mich manchmal unwohl dabei fühlte, wie mich dieser Vorsatz handeln ließ. Wie die meisten Kinder im frühen Teenageralter schämte ich mich, wenn ich in der Öffentlichkeit zusammen mit meinen Eltern gesehen wurde. In meinem Fall wurde das jedoch irgendwie noch viel schlimmer durch die Tatsache, dass meine Eltern überhaupt kein Interesse dafür an den Tag legten, für sich selbst die richtigen Marken zu kaufen und anzuziehen. Noch schlimmer war es, dass ich anfing, andere Kinder zu verachten, wenn sie die Regeln nicht beachteten. Wichtiger als alles andere war für mich die Gelegenheit, mich mit meinen Freunden zu treffen. Diese Zusammenkünfte bestätigten mir, dass ich von den Gleichaltrigen, die ich bewunderte, akzeptiert wurde, und sie gaben mir die Möglichkeit, über andere, die ich nicht bewunderte, grausam herzuziehen.

Es nahte der Termin der Schuldisco heran, die zweimal im Jahr veranstaltet wurde, und ich verlangte von meinen Eltern, dass sie mir zu diesem Anlass neue Turnschuhe kauften. Verblüffenderweise willigte meine Mutter ein, allerdings unter der Bedingung, dass ich meine kleine Schwester mitnehmen und den ganzen Abend auf sie aufpassen würde. Ich willigte ein. Was hätte ich auch sonst tun können? Meine Schwester und ich hatten die meiste Zeit fröhlich miteinander gespielt, und wir liebten uns, ohne Frage. Doch als der Termin der Party näherrückte, veränderte sich etwas. Ich sah sie auf einmal im gleichen Licht wie die unbeliebten Kinder in der Schule. Sie hatte weder die richtigen Turnschuhe noch die richtigen Jeans. Sie trug komische Kleider, die Mama ihr kaufte. Sie schien sich gar nicht für die richtigen Klamotten zu interessieren. Eine kalte Panik ergriff mich, als mir klar wurde, dass es mein Ruin sein würde, zusammen mit ihr in der Öffentlichkeit gesehen zu werden. Nie werde ich ihren enttäuschten Blick vergessen, als ich sie in der Disco stehen ließ, um bei meinen Freunden zu sein. Den ganzen Abend hindurch konnte ich ihre Blicke spüren, als ich zusammen mit meinen Freunden die unglücklichen Kinder mit spießigen Klamotten hänselte und drangsalierte. Das Gefühl, jemanden im Stich zu lassen, war schrecklich. Aber ich konnte nicht erlauben, dass diese Empfindung meinen hart erarbeiteten Status als cooler Typ zerstörte.

Dieser Kampf um meine persönliche Identität wurde weniger anstrengend, als ich anfing, eigenes Geld zu verdienen, indem ich in Geschäften und Bars aushalf. Nun, da ich für mein Einkommen weitgehend selbst verantwortlich war, hatten die Debatten über meine Wahl von Bekleidungsartikeln – oder irgendwelchen anderen Produkten – ein Ende. Das soll nicht heißen, dass meine Eltern begeistert waren, wenn ich von einem Einkauf mit lauter teuer aussehenden Tragetüten nach Hause kam. Ich wusste, dass sie das missbilligten, doch das trug eher dazu bei, meine aufkeimende Markenbesessenheit noch weiter zu verstärken.

Meine Freunde und ich verbrachten unsere gesamte Freizeit im nahe gelegenen Einkaufszentrum. Inzwischen war ich in der sozialen Rangfolge so weit aufgestiegen, dass ich mit den angesagten Typen aus der Schule vor dem McDonald's herumhing, und wir zogen unermüdlich durch die Boutiquen, um einen Blick auf neue Lieferungen von Turnschuhen oder Trainingsanzügen zu erhaschen, für die wir sparen konnten. Fotos aus dieser Zeit zeigen uns als wandelnde Werbeträger für Sportartikelhersteller, meist wenig bekannte amerikanische Firmen, die von den gerade angesagten Rap-Stars getragen wurden. Unsere soziale Gruppe scharte sich um die Abzeichen dieser

Marken: Man konnte dem Klan nicht angehören, wenn man nicht die gleiche Kleidung trug (unsere war Nike), und wir legten Wert darauf, dass sie sich von der Kleidung anderer Gruppen in der Stadt unterschied (meistens Reebok). Ich malte Logos auf meine Schulbücher, klaute Werbeplakate von den Bushaltestellen und sammelte alle möglichen Verpackungen und Werbeartikel, die ich in die Finger bekommen konnte. Nichts anderes war mir wichtig, außer vielleicht Mädchen.

Ein klassisches Beispiel dafür, wie sich meine Beziehung zu Marken in dieser Zeit veränderte, war Technics, eine Marke, die in den gesamten frühen Neunzigerjahren große symbolische Bedeutung hatte. Der Technics 1200 gehörte als Plattenspieler zur Standardausrüstung aller DJs, die wir zu jener Zeit bewunderten. Ein Schulbuch, das mit einem begehrten Technics-Aufkleber geschmückt war, stellte eine verschlüsselte Botschaft an Gleichgesinnte dar; man war eben kein »Goth« oder »Spießer«, man stand auf schwarze Musik, die coolste Musik aller Zeiten. Es war für mich ein denkwürdiger Moment, als ich alle Poster von Musikern und Filmstars aus meinem Zimmer entfernte und diese durch welche von berühmten Marken ersetzte. Der beste Platz über meinem Bett war für ein Hochglanzplakat des 1200 reserviert. Zwei dieser Geräte zu besitzen und Discjockey zu werden würde mein Ansehen bei allen, auf die es ankam, zweifellos in ganz neue Höhen schnellen lassen, und folgerichtig machte ich mich daran, meine Eltern an den Gedanken zu gewöhnen, mir welche zu kaufen. Der Tag, an dem zwei meiner Freunde und ich es endlich geschafft hatten, unsere Väter davon zu überzeugen, uns zwei dieser Plattenspieler zu finanzieren, war in der Tat ein wundervoller Tag. Niemand an der Schule konnte so recht glauben, dass wir sie hatten. Innerhalb von ein paar Wochen sorgten wir auf den Partys von viel älteren Jugendlichen für die Musik, unsere eigenen Feten zogen jede Menge Leute an, und es bildete sich ein großer Freundeskreis um unsere Kerngruppe herum. Vorher hatten wir mit minderwertigen Plattenspielern und mit wenig Erfolg an unserer DJ-Karriere gebastelt, doch das gehörte nun der Vergangenheit an: Jetzt waren wir der Maßstab für Beliebtheit,

16

und wir konnten entscheiden, wer auf dem Schulhof akzeptiert wurde – und das war letztlich das, was zählte.

Als ich Anfang zwanzig war, hatte diese geheimnisvolle Fähigkeit, selbst akzeptiert zu werden und anderen Akzeptanz zu gewähren, einen großen Teil meines Erwachsenenlebens bestimmt. Es ist nicht übertrieben, wenn ich sage, dass mein Selbstwertgefühl davon abhing, diese Macht zu behaupten und auszuüben. Nur die Tatsache, dass ich von den Menschen, die ich respektierte, respektiert, bewundert und geliebt wurde, gab mir das Selbstvertrauen, ich selbst zu sein. Mit diesem schenkte ich wiederum anderen Respekt, was mich mit einem Gefühl der Wichtigkeit erfüllte. Der Puma-Fußball, den ich mir als Kind so sehr gewünscht hatte, wurde mir schließlich von den Göttern geschenkt, mit dem Ergebnis, dass ich in die Mannschaft gewählt wurde. Später durfte ich sogar selbst die Jungen auswählen, die in meiner Mannschaft spielen sollten.

Im Lauf der Zeit verfeinerten sich die Methoden, mit denen ich diese Macht erlangte, und es änderte sich die Art der Menschen, um deren Anerkennung ich mich bemühte und denen ich Akzeptanz schenkte. Aber das Ziel blieb das Gleiche. Und das zentrale Element in diesem Prozess ist die Marke. Die Logos, die ich Tag für Tag mit mir herumtrage, senden sorgsam abgestimmte Botschaften aus, die den Menschen um mich herum zu verstehen geben, wer ich bin. Die Art, wie sie auf diese Botschaften reagieren, gibt mir im Gegenzug Hinweise darauf, wer sie sind. Den richtigen Leuten die richtigen Botschaften zu übermitteln macht mich glücklich und selbstbewusst, und ich bin davon überzeugt, dass ich umso glücklicher und umso beliebter werde, je klarer und differenzierter diese Botschaften formuliert sind. Es wäre mir unmöglich, allen Leuten, die ich Tag für Tag treffe, zu erklären, wer ich bin und was ich tue. Aber es ist mir wichtig, dass Freunde, Bekannte, Kollegen und Fremde diese Message erhalten. Das ist der Grund, warum ich Marken benutze.

Mit den unvermeidlichen sozialen und finanziellen Veränderungen, die das Erwachsenwerden mit sich brachte, veränderten sich auch die Labels, die ich favorisierte – neue Ziele erforderten auch neue Identitätssignale. Doch einer Marke blieb ich mein ganzes Leben treu: Adidas, ein deutscher Sportartikelhersteller, der seine Wurzeln traditionell vor allem in Leichtathletik und Fußball hat – doch daneben ist Adidas seit den frühen Siebzigerjahren auch der inoffizielle Sponsor von schwarzer amerikanischer Musik (abgesehen von einer kurzen Phase in den Neunzigern, als Nike den Markt aufrollte). Adidas ist eine internationale Marke, die in unterschiedlichen Regionen der Welt jeweils unterschiedliche Marktpositionen bekleidet und jeweils unterschiedliche Botschaften aussendet. Wie die meisten differenzierten Marken heutzutage, passt Adidas sein Marketing und seine Produkte den jeweiligen regionalen Märkten an. Doch für mich als jungen weißen Angehörigen der englischen Mittelschicht gab und gibt es ein paar generelle Botschaften und Signale, die für mich untrennbar mit Adidas verbunden sind:

- Ich bin aufstrebend: Ich habe die gleichen Ziele und Ideale wie die Sportler (britische Olympiamannschaft, jedoch nicht David Beckham), die Musiker (Run DMC) und Modedesigner (Stella McCartney), die man mit Adidas verbindet.
- Ich gehöre nicht zum Mainstream: Adidas zählt zu den großen Sportartikelherstellern der Welt, ist aber nicht der größte. Als Individuum will ich dazugehören, aber nicht so sein wie alle anderen.
- Ich bin Europäer: Adidas ist nicht amerikanisch. Ich bin kein Nationalist, aber ich bin stolz auf meine Herkunft, und manchmal empfinde ich antiamerikanisch.
- Ich bin ethisch korrekt: Einige Konkurrenten von Adidas sind dafür berüchtigt, dass sie in Drittweltländern in Ausbeuterbetrieben produzieren lassen, was ich ablehne. Obwohl ich nicht nachprüfen kann, ob Adidas eine bessere oder eine schlechtere Bilanz aufweist, erweckt das Unternehmen auf mich den Eindruck, verantwortungsvoller zu handeln.
- Ich bin kein Sklave der Berufskultur: Ich bin bereit, hart zu arbeiten, wenn es nötig ist, aber ich fühle mich nicht den traditionellen Werten der Jobwelt verpflichtet, weshalb ich lieber Sportklamotten als einen Anzug trage.

Indem ich selbst auf den nebensächlichsten Kleidungsstücken die drei Streifen von Adidas trage, hoffe ich, die Vorstellung zu vermitteln, dass ich ein aufstrebender, freigeistiger und autonomer Europäer bin, der einen Sinn für moralische Dimensionen und eine globale politische Perspektive hat. Wahrscheinlich habe ich noch in keiner einzigen ernsthaften Unterhaltung in meinem Bekanntenkreis diese Werte explizit geäußert oder intensiver darüber nachgedacht, nach diesen angeblichen Standards zu handeln. Doch das sind die Prinzipien, mit denen ich von Bekannten und Fremden in Verbindung gebracht werden möchte, und ich bringe sie optisch zum Ausdruck, indem ich diese eine Marke trage. Ein Fremder, der dem gleichen Marketing und der gleichen Brandpositionierung ausgesetzt war, würde, wenn er mir auf der Straße begegnet, hoffentlich einen Blick auf meine Adidas-Turnschuhe werfen, sich an die Werte der Marke erinnern und sie mit mir in Verbindung bringen.

Für jemanden, der sich nicht besonders für Labels interessiert, mag sich das alles ziemlich weit hergeholt anhören. Doch ich glaube, dass wir alle – bewusst oder unbewusst – den einfachsten Dingen, die wir kaufen, Bedeutung beimessen. Wie gut meine Ideale bei einer solchen sozialen Interaktion übermittelt werden, hängt unter anderem vom Alter des vorbeilaufenden Fremden ab (eine Person, die etwa das gleiche Alter hat wie ich, wird die Botschaft viel besser verstehen). Doch jede Reaktion des Unbekannten, ob positiv, negativ oder gleichgültig, gibt mir wiederum einen Hinweis darauf, wer er ist. An dieser Stelle muss ich darauf hinweisen, dass die Mitarbeiter von Adidas möglicherweise keinen einzigen der Werte unterstützen würden, die ich hier aufgezählt habe. Doch da ich die gesamten dreißig Jahre meines Lebens dieser Marke ausgesetzt war, habe ich meine eigene, egoistische Vorstellung der von ihr transportierten Vorstellungen entwickelt – und diese sind für mich zu einem Sinnbild für mein Selbstverständnis geworden. Das meinen Freunden gegenüber offen zuzugeben wäre ein beschämendes Eingeständnis von Oberflächlichkeit. Doch jeder von uns weiß, dass wir das Gleiche denken.

Am Ende meiner Schulzeit hatte ich nur vage Vorstellungen,

welche berufliche Laufbahn ich einschlagen wollte. Wie die Mehrheit der jungen Menschen damals und heute wünschte ich mir einen Job in den Medien, und ich machte einige Praktika bei Fernsehproduktionsgesellschaften. Die Arbeit hinter den Kulissen war hart und schlecht bezahlt – aber dafür würde man ja mit berühmten Menschen zusammenkommen. Ich traf tatsächlich einige Stars – Roger Moore, Naomi Campbell, Joan Collins –, allerdings wage ich zu bezweifeln, dass die sich bei einer Nachfrage an mich erinnern würden. Bei dem ganzen Kult, der um die Prominenten veranstaltet wird, überraschte mich dann doch, wie wenig Auswirkungen es hat, jemandem wie Robbie Williams zu begegnen, nachdem der erste »Wow«-Effekt verflogen ist.

Als mir klar wurde, dass diese »Lohnnebenleistungen« für mich nicht interessant waren, kehrte ich an die guten alten Plattenteller zurück (ich hatte immer noch die beiden Technics, die mein Vater mir gekauft hatte) und fing an, in London regelmäßig Partys zu organisieren, wodurch ich mich nach und nach als Veranstalter etablierte. In den späten Neunzigerjahren stand Londons Clubkultur in voller Blüte. Das Phänomen war noch relativ neu, und es zog junge und schöne Menschen an – und außerdem karriereorientierte Discjockeys und opportunistische Marketingleute. Letztere waren scharf darauf, ihre Marken mit dem berauschenden Hedonismus praktisch in Verbindung zu bringen, den sie gedanklich kreiert hatten. Als Club-Veranstalter bot ich ihnen »Plattformen« für ihre Marken, Sponsoren-Deals, mit deren Hilfe sie mit den jungen Leuten in Kontakt treten konnten, wobei die Events oft genug mehr auf die Bedürfnisse der Marken zugeschnitten waren als auf die der zahlenden Besucher. Bei Bereitstellung eines entsprechenden Etats sorgte ich dafür, dass die Mädchen auf den Werbeflyern die richtigen Bierflaschen in die Hand hielten, ich gab etablierten Events neue Namen, die den Werbeslogan eines Unternehmens mit einbezogen, und ich brachte jeden Raucher dazu, nur noch eine ganz bestimmte Zigarettenmarke zwischen den Fingern zu halten. Ich betrachtete mich als einen Experten in der Kunst, auf subtile Weise die Namen von Werbepartnern in Clubbroschüren unterzubringen – und auf eine eigenartige Weise gab die Tatsache, dass eine große Marke involviert war, einer Veranstaltung eine höhere Wertigkeit. Die Events waren von größerer kultureller Relevanz, wenn die Marketingabteilung eines bekannten Unternehmens ihren Segen dazu gegeben hatte. Manchmal jammerte ich in Gesprächen mit anderen Veranstaltern darüber, dass diese Firmen unsere neu entstandene Jugendkultur ausbeuteten. Doch in Wahrheit fühlte ich mich von der Macht und dem Einfluss dieser Marken unwiderstehlich angezogen. Meetings mit Sponsoren wie Diesel Jeans oder Coca-Cola waren weitaus aufregender als meine Begegnungen mit kleineren Stars. Welch eine Chance, eine Marke wirklich zu verstehen, die Macher hinter den Kulissen zu treffen und herauszufinden, welche Pläne sie für die Zukunft hatten.

Man kann sich vorstellen, dass der Tag, an dem ich für ein Meeting zu Adidas eingeladen wurde, ein Jubeltag für mich war. Inzwischen hatte ich angefangen, Jugendmagazine herauszugeben (ein Business, das dem eines Veranstalters nicht unähnlich ist – in beiden Fällen ist es das Talent anderer Menschen, das man managt und an dem man verdient). Ich schrieb endlos über die Trends in der Konsumkultur der Jugend, arbeitete eng mit Markenfirmen zusammen, deren *Product Releases* ich als wichtige Nachrichten betrachtete. Diese Unternehmen freuten sich, wenn meine Markenverehrung sich in langen Beiträgen niederschlug, die sich mit der Geschichte und Kultur ihrer Produkte befassten, so wie sich andere Journalisten über Schauspieler oder Popstars ausließen. Ich traf mich regelmäßig mit Brandmanagern, um zu besprechen, wie ihre Firmen diese »Nachrichten« verfasst haben wollten. Und so kam schließlich der Tag, an dem ich die Leute von Adidas traf.

Im Alter von sechsundzwanzig Jahren erklomm ich die Stufen zu ihrem Büro, von Kopf bis Fuß in dreifach gestreifte Klamottenteile gekleidet. Meine Hände waren feucht, mein Puls raste – als ob man mich zum Tee ins Königshaus gebeten hätte. Das Büro war eine wahre Schatzhöhle, voller Waren, Werbeplakate mit Autogrammen von Stars, Glasvitrinen mit »Limited Edition«-Turnschuhen, und überall standen Kleiderstangen mit Mustern von Sportsachen herum, die noch nicht im Handel waren. Und an einer Wand saßen, unter einem riesigen Logo, die Markenmanager von Adidas UK. Auch sie waren prachtvoll gewandet in der Uniform ihres Unternehmens – ich hätte Berge versetzen mögen, um einige Stücke davon für mich selbst zu bekommen.

Gleich zu Beginn des Meetings wurde klar, dass der Enthusiasmus dieser Männer meinen eigenen noch bei weitem übertraf. Zuerst fand ich die Leidenschaft, mit der sie über die Kultur von Adidas sprachen, sehr beeindruckend, doch bald fing sie an, mich regelrecht zu beunruhigen. Die einzigen Kulturbereiche für die sich diese Leute interessierten, waren offenbar jene, die ihr Unternehmen sponserte oder »besaß«. Konkurrenzfirmen, Menschen, die deren Produkte trugen, und die Kultur, die damit einherging, durften in diesem Raum nicht erwähnt werden. Hier zeigte sich die unangenehme Seite einer Markenbesessenheit – exzessiver Tribalismus. Zum ersten Mal in meinem Leben dachte ich, du liebe Zeit, es sind doch nur ein Paar Turnschuhe. Trotz meiner eigenen Obsession für einige Konzerne und ihre Marken konnte ich solche *Company Men* nie ganz verstehen, Leute, die sich ihrer Tätigkeit so ganz und gar verschreiben, als ob es ihre eigene Firma wäre. Elvis Presley hat einmal gesagt, dass er es nicht mochte, auf Tournee zu gehen und seine Fans zu treffen, aus Angst, ihren Erwartungen nicht gerecht zu werden. Im Lauf der Jahre hatte ich die Leute von Adidas in meiner Vorstellung zu Halbgöttern aufgebaut, und ehrlich gesagt, hätte nichts außer wahren Fabelwesen meine Erwartungen an diese Menschen erfüllen können. Doch diese missliche Erfahrung war für mich der Punkt, an dem eine allmähliche Kehrtwende einsetzte und ich das Maß an Aufmerksamkeit zu hinterfragen begann, die ich diesen Marken widmete.

In der ersten Zeit meiner Arbeit als Zeitschriftenherausgeber erfüllte es mich regelmäßig mit Selbstachtung, dass diese Unternehmen daran interessiert waren, mit mir zu sprechen, mir ihre noch nicht auf dem Markt befindlichen Produkte zu zeigen, mir zu erläutern, welche Trends sie erwarteten – und vor allem, dass sie mir kostenlos Dinge zuschickten. Später gab es dann auch Spannungen in diesen Beziehungen, wenn ich meinen Klienten nicht genug Aufmerksamkeit widmen konnte und sie begannen, sich wie Kinder aufzuführen, die sich vernachlässigt fühlen. Manchmal bedurfte es der Geschicklichkeit einer zwanzigfachen Mutter, um jeder der konkurrierenden Marken die gleiche Liebe und Zuwendung zukommen zu lassen, so als ob es keine andere für mich gäbe. Bei einem Meeting mit Nike Reebok zu tragen, wäre ein schwerer Fauxpas gewesen. Einen Wettbewerber auch nur im Gespräch zu erwähnen, konnte schon die Fetzen fliegen lassen. Dabei stand die ganze Zeit die Tatsache im Raum, dass sie als Anzeigenkunden indirekt mein Gehalt bezahlten und deshalb verlangten, dass man ihnen den Respekt entgegenbrachte, der ihnen ihrer Meinung nach zustand.

All diese Ereignisse haben mich zu dem gemacht, der ich nun bin: ein Mensch, der durch und durch von Marken geprägt ist. Fast jedes einzelne Produkt, das ich kaufe, stellt eine sorgsam erwogene Lifestyle-Entscheidung dar, und mit einer Mischung aus Stolz und Beschämung gebe ich zu, dass ich in Büchern und Zeitschriften erwähnt werde, die sich mit solchen Überlegungen beschäftigen. Von dem Tee, den ich zum Frühstück trinke, bis zu den Bettlaken, auf die ich mich abends zur Ruhe lege, befinde ich mich auf einer nie endenden Mission, bestehend aus unzähligen Konsumoptionen, die immer wieder aufs Neue meine Identität bestätigen sollen. Wichtig dabei ist, dass das Ganze subtil und mit einer gewissen Raffinesse geschieht – man darf es nicht zu angestrengt versuchen, denn das wäre nicht cool.

Coolness ist per Definition unangestrengt – man *versucht* nicht cool zu sein, man *ist* cool, ohne darüber nachzudenken. All diese Sinnbilder meines Wesens müssen sich scheinbar auf vollkommen natürliche Weise gewissermaßen von selbst um mich herum gruppieren. Ich muss gleichsam wie ein Magnet die Symbole anziehen, die ein positives Licht auf meinen Charakter werfen, und dabei diejenigen abstoßen, die ich für negativ halte. Schon das Vermeiden bestimmter Labels ist eine Kunst für sich. Das Vermeiden einer Markenwahl – also *ohne* eine bestimmte Marke gesehen zu werden – kann ein noch stärkeres Statement sein als die Entscheidung für eine Marke, besonders zu Zeiten einer Konsumentenepidemie. So habe ich zum Beispiel bewusst der Versuchung widerstanden, mich dem weltumspannenden Klan der iPod-Besitzer anzuschließen. iPods werden von einer Marke produziert, die ich sehr schätze. Sie haben ein wunderbares Design, und sie sind wirklich sehr praktisch. Kurz gesagt, sie sind genau die Art von Produkt, die ich gern in meiner Tasche hätte. Doch sind sie mittlerweile derart allgegenwärtig, dass ich, wenn ich auf der Straße mit den weißen Steckern im Ohr herumliefe oder wenn ich ein solches Ding in einer Bar demonstrativ neben mein Glas legte, damit meine Zugehörigkeit zu einem Stamm bekundete, der so riesig, so gewöhnlich und so leicht zu identifizieren ist, dass meine Individualität dadurch in Gefahr geriete. Die Trends des Mainstreams zu vermeiden, egal wie unwiderstehlich sie auch wirken mögen, ist ein wichtiger Aspekt dieses schmerzhaften, aber lohnenden Prozesses. Es ist besser, einen weniger verbreiteten und möglicherweise schlechteren massenproduzierten MP3-Player in der Tasche zu haben, als der Herde hinterherzurennen.

Wenn ich in Gedanken die Minuten eines beliebigen Tages durchgehe, dann stelle ich erschreckt fest, wie viele meiner Handlungen und Entscheidungen von Markenwerten diktiert werden. Noch erschreckender ist die Tatsache, dass ich einen großen Teil meines Lebens damit zubringe, darüber nachzudenken, was diese Optionen als Lifestyle-Entscheidungen bedeuten. Ein ganz normaler Morgen in Boorman-Land läuft ungefähr folgendermaßen ab:

7.00 Uhr   Der Wecker in meinem BlackBerry weckt mich – das das ist ein Gerät, mit dem man unterwegs E-Mails empfangen und verschicken kann. (Erfolgshungrige Managertypen benutzen so etwas, und ich möchte gern wie ein solcher wirken.)

7.10 Uhr	Ich ziehe meinen Adidas-Y3-Trainingsanzug an. (Y3 ist eine Luxusmarke von Adidas, und mir gefällt es, sie herabzusetzen, indem ich damit zu Hause herumhänge.)
7.15 Uhr	Ich schalte den Kenwood-Wasserkocher an. (Heute haben die modernen Küchen meistens einen Dualit-Kocher, aber die sind mittlerweile so häufig, dass ich mich in einem Akt der Rebellion für eine weniger angesagte Marke entschieden habe.)
7.20 Uhr	Ich gieße kochendes Wasser in eine Bodum-Teekanne. (Eine nette unaufdringliche deutsche Marke – oder sind das Schweden?)
7.21 Uhr	Ich brühe grünen Tee von Yamamotomata auf. (Keine Ahnung, ob das die beste Marke ist, die es auf dem Markt gibt. Aber sie ist in London schwer zu bekommen, also besteht keine Gefahr, mit einem Klischee im Teeregal erwischt zu werden.)
7.25 Uhr	Ich schalte mein Roberts-Radio an. (Die klassische britische Marke – gehört zu den wenigen Dingen, die mich stolz machen, Engländer zu sein, wenn mein Auge darauf fällt.)
7.26 Uhr	Ich höre die Nachrichtensendung *Today* auf BBC Radio 4. (Ich vertraue der BBC, und es macht Eindruck, wenn ich später am Tag aus diesen Nachrichten zitieren kann.)
7.40 Uhr	Ich schalte meinen Mac ein. (Das iBook G4 Basismodell – alles andere wäre ein Overstatement.)
7.45 Uhr	Ich fahre Word hoch. (Dem zufolge, was die Zeitungen schreiben, sollte man Microsoft eigentlich nicht mögen, obwohl ich mich nicht erinnern kann, warum eigentlich. Aber da es alle benutzen, muss ich das auch tun.)
8.00 Uhr	Schalte den AEG-Herd an. (Mit dieser Marke habe ich nichts am Hut. Er war schon in der Wohnung, als ich sie kaufte. Muss gelegentlich einen anderen besorgen.)
8.05 Uhr	Ich öffne den Liebherr-Kühlschrank. (Es ist wich-

tig, keinen Smeg zu haben – das ist die Marke derjenigen, die zu offensichtlich darauf aus sind, eine perfekte Küche zu haben.)

8.10 Uhr   Ich mache mir Porridge mit Quaker Oats. (Der alte Bursche im Logo sieht sehr vertrauenswürdig aus, und ich glaube, es kommt aus biologischem Anbau.)

8.15 Uhr   Eine Vitamintablette von Solgar. (Ich weiß nicht, ob die wirklich helfen. Aber ich fühle mich besser, wenn ich sie nehme, weil Solgar-Vitamintabletten so viel mehr kosten als die anderen Marken.)

8.16 Uhr   Ich esse mit Teller und Besteck von IKEA an einem IKEA-Tisch. (IKEA macht mich nicht glücklich, aber ich habe noch nicht die nötige Zeit und das nötige Geld investiert, um mir eine bessere Marke zuzulegen.)

8.25 Uhr   Ich dusche mit Seife von Simple. (Deren Slogan ist: »Nicht gefärbt, nicht parfümiert, einfach freundlich.« Es gibt mir ein Gefühl von Reinheit.)

8.25 Uhr   Ich dusche mit Aveda-Shampoo. (Bei einem Mann ist ein so teurer Körperpflegeartikel eigentlich zu dick aufgetragen, aber ich benutze gern die Bestände meiner Freundin.)

8.30 Uhr   Ich trockne mich mit einem Handtuch von John Lewis ab. (Auch wenn dieses Unternehmen offensichtlich von einem Mann gegründet wurde, hat diese Marke die Ausstrahlung einer vertrauenswürdigen alten Tante, an die man sich kuscheln kann. Außerdem ist ihr Slogan: »Never knowingly undersold« (»Wir halten jeden Preis«). Auf einen solchen wäre ich jedenfalls stolz, wenn ich ein Geschäft hätte.)

8.32 Uhr   Zum Zähneputzen benutze ich Zahnbürste und -pasta von Colgate. (In der Werbung heißt es immer, dass die Zahnärzte diese Dinge auch selbst benutzen, also muss es eine gute Wahl sein.)

8.35 Uhr   Ich trage eine Menge Deo von Simple auf. (Anders

als Leute, die Lynx verwenden, will ich lieber nicht zu deutlich über mein Deodorant definiert werden, deshalb eine etwas weniger aufdringliche Wahl.)

8.40 Uhr Ich ziehe Calvin-Klein-Unterwäsche an. (Eigentlich mag ich Calvin Klein als Marke nicht besonders. Hinz und Kunz greifen dazu. Aber ich würde mir etwas vergeben, wenn ich eine No-Name-Marke trüge; auch habe ich noch keine bessere Alternative gefunden.)

8.42 Uhr Ich ziehe Socken von Ralph Lauren an. (Lächerlicheres als Markensocken gibt es wohl nicht, doch diese übertriebene Aufmerksamkeit für jedes Detail ruft in mir ein gutes Gefühl hervor. Wenn ich heute von einem Auto angefahren und ins Krankenhaus eingeliefert würde, dann wären die Schwestern von meinen Socken beeindruckt.)

8.45 Uhr Ich ziehe Levi's Jeans an. (Jeansmarken kommen und gehen, das Label Levi's bietet modische Beständigkeit. Wenn ich mit einem Kleidungsstück ein besonderes Statement abgeben will, dann tue ich das mit etwas weniger Gewöhnlichem als mit einer Jeans.)

8.46 Uhr Ich ziehe ein Poloshirt von Ralph Lauren an. (Meine Beigeisterung für diese Marke ist so groß, dass ich schon daran gedacht habe, eine Fan-Webseite unter dem Namen ralphie.com. einzurichten. Ich bin sicher, sie wäre ein Hit bei Börsen-Parketthändlern und ironischen Modestudenten.)

8.47 Uhr: Ich ziehe Adidas-Turnschuhe an. (Wenn es ein Kleidungsstück gibt, mit dem ich einen Menschen definieren würde, dann sind das ohne Frage seine Schuhe. Daher die aus den USA importierten: *Limited Edition 80's Reissues*.)

8.48 Uhr Ich ziehe meine Helmut-Lang-Jacke an. (Es gibt hier kein Markenetikett, das man von außen sehen könnte, aber ich weiß, wer der Hersteller ist – und das erfüllt mich mit stiller Zufriedenheit.)

8.55 Uhr   Ich stecke mein Moleskine-Notizbuch in meinen North-Face-Rucksack. (Pablo Picasso und Bruce Chatwin haben offenbar diese Notizbücher benutzt, sie können also nur gut sein. North Face sieht für meinen Geschmack eigentlich ein bisschen zu sehr nach Trekking aus, aber die Firma macht stabile Rucksäcke, und in diesem Fall hat ausnahmsweise einmal der praktische Wert den Ausschlag gegeben.)

9.00 Uhr   Ich besteige mein Trek-Fahrrad, um zur Arbeit zu kommen. (Ich weiß kaum etwas über diese Marke, aber die Fahrradkuriere, denen ich unterwegs begegne, scheinen meine Wahl gutzuheißen.)

9.20 Uhr   Ich halte an einem Kiosk und kaufe den *Guardian* und Evian-Wasser. (Ich hasse den *Guardian* und alle Leute, die ihn lesen; ich würde eine andere Zeitung wählen, wenn es eine bessere gäbe. Bei Evian-Wasser fühle ich mich schon gesünder, wenn ich es nur sehe.)

9.21 Uhr   Ich starre auf die Marlboro Lights hinter dem Verkaufstresen. (Die weiß-goldene Packung erinnert mich an die Zeit, als ich ein sorgenfreier Raucher war.)

9.22 Uhr   Ich ziehe den Louis-Vuitton-Geldclip aus der Tasche. (Ein hübscher Luxusgegenstand, gibt mir das Gefühl, reich zu sein, auch wenn ich es nicht bin.)

9.23 Uhr   Ich bezahle mit meiner Visa Card von der Co-Operative Bank. (Mit der Karte dieses ethisch korrekten Geldinstituts zeige ich allen Verkäufern, dass ich ein verantwortungsbewusster Konsument bin, auch wenn meine einzige ethisch verantwortungsbewusste Tat darin bestand, Kunde dieser Bank zu werden.)

9.26 Uhr   Ich öffne die Bürotür mit meinem Schlüsselring von Vivienne Westwood. (Ich bin nicht alt genug, um Punker gewesen zu sein, aber ich denke gern, dass ich in einem anderen Leben einer geworden wäre.)

9.28 Uhr Ich setze mich an meinen IKEA-Schreibtisch. (Schon wieder diese Firma, ich muss dringend daran denken, gelegentlich eine IKEA-Säuberung in meinem Leben vorzunehmen.)

Und so weiter, und so weiter ... Und dabei ist das gerade erst mein zweieinhalbstündiges häusliches Morgenritual bis zum Job; eine Gesamttagesliste von markenabhängigen Gedanken und Verhaltensweisen aufzuzählen, das wäre zu ermüdend. Und dabei habe ich nur die Labelentscheidungen aufgeführt, die ich *bewusst* treffe. Die Marken, mit denen ich im Radio, im Internet, in der Zeitung, auf der Straße oder am Kiosk in Berührung komme, sind noch gar nicht berücksichtigt. Ich bin sicher, wenn es sein müsste, könnte ich auch zu diesen eine Meinung, eine Präferenz oder eine Emotion äußern.

Ich bin nicht kaufsüchtig, ich bin kein extremer Narzisst. Aber ich stecke in einem Beziehungsgeflecht, das völlig real ist und sich ständig weiterentwickelt – und ohne das ich vollkommen verloren wäre. Ich stürze mich in eine leidenschaftliche – und ausgesprochen öffentliche – Affäre mit einer Marke, bis ich ihrer überdrüssig werde oder bis ich sie bei jemandem entdecke, mit dem ich nicht in Verbindung gebracht werden will. Dann sage ich mich von ihr los und tue so, als hätten wir uns niemals getroffen. Ich habe sogar schon frühere Freundinnen dadurch gestraft, dass ich umgehend mit ihren Intimfeindinnen ins Bett ging. Als Kind fühlte ich mich gezwungen, diese Markenbeziehungen zu unterhalten, damit ich akzeptiert wurde. Als Teenager setzte ich sie ein, um mir eine eigene Identität zu schaffen. Auf dem Weg ins Erwachsenendasein waren Labels Werkzeuge, mit denen ich mein Ich bekräftigte und meine Zukunftspläne formulierte. Inzwischen brauche ich diese Marken, um jeden Aspekt meines Selbstwertgefühls zu stärken.

Dieses Wertesystem trifft natürlich nicht nur auf mich zu, sondern kann auch bei allen anderen Menschen angewendet werden. Ich bin stolz auf meine Fähigkeit, auf dieser Basis in Sekundenschnelle ein Charakterprofil erstellen zu können. Auf den ersten Blick kann ich ein differenziertes Urteil über völlig fremde Leute fällen, solange sie nur irgendwelche sichtbaren Marken bei sich tragen. Eine Frau sitzt mir im Bus gegenüber und trinkt etwas aus dem Pappbecher einer bestimmten Kaffeehauskette. Sie liest eine bestimmte Zeitung, ein bestimmtes Handy klingelt in einer bestimmten Handtasche. Das führt zu bestimmten Annahmen, zu einer bestimmten Meinungsbildung und bisweilen auch zu bestimmten Handlungen. Menschen, die keinerlei Labels zur Schau tragen, sind verwirrend für mich, und es bedarf einer kurzen Unterhaltung (»Eine hübsche Tasche haben Sie da. Wo ist die denn her?«), wenn ihre Identität entschlüsselt werden soll. Doch man trifft nur sehr selten jemanden ohne jeglichen Markenartikel. In der heutigen Welt ist das praktisch unmöglich. Doch auch eine Person völlig ohne Etiketten würde mir eine bestimmte Botschaft übermitteln (Nonkonformist, Hippie, Alien aus dem Weltall), selbst wenn er keine Sprache hat, mir dies mitzuteilen. Eigentlich würde ich wirklich gern einmal einen solchen Menschen kennenlernen.

Vielleicht denken Sie jetzt, dass jemand mit so rigorosen Vorstellungen verächtlich auf andere hinabblickt, die diesen Erwartungen nicht entsprechen, oder dass in meinem Freundeskreis alle die gleichen Insignien ihrer Mitgliedschaft in einem exklusiven Zirkel zur Schau tragen. Damit wären Sie allerdings im Irrtum. Widersinnigerweise lösen gerade Leute, die die gleichen (oder unangenehm ähnliche) Zeichen wie ich herumtragen, bei mir eine reflexartige Mischung aus Abneigung und Anspannung aus. Ich nenne diese Menschen LWWs – Leute wie wir –, und sie sind, zu meinem beständigen Missvergnügen, wirklich überall. Sie tragen meine Jeans, sie fahren mein Fahrrad, sie lesen meine Zeitung. Ich habe das Gefühl, dass sie darauf aus sind, mir meine hart erarbeitete Identität unter der Nase wegzustehlen. Schlimmer noch, wenn sie auf der Straße an mir vorübergehen, lächeln sie mich an, als ob ihnen dieser himmelschreiende Diebstahl völlig bewusst sei. Warum in aller Welt sollte ein Mensch einem anderen zuwinken, nur weil sie im gleichen Auto aneinander vorbeifahren? Wer kann so oberflächlich sein und detaillierte Annahmen über den Charakter eines völlig Fremden machen, nur weil er bestimmte Marken benutzt? Ach so, ich.

Schließlich ist mir klar geworden, dass dieses Wertesystem, mit dem ich mich selbst und meine Mitmenschen einordne, komplett hohl ist. Mein ganzes Leben lang habe ich mich selbst über eine Reihe von künstlichen Beziehungen zu Marken definiert. Das hat mir die Akzeptanz meiner Altersgenossen gesichert, und es hat mir in meinem Berufsleben Chancen eröffnet – doch es wird mir immer deutlicher klar, dass es mir keinerlei Zufriedenheit gebracht hat. Eigentlich müsste ich glücklich sein. Ich habe ein angenehmes Zusammensein mit meiner Partnerin, die ich sehr liebe. Meine Eltern leben beide noch, sie sind nach wie vor glücklich verheiratet, und sie geben meinem Dasein ein stabiles Fundament. Ich habe einen großen Freundeskreis, einen interessanten Beruf, und – das versteht sich wohl von selbst – ich besitze eine ganze Menge hübscher Markenprodukte. Ich sollte wirklich vergnügt sein. Stattdessen fühle ich mich leer, betrogen und desillusioniert.

Im Alter von dreißig Jahren beschleicht mich der Verdacht, dass meine Liebschaften zu verschiedenen Marken, in die ich so viel Energie investiere, völliger Schwindel sind. Es ist, als ob ich aus einem langen Traum erwachte. Ich bin wie ein Schlafwandler durchs Leben gegangen, war mir meiner Lage bestenfalls halb bewusst, und nur gelegentlich wachte ich lange genug auf, um zu fragen, warum ich eigentlich nicht so glücklich war, wie ich es erwarten durfte, nachdem ich so viel in meine Markenflirts investiert hatte. Mit jedem wohlerwogenen Kauf habe ich versucht, mehr ich selbst zu werden – in der Annahme, das würde Erfüllung in mein Leben bringen. Mich beschleicht aber ein Gefühl dumpfer Unzufriedenheit, und langsam fange ich an, die Realität zu erkennen: Mit jedem neuen Ich-Emblem, das ich meiner Sammlung hinzufüge, verliere ich ein Stück von mir selbst an die Marken. Sie können meine Lovestory nicht erwidern. Sie können mich nicht zu jenen Orten transportieren, deren Existenz sie mir verheißen. Ich bin nicht so wie die Menschen in den Werbespots – und ich werde es auch nie werden. Es ist eine Lüge, eine Lüge, die ich viel zu lange geglaubt habe.

Wenn Sie diese Beichte lesen, müssen Sie mich für einen der oberflächlichsten und vorurteilsbeladensten Menschen der Welt halten. Aber ich schwöre Ihnen, ich bin wirklich ein anständiger Kerl. Ich würde mich niemals weigern, Ihnen die Tür aufzuhalten, weil Sie das »falsche« Handy haben, und ich würde meine Freundschaft zu Ihnen nicht davon abhängig machen, ob Sie die richtige oder die falsche Zeitung lesen. Ich würde vielleicht ein bisschen weniger von Ihnen halten, aber ich würde es Ihnen höchstwahrscheinlich niemals sagen. Bitte, glauben Sie mir, ich habe keine Ahnung, wie es geschehen konnte, dass ich so oberflächlich wurde. Ich wollte nichts weiter als lieben und geliebt werden – und diese verdammten Labels schienen der beste Weg dahin zu sein. Erst jetzt, nachdem ich dreißig Jahre lang versucht habe, mein Ich bei irgendwelchen Marken zusammenzukaufen, wird mir klar: Ich habe buchstäblich keine Ahnung, wer ich eigentlich bin.

10. März 2006

Die Offenbarung kam mir, als ich eines Morgens zu Hause auf der Toilette saß. Meine Freundin Juliet hatte ein eselsohriges Exemplar von John Bergers *Ways of Seeing* auf dem Spülkasten liegen lassen. Ich hatte es nicht besonders eilig, zur Arbeit zu kommen, und ich fing an, darin herumzublättern.

Es stimmt, dass bei der Werbung eine Marke oder ein Unternehmen mit anderen konkurriert; aber es ist ebenso richtig, dass jedes Bild in der Werbung alle anderen bestätigt und verstärkt. Werbung ist nicht nur eine Ansammlung konkurrierender Botschaften: Sie ist eine Sprache für sich, die ständig genutzt wird, um dieselbe grundlegende Botschaft zu übermitteln ... Sie fordert uns alle auf, unser Leben zu verbessern, indem wir etwas mehr kaufen. Wir hören, dass das, was wir mehr erstehen sollen, uns irgendwie reicher machen wird – auch wenn wir selbst durch den Kauf ärmer werden, indem wir unser Geld ausgeben … Ziel der Werbung ist es, den Betrachter ein klein wenig unzufrieden mit seinem gegenwärtigen Leben zu machen. Nicht mit dem Leben der Gesellschaft insgesamt, sondern mit seinem eigenen. Sie unterstellt, dass der Betrachter ein besseres Dasein haben wird, wenn er erwirbt, was sie anbietet. Sie zeigt ihm eine verbesserte Alternative zu dem, was er ist … Jede Werbung arbeitet mit Ängsten. Die Summe von allem ist Geld, und Geld zu bekommen heißt, die Ängste zu überwinden. Andersherum betrachtet: Die Werbung spielt mit der Angst, dass man nichts ist, wenn man nichts hat.[1]

Das war meine Entdeckung, mit Pauken und Trompeten. Zum ersten Mal wurde mir bewusst, was meine Emotionen sind, wenn ich eine Markenwerbung sehe. Eine wunderschöne dekadente Frau blickt mich von einer Plakatwand aus an. Der Glanz, den dieses Bild verströmt, ist erregend. Es folgt ein erschütterndes Gefühl der Minderwertigkeit: Ich bin nicht so anziehend wie sie – und deshalb auch weniger zufrieden mit meinem Leben. Ich kann niemals ein Teil ihrer Welt sein, wenn ich nicht etwas verändere. Diese Seelenqual verwandelt sich in eine große Entschlossenheit: Ich werde alles tun, was nötig ist, damit ich so glücklich werde wie sie, und ich werde die gleichen Dinge kaufen, die sie hat. Und wenn ich mir ihren Lebensstil nicht leisten kann, dann werde ich härter arbeiten, damit ich es eines Tages kann. Auf eine verrückte Weise gibt diese Angst mir gleichzeitig auch Hoffnung – sie bringt mich auf den Weg, durch den ich mich verbessern werde. Doch das Ziel, das ich erreichen muss, entfernt sich immer weiter von mir. Ich muss ständig Schritt halten.

Im Lauf des Tages sehe ich so viele Werbebotschaften und ich durchlebe diese Abfolge von Empfindungen so oft, dass diese Mischung aus Furcht und Anspannung zur Normalität geworden ist, etwas, das ich bis zum heutigen Tag nie in Frage gestellt habe. Die Angst ist gleichzeitig eine Versuchung, denn sie lockt mit der Vision eines liebenswerteren Ich – liebenswerter für andere, vor allem aber für mich selbst. Plötzlich wurde mir klar, dass ich versuche, ausgerechnet die Quelle meiner Angst zum Kurieren derselben einzusetzen. Markenkaufen als Freizeitbeschäftigung. Wenn ich in meinem Beruf Labels verherrliche und Werbung für sie mache, dann streichele ich die Hand, die mich umbringt. Menschen, die Verhaltensweisen pflegen, bei denen sie wissen, dass diese sie langfristig umbringen, nennt man Süchtige. Ich bin, trotz vorheriger gegenteiliger Behauptung, ein Markensüchtiger.

»Was machst du denn da drin?«, fragte Juliet und klopfte an die Tür.

»Äh, ich lese bloß ... bin gleich fertig.«

»Beeil dich ein bisschen, da ist jemand von Levi's am Telefon, der mit dir sprechen will.«

Es ist eine beunruhigende Erfahrung, eine Offenbarung zu erleben, die dem eigenen Wertesystem widerspricht. Ich war davon überzeugt, dass es mich zu einem ausgeglichenen Menschen machen würde, Dinge mit auffälligen Labels zu kaufen und zu benutzen, es war eine meiner wichtigsten Motivationen, ein Grund, morgens aufzustehen und zum Job zu gehen, so hart zu arbeiten wie ich nur konnte, um so viel Geld wie möglich zu verdienen, damit ich mir die Dinge leisten konnte, die ich haben wollte. Es kam, was kommen musste: die Desillusionierung. In den darauffolgenden Tagen schaute ich auf meine Umgebung, auf das Konsumparadies, das Londons Innenstadt nun einmal ist, und ich sah nur eines: konsumieren, um glücklich zu werden.

Jetzt wurde mir klar, dass ich – ebenso wie die zehntausend anderen Shopper auf der Oxford Street – belogen worden war. Aber von wem? Vielleicht waren wir auch alle Komplizen einer großen Verdrängung. Oder wussten wir, dass diese Art von Konsum selbstzerstörerisch ist, waren aber zu bequem, um unser Verhalten zu ändern? Diese langsam erwachende Erkenntnis war verwirrend und beängstigend zugleich.

Während dieser ganzen Zeit blieb das Ausmaß meiner Einkäufe unverändert. Ich ging zu Selfridges, um mir die neueste Schuhkollektion anzusehen, und versuchte anschließend, meine Schuldgefühle dadurch zu besänftigen, dass ich mir eine Ausgabe der konsumkritischen Zeitschrift *Adbusters* besorgte. Im Wissen um diese Heuchelei ging ich nach Hause, um mich mit radikalen Gedanken aufzuladen, indem ich Gil Scott-Herons »The Revolution Will Not Be Televised« auf meiner teuren Hi-Fi-Anlage hörte.

Aus der Desillusionierung wurde ein Verleugnen – war ich wirklich mit dem gesamten Rest der westlichen Welt zu einem markenbesessenen Konsumwahnsinnigen geworden? Oder war es nicht vielleicht doch einfach so, dass wir uns an den Ergebnissen des Kapitalismus erfreuten, etwas, wozu Millionen von Menschen überall in der Welt nicht die Chance bekommen? Diese Argumentation verfing eine Zeit lang. Doch bald begriff ich, dass ich mir damit einfach eine neue Ausrede zum Shoppen gab.

Meine Hilflosigkeit verwandelte sich in Wut. Ich war wütend auf mich, weil ich so oberflächlich war, dass ich so viel Zeit und Geld auf nichts anderes als leere Ziele richten konnte. Ich war zornig auf »das System«, weil es überall, wo ich mich auch hinwandte, die Werte des Konsums anpries.

In welchem emotionalen Stadium ich mich auch gerade befand – ich verlieh ihm Ausdruck, indem ich weiterhin Dinge kaufte. Ich munterte mich mit einem neuen Paar Turnschuhen auf, wenn ich ernüchtert war, ich trug noch auffälligere Marken, wenn ich gerade wieder eine Verdrängungsphase hatte. Und ich erstand Naomi Kleins Buch *No Logo* und Vance Packards Antiwerbungs-Bibel *Die geheimen Verführer* aus den Sechzigerjahren. Ich kannte nur eine Möglichkeit, mich auszudrücken: kaufen.

Ein paar Monate lang versuchte ich es mit Maßhalten. Ich beschränkte mich darauf, neben den notwendigen Nahrungs- und Reinigungsmitteln nur alle paar Wochen einige überflüssige Sachen zu kaufen. Doch Shopping war nur ein kleiner Teil meiner Labelabhängigkeit; was mir vor allem wichtig war, war das, wofür eine Marke stand, das Prestige, das mit ihrem Besitz einherging. Einige Menschen hören Ohrwurmmusik, wenn sie sich aufmuntern, oder sie gehen erstklassig essen, wenn sie sich etwas gönnen wollen. Für all diese Anlässe hatte ich meine Marken.

Wie jeder Süchtige weiß, ist Mäßigung nur in den seltensten Fällen ein gangbarer Weg. Jedes Mal, wenn ich eine Zeitschrift aufschlug, sah ich darin Angebote für Objekte, deren Kauf mich glücklicher machen würde. Jedes Mal, wenn ich den Fernseher anschaltete, sah ich Menschen von diesen Gegenständen umgeben, und sie sahen in der Tat zufriedener aus als ich. Jedes Mal, wenn ich meine Wohnung verließ, gab es in der Nähe Geschäfte mit verführerischen Schaufensterauslagen, die mich zum Zugreifen aufforderten. Askese, wenigstens nahezu, schien ein Ding der Unmöglichkeit, solange die gesamte Kultur um mich herum darauf ausgerichtet war, meine Entschlossenheit zu untergraben. Wie genau soll man die Angewohnheit, Dinge zu erwerben, die man nicht braucht, moderat betreiben? Die Vorstellung eines Lebens ohne Adidas, Nokia und Apple war trostlos. Sie versprach ein graues und freudloses Leben, losgelöst vom Zeitgeist, von meinem sozialen Netzwerk, von meinem hart erarbeiteten Status – und in letzter Konsequenz auch von meinem Glück.

Diese Angst war mir nicht ganz unbekannt. Im Alter von dreiundzwanzig Jahren wurde mir klar, dass ich ein Alkoholproblem hatte. Meine Arbeit in den Clubs, die Partys und ganz allgemein das Leben in London, einer der zechfreudigsten Städte der Welt, hatten meine Trinkgewohnheiten außer Kontrolle geraten lassen. Aus diesem Grund ging ich zu einer Suchtberatungsstelle. Mein zuständiger Helfer erklärte mir, dass einer der ersten Schritte aus der Abhängigkeit darin bestehe, dass ich nicht nur mir selbst gegenüber zugab, ein Alkoholproblem zu haben, sondern dass ich das auch allen nahen Leuten in meinem Umfeld erklärte. Jetzt, sieben Jahre später, muss ich erneut eine Erklärung abgeben – nur hört sie sich diesmal weitaus lächerlicher an als beim letzten Mal:

Ich bin süchtig nach Marken.

Ich brauche sie, um glücklich zu sein, um mein Selbstwertgefühl zu stützen.

Ich werde die Marken ebenso aufgeben, wie ich den Alkohol aufgegeben habe.

Zumindest fürs Erste.

An dem Tag, als ich das Trinken aufgab, schüttete ich meine ganzen Vorräte in den Ausguss, zerschlug die Flaschen und zerdrückte die leeren Dosen. Es war eine Art symbolische Geste, an die ich mich jedes Mal erinnern konnte, wenn ich das Bedürfnis verspürte, zu Alkoholischem zu greifen. Meine neue Therapie würde eine ähnlich theatralische Aktion verlangen, um vor mir selbst und vor anderen zu demonstrieren, dass ich es ernst meinte.

»Du willst wirklich jeden einzelnen Markenartikel aus der Wohnung tragen und vernichten?«, fragt mich Juliet, als ich ihr zum ersten Mal von meinem Plan erzähle.

»Ich sehe keine andere Möglichkeit«, sage ich. »Ich habe ein Problem, dem ich mich stellen muss.«

»Kannst du die Sachen nicht irgendwo einlagern, bis es dir besser geht?«

»Nein, ich muss etwas Dramatisches veranstalten, es muss ein Statement sein. Eine umfassende Zerstörung oder Verbrennung.«

»Du willst deine ganzen Sachen ins Feuer werfen?«

Das gehört zu meinen Vorgehensweisen – erst manövriere ich mich in eine Sackgasse, anschließend gebe ich ein völlig absurdes Gelübde ab, um mich aus der Zwickmühle zu befreien.

»Richtig«, sagte ich. »Ich werde das gesamte Labelzeugs verbrennen. Damit wäre das geklärt.«

»Du kannst machen, was du willst, Neil«, sagte Juliet. »Aber von meinen Dingen, die du als Markenobjekte einordnen könntest, lässt du die Finger.«

Der Begriff *Marke* – oder das in der Wirtschaft mindestens ebenso häufig gebrauchte englische Wort *Brand* – ist in unserem Leben mittlerweile so allgegenwärtig, dass wir ihn oft gebrauchen, ohne eigentlich zu verstehen, was er bedeutet. Wir kaufen Dinge, die »brandneu« sind. Wir drücken unsere Vorlieben für Gegenstände aus, indem wir sagen: »Das genau ist meine Marke.« Wenn wir über ein Produkt reden, dann nennen wir es oft nicht bei seiner eigentlichen Bezeichnung, sondern benutzen wie selbstverständlich die Labelbezeichnung. In Businessmeetings höre ich, wie Manager von *Brand Value*, *Brand Personality* oder *Brand Extension* sprechen, ohne im Grunde zu verstehen, was sie damit genau meinen. Wenn Demonstranten sagen, dass sie gegen Marken sind, meinen sie dann, dass sie gegen das Unternehmen sind oder gegen die Labels, die es produziert? Oder sind sie gegen die Praxis des *Branding* – oder gegen den Kapitalismus ganz allgemein?

Als jemand, der sein ganzes Leben mit Marken gelebt hat, frage ich mich natürlich, wie und wann genau sie entstanden sind. Und wie schaffen es Firmen überhaupt, dass ihre Logos so viel bedeuten? Schließlich sind es zunächst einmal einfach nur Etiketten, die die Hersteller von Produkten und die Anbieter von Dienstleistungen in Umlauf bringen. Und um zu verstehen, woher meine Besessenheit rührt, sollte ich über den Ursprung von Labels Bescheid wissen. Mit Sicherheit gab es eine Zeit, in der das Kaufen und Verkaufen von bestimmten Dingen keine so große Bedeutung hatte. Aber um das genauer zu eruieren, besorgte ich mir einen Leseausweis der British Library. Immer hatte ich mich, als ich noch Bildungsinstitutionen besuchte, redlich bemüht, so wenig Bücher wie nur irgend möglich zu lesen. Ich zog es vor, lieber nebenher zu arbeiten, um mehr Zeit und Geld zum Shoppen zu haben. Jetzt betrat ich freiwillig eine Stätte des Lernens, um etwas über die Geschichte der Marken herauszufinden. Schon das war für mich ein riesiger Schritt.

Man kann sich kaum noch eine Handlung in unserem Alltag vorstellen, die nicht in irgendeiner Weise mit Marken zu tun hat, egal, ob uns dies etwas bedeutet oder nicht. Sie finden sich in unserem Zuhause, im Büro, wo immer wir unsere Freizeit verbringen; sie begleiten uns in der Öffentlichkeit und im Privatleben. Und sie sind Teil all der Dinge, die uns das Dasein leichter machen. Mit anderen Worten: Sie stellen die Annehmlichkeiten einer modernen industrialisierten Gesellschaft dar. Die Vorstellung eines Lebens ohne Autos, Computer, gutes Essen, anständige Läden und Dienstleistungen ist die eines Daseins im finsteren Mittelalter. Kulturen, die keinen Zugang zu derartigen Dingen haben, werden den Entwicklungsländern zugerechnet.

Marken gehören zu den Grundbestandteilen unseres täglichen Lebens. Wir konsumieren jeden Tag Hunderte von ihnen. Sie helfen uns, schnelle Entscheidungen zu treffen, das Leben einfacher zu gestalten. Marken sind von zentraler Bedeutung für den Zeitgeist; wer up to date sein oder den Durchblick haben will, muss über sie Bescheid wissen. Menschen, die sich diesbezüglich neue Trends zu eigen machen, bevor sie die große Masse erreichen, heißen bei den Marktforschern *Opinion Formers*. Diejenigen, die neue Produkte nur langsam annehmen, nennt man *Late Adopters*. So viele Dinge können Labels sein (Waren, Dienstleistungen, Orte, sogar Menschen), dass die Unterscheidung zwischen Marke, Produkt und Hersteller zunehmend schwierig zu treffen ist.

Produkt
Ein Produkt ist etwas, das Geldwert besitzt und das man kauft und benutzt.

Marke
Eine Marke ist der Name, der Begriff, das Zeichen oder das Symbol, das die Herkunft eines Produkts kennzeichnet.

Unternehmen
Die Organisation, die das Produkt herstellt und die das Recht besitzt, die Marke zu nutzen.

Auf den einfachsten Nenner gebracht: Unternehmen, die mit Produkten und Dienstleistungen handeln, nutzen Labels dazu, ihre Waren zu kennzeichnen und zu bewerben. Überall dort, wo in einem Markt Wettbewerb herrscht, ist eine Markenpolitik auszumachen – das heißt, sobald zwei oder mehr Erzeugnisse existieren, die das gleiche Bedürfnis stillen, benötigen die Hersteller, Händler und Verbraucher Brands, um die Herkunft der Waren zu bestimmen. Wo eine Auswahl existiert, da gibt es auch Marken.

Grundsätzlich ist ein Branding ein Versprechen – das Versprechen, sowohl den Konsumenten als auch den Hersteller zu schützen. Uns Verbrauchern verheißt die Marke, dass die Herkunft des Produkts nachvollziehbar ist und dass man es deshalb von ähnlichen Gütern auf dem Markt unterscheiden kann. Auf der Basis dieses Schwurs können wir den Fertiger für die Qualität des Produkts verantwortlich machen, und wir können uns dank unserer Erfahrung schnell entscheiden, wenn wir uns einer Vielzahl von Angeboten im Warenregal gegenübersehen. Marken helfen uns, das Risiko zu verringern, das mit dem Kauf eines Erzeugnisses einhergeht. Ohne dieses Versprechen der Authentizität können wir nicht sicher sein, dass ein Fabrikat das leisten wird, was wir von ihm erwarten, ob es den Preis wert ist, den wir dafür bezahlen, oder ob es sich als schädlich oder gar peinlich erweisen wird. Indem wir ein Markenprodukt kaufen, akzeptieren wir das Versprechen des Herstellers, dass dies ausgeschlossen ist.

Der Erzeuger kennzeichnet mit einer Marke sein Eigentum und schützt so seine Investitionen. Ein Unternehmen, das sein Geld dafür ausgibt, Güter zu entwickeln und ihre Qualität zu verfeinern, kann diese Inputs durch das Eintragen von Warenzeichen, Patenten und Geschmacksmustern absichern. Indem man die Qualität des Produkts konstant hält und seine Vorzüge durch Werbung und Marketing bekannt macht, kann man eine Erwartungshaltung an Qualität und Prestigewert wecken, die letzten Endes den Preis rechtfertigt. Ein klares Branding, also eine eindeutige Markenpolitik, erleichtert es den Kunden, das Erzeugnis zu identifizieren und sich dafür zu entscheiden, es wieder zu kaufen.

Durch dieses System können wir im Alltag eine ganze Reihe von Entscheidungen gewissermaßen per Autopilot treffen. Ohne Marken würde unser Leben zweifellos viel langsamer vorankommen. Stellen Sie sich die folgende kleine Interaktion in Ihrem Lieblingskiosk in einer Welt mit und in einer Welt ohne Marken vor:

Ohne Marken
Ich hätte gerne Kaugummi mit Pfefferminzgeschmack. Der Geschmack sollte lange vorhalten und das Kaugummi muss zuckerfrei sein. Außerdem will ich eigentlich nicht mehr als 50 Pence ausgeben. Welche Sorte können Sie mir empfehlen?

Mit Marken
Geben Sie mir ein Päckchen Extras.

Wenn man einmal von ihrem Logo und dem Design der Verpackung absieht, dann sind Marken im Großen und Ganzen nicht konkret fassbar – sie existieren nur in der Gedankenwelt von Hersteller und Verbraucher. Unsere mentale Vorstellung einer bestimmten Marke setzt sich aus mehreren Schichten von Erfahrungen zusammen, die wir mit dem jeweiligen Produkt in Verbindung bringen. Laut dem amerikanischen Markenguru Kevin Lane Keller muss man »dem Konsumenten beibringen, ›wer‹ das Produkt ist – indem man ihm einen Namen gibt – und ebenso ›was‹ das Produkt tut und ›warum‹ das den Konsumenten interessieren sollte.«[2] Marken sind mentale Strukturen, die uns dabei helfen, unser Wissen und unsere Gefühle gegenüber einem Produkt zu ordnen. Die Markenpolitik des Herstellers muss den Kunden in die Lage versetzen, Differenzen zwischen konkurrierenden Marken wahrzunehmen; der Grad dieser registrierten Unterschiede verleiht dem Label Wert.

Manchmal sind konkurrierende Produkte einander so ähnlich, dass es eigentlich nur ihre Marke ist, die sie unterscheidet. Nehmen Sie zum Beispiel Mineralwasser. Es sind Hunderte von Sorten auf dem Markt, was uns Verbraucher vor die Qual der Wahl stellt. Der Inhalt dieser vielen Wasserflaschen schmeckt im Großen und Ganzen kaum unterschiedlich, stillt den Durst gleich gut, und er besteht, abgesehen von einigen in Spuren enthaltenen Mineralien, aus einem identischen Naturelement. Die einzigen Divergenzen sind die Quelle des Wassers und das Unternehmen, das es abgefüllt hat. Wenn man in einer Bar oder in einem Restaurant etwas zu trinken bestellt, verlangt man beim Kellner nicht nach der Wasserkarte. Und wenn man nicht ausgesprochen patriotisch veranlagt ist (und zum Beispiel lieber französisches Evian als Belgisches Spa-Mineralwasser kauft) oder um die besondere Reinheit des Wassers einer bestimmten Region weiß, dann kann der Auslöser für die Entscheidung, ein bestimmtes Wasser zu kaufen, nur darauf beruhen, wie man diese Marke wahrnimmt. Ist sie ihr Geld wert? Garantiert sie gute Qualität? Ist es eine, mit der wir uns gern in der Öffentlichkeit zeigen? Die Entscheidung hat praktisch nichts mit dem Produkt selbst zu tun, sondern in erster Linie mit dem, was wir mit der Flasche verbinden, in der sich das Wasser befindet. Diese Assoziationen oder Markenattribute sind eine Mischung aus persönlichen Erfahrungen und erinnerten Wahrnehmungen, die angesichts von Werbung und Marketing, denen man ausgesetzt war, hängen geblieben sind. Schon die Tatsache, dass wir uns dafür entscheiden, für Wasser in Flaschen zu bezahlen, wenn wir es aus dem Wasserhahn umsonst trinken könnten (von den Wassergebühren einmal abgesehen), belegt, dass wir die Dinge glauben, die Marken wie Evian uns versprechen.

Eine moderne Marke leistet viel mehr als nur die optische Kennzeichnung von Produkten und Dienstleistungen durch Logos und besondere Verpackungen. Marken arbeiten mit einer ganzen Reihe von Gedankenverknüpfungen, Bedeutungen und emotionalen Schlüsselreizen, um ein Produkt attraktiver und besser verkäuflich zu machen. Eine Marke steht für die Menschen, die in einem Unternehmen arbeiten, und für den Geist, der dieses beflügelt (Markenimage). Eine Marke kann auch für die »Vision« der Firma herhalten und versuchen, Werte und Einstellungen zu verkörpern, die zu der Zielgruppe passen, für die ihre Produkte gedacht sind (Markenpositionierung). Durch diese Ideale baut sie einen Kontakt zum Verbraucher auf, der über die praktischen Aspekte eines *Bedürfnisses* hinausgeht und der mehr mit Hoffnungen, mit einem *Wunsch* zu tun hat. Virgin-Chef Richard Branson bringt klar auf den Punkt, welche Vision eine erfolgreiche Marke besitzen muss:

Produkte oder Dienstleistungen werden zu Marken, wenn sie mit Werten durchtränkt sind, die sich in Tatsachen und Empfindungen übertragen, die die Angestellten nach draußen vermitteln und die Kunden sich zu eigen machen können … Es sind Gefühle – und nur Gefühle –, die den Erfolg der Marke Virgin ausmachen.[3]

Für den Konsumenten muss eine Marke Identität und Marktposition transportieren, außerdem Werte und Kernüberzeugungen, die ihn ansprechen – das ist das Markenversprechen. Der Hersteller muss seine Entscheidungen und die Werte aufeinander abstimmen, damit seine Angestellten in der Lage sind, dieses einzulösen.

Wenn ich selbst ein Markenprodukt kaufe, dann orientiere ich mich nur selten an Kategorien wie Fertigungsqualität oder Preis-Leistungs-Verhältnis. Stattdessen wähle ich ein Label, das am besten mit mir spricht. Meine Schuhsammlung ist so groß, dass sie mir wahrscheinlich für den Rest meines Lebens ausreichen würde, trotzdem kaufe ich weiter neue Paare, einfach, um meine Zugehörigkeit zu dieser oder jener Marke zu bezeugen. Damit sind die Schuhe nicht mehr nur Artikel, die meine Füße bekleiden und schützen sollen, sie sind ein Mittel, das es mir erlaubt, meine Bindung an die Werte, von denen Richard Branson spricht, zu demonstrieren. Aus Gründen, die ich selbst nicht verstehe, würde ich viel lieber mit Virgin Atlantic als mit British Airways fliegen.

TEIL II
Countdown

17. März

186 Tage bis zum Feuer

Im 15. Jahrhundert führten Priester in Italien auf den Marktplätzen regelmäßig öffentliche Verbrennungen durch, um Spiegel, edle Kleidung und Schönheitsutensilien zu zerstören, Artikel, die in ihrer Zeit für Gefallsucht und Sünde standen. In sechs Monaten, von heute an gerechnet, werde ich meinen eigenen Scheiterhaufen der Eitelkeiten veranstalten. Jeder Tag, der vergeht, ist ein weiterer Tag in Richtung Freiheit (oder ein Tag Komfort weniger, je nach meiner momentanen Stimmung). Ich habe fast zweihundert Tage, in denen ich meinen übermäßigen Konsum reduzieren und zu einem markenfreien Lebensstil finden kann.

Wenn ich mich in meiner Wohnung umsehe, dann wird mir schlagartig klar, dass mein Bedürfnis, bestimmte Luxusgegenstände zu kaufen, schon vor längerer Zeit außer Kontrolle geraten ist. Hier finden sich Kleidung, Elektrogeräte und Möbel in Mengen. Aber auch Markenschachteln, Aufkleber, Anhängeschildchen, sämtliche Arten von erbeuteten Werbeartikeln – alles Dinge, die für mich einen großen Wert zu haben scheinen. Ich habe schon immer gesammelt – *Star Wars*-Figuren als Kind, im Teenageralter Schallplatten –, das war aber nie mehr als ein Hobby für mich. Doch all dieses Labelzeugs, das sich in sämtlichen Ecken meiner Wohnung stapelt, ist viel mehr als eine nette Freizeitbeschäftigung. Mein Denken kreist die ganze Zeit darum, Markenartikel zu suchen, auszuwählen, zu erwerben, zu konsumieren und zur Schau zu tragen. Ich bin ständig auf der Suche nach neuen Dingen, die ich kaufen könnte. Doch diese müssen eine verwirrende Anzahl von Bedingungen erfüllen: Woher kommt es? Was bedeutet es? Welche Art von Mensch benutzt es? Bin ich das? Wie werde ich mich fühlen, wenn ich es benutze? Was werden andere Menschen denken? Wenn meine strengen Richtlinien erfüllt sind, wird das Produkt auf meine mentale Einkaufsliste gesetzt, und ich muss es erwerben, sobald ich Muße und das Geld dazu habe. Wird die Zeit zwischen Wollen und Haben zu lang, dann werde ich unruhig. Wenn ich etwas sehe, muss ich es sofort haben. Ich kann nicht auf Sonderangebote warten oder Preise vergleichen, um eine billigere Alternative zu finden.

Ist das Kaufsucht? Statusbesessenheit? Eine ungesunde Markenfixierung? Ich habe das Gefühl, es ist von allem etwas.

– 182 Tage

Wie teilt man seinen Freunden mit, dass man markensüchtig ist und bald den Großteil seiner weltlichen Besitztümer verbrennen will? Auch hier finden sich Parallelen zu dem Ende meiner Alkoholsucht: Unmittelbar nach meinem ersten Beratungsgespräch verkündete ich meinen Freunden, Kollegen und meiner Familie, dass mein Alkoholkonsum außer Kontrolle geraten sei und dass ich versuchen wolle, das Trinken ganz aufzugeben. Ich bat um ihre Hilfe, sagte ihnen, dass der Weg dahin schwer werden würde, dass ich jedoch sicher sei, auf ihre Unterstützung zählen zu können. Damit war ich allerdings völlig auf dem Holzweg.

In meiner Aussage, dass Alkoholgenuss zu einem negativen Teil meines Lebens geworden war, steckte implizit auch eine Kritik der Trinkgewohnheiten vieler Leute in meinem Umfeld, die sich von den meinen nicht wesentlich unterschieden. Zuerst sagten sie mir, ich solle mich nicht so anstellen, ich hätte kein Problem: »Setz dich und trink erst mal einen.« Als ihnen klar wurde, dass ich es ernst meinte, wurden sie erst recht skeptisch: Selbst wenn ich Schwierigkeiten hätte, wäre ich ja wohl der Letzte, der dazu in der Lage wäre, mit dem Trinken aufzuhören. Die finale Stufe war schließlich Ablehnung: Ich war ein Miesepeter, nahm die Sache zu ernst, das Ganze war ihnen unangenehm. Einladungen wurden seltener. Von der Unterstützung, auf die ich gerechnet hatte, war in bestimmten Bereichen meines Bekanntenkreises bald nicht mehr viel zu spüren; es entstand eine Distanziertheit zwischen uns. Wir arbeiteten weiterhin zusammen und sahen uns bisweilen auch privat. Aber es war deutlich, dass ich meine Mitgliedschaft in ihrem Club aufgekündigt hatte, dass ich zu einem Bußprediger wider die Lebensfreude geworden war.

Aber Alkoholismus nimmt man letztlich nicht auf die leichte Schulter. Meine neue, von mir selbst diagnostizierte Krankheit, eine Art zwanghafte Markenstörung, wird ein bisschen schwerer zu verkaufen sein. Die Erklärung, mit der ich jetzt meine Freunde konfrontiere, wenn sich unsere Wege kreuzen, ruft die gleiche durchaus verständliche Skepsis hervor: »Du willst das durchziehen? Das glaubt doch keiner.«

»Was willst du denn anziehen, einen alten Kartoffelsack?«

»Du kannst nicht ohne Marken leben, das ist unmöglich.«

»Es wäre besser, wenn du das Feuer mit billigem Plunder veranstaltest und die guten Sachen auf die Seite schaffst.«

»Kann ich deine Helmut-Lang-Jacke haben, bevor du sie verbrennst?«

Im besten Fall erlebe ich als Reaktion eine wohlwollende Ratlosigkeit, im schlimmsten Fall reflexartige Aggression. Im Übrigen herrscht ziemliche Uneinigkeit darüber, was eigentlich ein Label definiert. (»Alles ist eine Marke, Neil. Was willst du denn machen, nackt in einer Höhle leben und verhungern?«)

Ein befreundetes Ehepaar – er ist Journalist, sie recherchiert für Dokumentarfilme – steht meiner Idee etwas offener gegenüber. Doch bei einem gemeinsamen Essen fangen auch sie an, die Schwachstellen meiner Idee offenzulegen, und ich spüre langsam Panik in mir aufsteigen, dass das, was ich mir vorgenommen habe, eine unmögliche Aufgabe, zumindest aber eine sinnlose Geste ist.

»Was ist denn für dich eine Marke?«

»Nun ja, alles mit einem allgemein bekannten Label darauf.«

»Und was ist mit den Eigenmarken der Supermärkte? Eine Dose Value-Bohnen von Tesco ist vielleicht nicht so schick wie eine Dose von Heinz oder irgendeine Sorte aus biologischem Anbau, aber eine Marke ist es trotzdem.«

»Theoretisch gesehen hast du recht, aber der Kauf von Handelsmarken ist doch wohl nicht mit Prestige verbunden, oder?«

»Und was ist, wenn man Nicht-Markenartikel in einem Laden erwirbt, der eine Marke darstellt?«

»Äh, na ja, über Geschäfte als Marken habe ich noch nicht nachgedacht ... ich werde mir wohl ein paar Grundregeln zurechtlegen müssen.«

Diese beiden Menschen gehören zu den größten Markenfans, die ich kenne. Er war, als ich ihn kennenlernte, völlig begeistert von Prada Sport, aber er hat auch ein Auge für die sportlichen Kollektionen anderer Luxusbrands (Comme des Garçons, Missoni, Evisu). Man muss schon genau hinschauen oder fragen, wenn man seine Labels entdecken will, wenn man sie aber dann erkennt, dann zeugen sie stets von souveränem Understatement, treffen genau das richtige Maß. Seine Frau dagegen war früher eine reine Massenmarkt-Konsumentin, doch seit sie mit ihrem Mann zusammen ist, hat sie die Wald-und-Wiesen-Boutiquen hinter sich gelassen, und jetzt gibt es bei ihr nur noch Marc Jacobs und Vivienne Westwood. Ein bisschen dick aufgetragen, aber es steht ihr gut. Ob ich die beiden ein klein wenig mehr schätze, weil sie mich dauernd mit ihren unauffällig zur Schau gestellten Marken beeindrucken? Wahrscheinlich schon. Das Zusammensein mit Leuten wie ihnen gibt mir ein angenehmes Gefühl – so, als ob etwas Gutes von ihren Marken an mir hängen bliebe. Bei seinen Nike-Sandalen bin ich mir allerdings nicht so ganz sicher.

Es ist klar, dass ich strenge Richtlinien für mein Projekt festlegen muss, schon um der endlosen Debatte darüber Einhalt zu gebieten, was eigentlich eine Marke ist.

Im Verlauf der nächsten Woche definiere ich die Regeln, denen ich folge, und die Ziele, die ich erreichen will:

Die Ziele

1. Die Markenprodukte in meinem Leben durch markenlose Erzeugnisse ersetzen.
2. Aufhören, Markenprodukte zu benutzen.

3. Alle Markenprodukte verbrennen.
4. Sechs Monate lang ohne Marken leben.

Die Regeln
Produkte, deren Verbrauch erlaubt ist:
• Jedes Produkt, das von einem kleinen/lokalen/unabhängigen Händler hergestellt wird und keine sichtbaren Markenzeichen trägt.
Produkte, deren Verbrauch nicht erlaubt ist:
• Alle Markenprodukte, einschließlich der Eigenmarken von Supermarktketten.
• Ladenketten, die diskrete oder gar keine Logos verwenden, wie zum Beispiel Muji oder Uniqlo.

Ausnahmen
Gibt es absolut keine markenfreie Alternative für ein Produkt des täglichen Bedarfs, muss ein ethisch korrekter Ersatz gefunden werden.

– 180 Tage

Meine Literaturagentin schlägt vor, dieses Tagebuch in Buchform zu publizieren. Ich fühle mich etwas unwohl bei der Vorstellung, dass Fremde meine ziemlich oberflächlichen Verlautbarungen lesen werden. Andererseits würde ein Öffentlichmachen diese ganze Angelegenheit aus meinem Kopf in die »reale« Welt hineinkatapultieren: Das ist keine schizophrene Wahnvorstellung meines markenüberfluteten Kopfes, sondern ein Ereignis des realen Lebens. Ist mein Plan erst einmal publik gemacht, dann kann ich wirklich nicht mehr zurück. Juliet witzelt, dass ein Buchvertrag mir helfen würde, einen Teil des Geldes zurückzubekommen, falls ich mein Marken-Ich nach der Verbrennung zurückkaufen möchte.

Also starte ich einen Blog, eine Online-Version meines Tagebuchs, das den täglichen Ablauf meines Markenentzugs Schritt für Schritt nachzeichnen wird (und das mir dabei helfen soll, einen Verlag für das Buch zu finden). Der erste Blog-Eintrag ist eine Absichtserklärung, die ich gleichzeitig per Mail an meine alten Auftraggeber in Journalismus, Mode und Werbung schicke, außerdem an einige hundert Marketing-Webseiten und konzernkritische Blogs. Ich bin gespannt, ob sich jemand dafür interessiert.

– 178 Tage

Samstag. Shopping-Tag. Gibt es etwas Schöneres, als an einem sonnigen Nachmittag wie dem heutigen durch die Londoner Geschäfte zu streifen und nach Dingen zu stöbern, die man kaufen könnte? Ich bin von einer wilden Vorfreude erfüllt. Es ist, als ob etwas von größter Wichtigkeit in meinem Leben fehlt, eben Markendinge, etwas, das sofort in meinen Besitz gelangen muss, etwas, das mich lockerer, zufriedener und selbstbewusster machen wird. Juliet geht auch gern einkaufen, doch bei ihr ist der emotionale Einsatz längst nicht so hoch wie bei mir. Ich muss, wenn ich mit einer Partnerin shoppen gehe, meinen kindlichen Enthusiasmus bremsen – da dieser allerdings die Hauptmotivation meiner Einkaufsstreifzüge ist, ziehe ich oft mittendrin alleine los.

Ich ziehe mich schick an (die Klamotten für eine Shoppingtour sind von großer Wichtigkeit, allerdings darf es nicht zu auffällig sein. Man will ja nicht wie ein Tourist aussehen), marschiere in die Stadt und direkt in das in Frage kommende Geschäft. Das ist zielgerichtetes Shopping. Normalerweise richte ich mich gerade auf und hole noch einmal tief Luft, wenn ich den Laden betrete. Ich schaue der Verkäuferin in die Augen und sage Hallo mit diesem gewissen Selbstbewusstsein, das ihr zu verstehen gibt, dass ich es ernst meine, dass ich weiß, was ich tue, und dass ich keine Hilfe brauche. Ich bin jetzt völlig zum

Jäger und Sammler geworden, und ich halte nach dem Stück Ausschau, das ich im Sinn habe. Der Höhepunkt ist normalerweise der Moment, in dem ich zum Produkt greife und zur Kasse gehe: Dieses Ding wird mir gehören, und ich werde mit ihm so viel glücklicher sein.

Während die Kassiererin den Preis in die Kasse tippt, ziehe ich meinen Geldclip heraus und bereite mich aufs Bezahlen vor. Von diesem Zeitpunkt an fällt die Euphoriekurve langsam wieder ab. Ich fange an, über den Betrag nachzudenken. Brauche ich diesen Gegenstand wirklich? Passt er überhaupt zu mir? Furcht befällt mich, als mir klar wird, dass Juliet mich wahrscheinlich nicht verstehen wird, weil ich immer mehr Zeug in die Wohnung schleppe. Doch als die Verkäuferin die Sachen hübsch einwickelt und in eine Tüte steckt – ich liebe es, wenn sie die Einkaufstaschen mit einem Aufkleber verschließen, das hindert einen daran, einen Blick in diese zu riskieren, bevor man zu Hause ist, wodurch die Erwartungshaltung wieder ansteigt –, hebt sich meine Stimmung augenblicklich wieder, und ich gehe an der Kasse vorbei aus dem Laden hinaus auf die Straße. Ja, schaut nur her, ich habe etwas gekauft, ich kann es mir leisten, ich bin es wert.

Ich schwenke beim Gehen die Tüte, pfeife vor mich hin und behalte die vorübergehenden Shopper im Auge, um zu sehen, ob sie mich mit meiner großen glänzenden Einkaufstasche voll brandneuer Sachen auch wahrnehmen. Nichts fühlt sich besser an, als mit einer teuren Tragetasche in jeder Hand heimzugehen; ich wandle auf rosa Wolken.

Erst wenn ich wieder in meiner Wohnung bin, fällt mein Dopamin-Spiegel. Ich hole die Sachen heraus und lasse schnell die Verpackungen und die Tüten verschwinden, damit Juliet nicht sieht, dass ich etwas Neues gekauft habe, wenn sie nach Hause kommt. Ich probiere an, probiere aus, betrachte eine Zeit lang, was ich erstanden habe. Und ich warte darauf, dass die Magie zu wirken beginnt, dass ich mich vollständiger fühle als vorher. Das ist es schließlich, was ich den Markenprodukten abverlange: dass sie mir das Gefühl geben, mehr ich selbst zu sein. Ich fange an, mich dämlich zu fühlen, dämlich wegen des

Geldes, das ich gerade ausgegeben habe, weil ich mich so sehr in den Gedanken hineingesteigert habe, diese dummen Dinge zu kaufen; dämlich, weil sie in ein paar Tagen auf dem Stapel vergessener teurer Klamotten im Gästezimmer landen werden. Das Verrückte ist: Ich wusste, dass das passieren würde. Ich wusste die ganze Zeit, dass ich keine neuen Sachen mehr brauche, dass neue Sachen mich nicht glücklicher machen und dass ich das Geld sparen sollte, um mir etwas Lohnenderes zu kaufen. Ich weiß nicht, wie das immer wieder geschieht. Es ist, als ob ich in Trance falle.

Erst jetzt, da ich die ersten Schritte unternehme, um mich von diesen ganzen Marken zu lösen, erkenne ich, in welchem Maß sie mein Leben bestimmen. Ich denke wirklich die ganze Zeit an Labels, scheine für ihren Lockruf überempfindlich zu sein. Im Kino fällt mir auf, dass George Clooney das gleiche BlackBerry benutzt wie ich, und ich freue mich darüber, dass wir im Bezug auf Mobiltechnologie den gleichen Geschmack haben. Obwohl ich von mir behaupte, nicht viel fernzusehen, kenne ich normalerweise jeden Werbespot, der bei den großen Sendestationen läuft. Einmal bekam ich einen Anruf von einem Marktforschungsunternehmen. Sie wollten wissen, ob ich bereit sei, an einer Umfrage über Musik in TV-Werbespots mitzumachen. Man spielte mir den Jingle vor und ich musste sagen, zu welcher Marke er gehören würde. Ich wusste achtzehn von zwanzig. Die Dame am Telefon sagte, so viele Treffer hätte sie die ganze Woche noch nicht gehabt. Um ehrlich zu sein, ich war richtig stolz und erzählte es meiner damaligen Freundin. Sie war allerdings nicht so beeindruckt, wie ich gehofft hatte.

Auf der Straße achte ich bei jedem Passanten darauf, welche Marken er trägt. Bei einem Mann ist von weitem schwer zu erkennen, welches Logo genau auf seine Brust gestickt ist, doch ich wende meinen Blick nicht ab, bis ich es erkennen kann. Ich gehöre durchaus nicht zu den Leuten, die auf der Straße nur nach unten schauen und das Pflaster betrachten (außer natürlich, Labelfighter hätten irgendeine Botschaft auf den Asphalt gesprüht). Wenn ich andere Leute privat besuche, dann ist –

wie bei Arnold Schwarzenegger als *Terminator* – mein Markenauge ständig auf der Suche nach Informationen, und ich registriere jedes Zeichen für guten oder schlechten Geschmack.

– 176 Tage

Heute saß ich in einem überfüllten Bus, als ich eine wirklich schöne Frau unter den Fahrgästen erblickte. Große dunkle Augen, wunderbar geschwungene Lippen und volles braunes Haar. Wenn ich Single wäre, hätte ich vielleicht irgendeinen ironischen, nonchalanten Baggerspruch versucht (oder zumindest darüber nachgedacht). Da ich aber ausgesprochen gebunden bin, lehne ich mich lediglich zurück und bewundere sie aus der Distanz. Es ist erstaunlich, wie mühelos manche Menschen Schönheit verstrahlen können. Sie müssen sich dazu nicht im Geringsten anstrengen, sie sind es einfach. Ein leichter Schmollmund, ein Zurückwerfen des Kopfes, ein Krausen der Nase. Plötzlich fährt der Bus eine Haltestelle an, der Gang leert sich und die Schöne wird vollständig sichtbar. Katastrophe. Sie trägt Puma-Schuhe, die bescheuertste Turnschuhmarke aller Zeiten. Die Marke, die sagt, dass man gern cool und abenteuerlustig wäre, aber weder das Selbstvertrauen noch das Flair dazu hat. Wenn man an Puma denkt, dann denkt man an James Blunt, an einen Samstagabend bei Pizza Express, an die DVD-Box von *Friends*. Mit einem Schlag ist die fesselnde Schönheit der Frau verpufft, und ich drehe mich ernüchtert zum Fenster, um mir etwas weniger Deprimierendes anzuschauen.

Das Verbrennen meiner Statussymbole ist nur ein Aspekt meiner Entwicklung hin zu einer markenfreien Existenz. Mindestens ebenso erschreckend ist es für mich, mir selbst klarzumachen, nach welchen Gesichtspunkten ich meine Mitmenschen beurteile. Ich frage mich, wie viele meiner persönlichen Beziehungen auf derart wacklige Fundamente gegründet sind?

Ich würde gern glauben, dass ich über diesen Dingen stehe. Aber an solchen Tagen wie heute bin ich nicht so sicher.

− 170 Tage

Meine Recherchen über die Geschichte der Marken fördern einige interessante Parallelen zwischen historischen und modernen Zeiten zutage. Dort, wo wir heute freiwillig Logos auf der Brust tragen, waren die Menschen früher gezwungen, durch bestimmte Zeichen ihre Zugehörigkeit oder ihren Charakter kundzutun. Die frühen europäischen Sklavenhändler verwendeten Brandmale auf der Haut als Merkmal dafür, dass ihre »Ware« juristisch dem Vieh gleichgestellt war, etwas, das willkürlich gekauft oder verkauft, gebraucht oder missbraucht werden konnte. Das Wort *Brand* stammt vom altnordischen Wort *brandr* ab, das buchstäblich »verbrennen« heißt. Die alten Griechen kennzeichneten ihre Sklaven mit dem Buchstaben Delta, die Römer brandmarkten flüchtige Sklaven mit einem F, meist auf dem Arm, am Hals oder auf der Wade, um ihr Vergehen dauerhaft kenntlich zu machen. Verurteilte Kriminelle, die in der Zirkusarena als Gladiatoren kämpfen sollten, erhielten Markierungen auf der Stirn. Die Angelsachsen übernahmen später diese Praxis, indem sie bei Vagabunden, Zigeunern und Streithähnen ein großes V auf der Brust einbrennen ließen. Diese wurde in England im Jahr 1829 abgeschafft, außer im Fall von Deserteuren, die mit einem D versehen wurden, das man ihnen mit Tinte und Schießpulver eintätowierte. Notorische Querschläger unter den Soldaten bekamen auch ein BC (für *bad character*) eingebrannt, eine Strafe, die erst 1879 abgeschafft wurde. Berichte von Branding in unserer Zeit beschränken sich auf die Initiationsriten amerikanischer Straßengangs und die Fetischszene. Allerdings ging auch die Meldung durch viele Medien, dass der amerikanische Präsident George W. Bush in seiner Zeit als Präsident der Studentenverbindung »Delta

Kappa Epsilon« an der Universität Yale die Praxis einführte, Neumitgliedern mit einem heißen Drahtkleiderbügel ein großes Delta auf die Pobacken zu brennen.[4]

Natürlich wurden nicht nur Menschen mit Brand- oder Markenzeichen versehen. Bereits bei den Griechen und Römern finden sich Logos auf verschiedenen Produkten. Töpfer gehörten zu den Ersten, die ihre Waren mit Kreuzen oder stilisierten Fischen markierten, und zwar auf Wunsch von Händlern, die die Tonerzeugnisse in immer größere Entfernungen verkauften, auch dort, wo die Reputation der örtlichen Handwerker nicht mehr hinreichte. Markenpiraterie war schon im Jahr 50 v. Chr. ein Problem, als Manufakturen damit begannen, minderwertige Produkte mit identischen Markierungen zu versehen, was die römische Gesetzgebung schließlich dazu zwang, die Stempel der Handwerker juristisch ernst zu nehmen. Mit dem Untergang des Römischen Reichs ging die Komplexität und geografische Ausbreitung des Handels zunächst zurück – und damit verbunden blieben die Warenzeichen weitgehend auf den örtlichen Handelsverkehr beschränkt. Unter dem Patronat von Monarchen, die zunehmend versuchten, über Zünfte und Gilden Monopole zu errichten, begannen die Handwerker des Mittelalters damit, Möbel, Porzellan und Papier zu kennzeichnen, um Herkunft und Qualität kenntlich zu machen. Als das Ausmaß des Handels wieder zunahm, wurde es nötig, dass Hersteller für ihre Produkte verantwortlich gemacht werden konnten, und so wurde im 13. Jahrhundert verlangt, dass die Bäcker jeden Laib Brot mit einem Herstellerstempel versahen.

Im 17. Jahrhundert wurden Gesetze zur Feingehaltsstempelung von Silberwaren verabschiedet und streng überwacht, um das Vertrauen der Kunden in das Produkt zu erhalten. Der Prozess Southern gegen How, der 1618 in England verhandelt wurde, gilt als eines der ersten Gerichtsverfahren über Markenverletzungen. Ein Hersteller hochwertiger Stoffe verklagte einen konkurrierenden Produzenten minderwertiger Stoffe, der seine Ware mit Bezeichnungen versah, die für höhere Qualitäten reserviert waren. Europa und Nordamerika trieben internationalen Handel mit allen möglichen Gütern, von Tabak bis zu Medikamenten, und mit zunehmendem Wettbewerb zwischen den Erzeugern erreichte auch die Markenpolitik eine neue Dimension. Neben dem Firmenstempel erschienen nun auch Abbildungen der Hersteller, und die Produkte selbst bekamen einen eigenen Namen und eine Identität, neben dem Namen des Unternehmens, das sie gefertigt hatte.

Eine moderne Markenpolitik entstand offenbar im 19. Jahrhundert, im Zuge des Produktions- und Konsumentenbooms der Industriellen Revolution. Die Fabriken übten eine starke Sogwirkung auf die Landbevölkerung aus, die auf der Suche nach Arbeit in die Städte zog und ihre weitgehend autarke Lebensführung hinter sich ließ. Diese neu entstandene Arbeiterschicht kannte keine Massenprodukte und misstraute ihnen, weshalb sie für die Qualitätsversprechen empfänglich war, die auf verpackten Waren neben den Warenzeichen aufzutauchen begannen. Verbesserte Produktionsprozesse erlaubten es den Herstellern nun, großen Mengen von Waren individuelle Verpackungen zu geben, wodurch sich Möglichkeiten für aufwendige Markenkennzeichnungen boten, was in einem zunehmend umkämpften Markt immer wichtiger wurde. Verbesserungen im Transportwesen sorgten für größere Zuverlässigkeit im internationalen Handel, und einige Hersteller erfreuten sich bald weltweiter Bekanntheit. Um 1850 herum fiel dem Seifen- und Kerzenhersteller Procter & Gamble auf, dass die Hafenarbeiter Kisten mit ihren Kerzen mit einem Stern versahen, um sie leichter zu identifizieren. Händler, die sich auf den Stern als Qualitätssymbol verließen, weigerten sich bald, Kerzenlieferungen anzunehmen, wenn sie nicht dieses Zeichen trugen, und so begann das Unternehmen selbst, seine Verpackungen mit dem Stern zu versehen und das Produkt »Star« zu nennen.

Mittlerweile verschlangen die Produktionsstätten Unmengen von Geldbeträgen, und die Industrie verlangte angesichts der immer weiter um sich greifenden Produktpiraterie nach Rechtssicherheit, um ihre Investitionen zu schützen. So wurde im Jahr 1870 in den USA ein Markenschutzgesetz verabschiedet; Europa zog bald nach. Im selben Jahr ließ sich Averill Paints als erste moderne Handelsmarke der USA registrieren, und 1876 wurde das rote Dreieck der Bass-Brauerei zur ersten eingetragenen Trademark Großbritanniens. Um 1890 herum existierten in den meisten Ländern Markengesetze, die Produktnamen und Logos als gesetzlich zu schützende Güter definierten.

Der durchschnittliche Wohlstand der Familien in westlichen Ländern stieg an. Feste Arbeit in den Fabriken sorgte für ein verfügbares Einkommen, und durch die Entlastung von der Feldarbeit gab es plötzlich mehr Freiräume. Es entwickelte sich die Vorstellung vom Einkaufen als Freizeitbeschäftigung, und damit entstand auch ein Bedarf an nicht lebenswichtigen Produkten (den die Hersteller prompt erfüllten). Neu eröffnete Kaufhäuser und Katalogversender warteten mit einer reichen Auswahl von scheinbar identischen Produkten auf, und der Verbraucher hatte nun wirklich die Qual der Wahl. Viele der besonders verpackten Markenprodukte waren den Kunden, die traditionellerweise bei örtlichen Produzenten gekauft hatten, nicht bekannt. Also mussten die Hersteller ihre potenziellen Kunden davon überzeugen, dass die nicht vor Ort gefertigten Waren vertrauenswürdig waren. Auf diese Weise entstand Produktmarketing.

Im Jahr 1877 gründete J. Walter Thompson die wahrscheinlich erste Werbeagentur der Welt, und er versprach, jedem Unternehmen zu Ansehen zu verhelfen, das gewillt war, Geld für Werbung auszugeben. In einer 1911 herausgegebenen Broschüre mit dem Titel *Dinge, die man über Handelsmarken wissen muss* umreißt Thompson die Strategie des *Trademarking*. Es ist die erste kommerzielle Erklärung dessen, was wir heute als Markenpolitik oder Branding kennen:

Die Handelsmarken sind das Bindeglied zwischen dem Hersteller und dem Endkunden. Durch die Nutzung von Handelsmarken, die breit beworben werden, sind die Produzenten in der Lage, ein Geschäft aufzubauen, das für einen bestimmten Grad der Qualität, Handwerkskunst und Material steht.[5]

Thompson nervte persönlich die Herausgeber von Zeitungen und Zeitschriften, damit sie neben den Leitartikeln Produktwerbung abdruckten. Bis zu dieser Zeit hatten Printmedien allein von den Einnahmen aus Kiosk- und Abonnementsverkäufen existiert. Doch Thompson sah in ihrem großen Publikum das ideale Vehikel für kommerzielle Werbung, die er als einen zentralen Aspekt des modernen Handels pries:

Werbung wandelt den menschlichen Glauben in Kapital um. Glauben ist ein mentaler Eindruck. Es ist eine Eigenschaft des menschlichen Geistes, dass es die Dinge sind, die darin den tiefsten Eindruck hinterlassen, nicht abstrakte Ideen. Das heißt, dass erfolgreiche Werbung fest an einen Namen (oder eine Marke) gebunden und dass diese Marke klar definiert sein muss und nicht mit etwas anderem verwechselbar sein darf.[6]

Dank neuer Werbeplattformen gab es bald Markenprodukte, die im In- und Ausland gleichermaßen bekannt waren. Nachdem grundlegende Dinge wie Wiedererkennbarkeit und Vertrauen in die Qualität von Marken gesichert waren, sorgte der immer stärker werdende Wettbewerb dafür, dass die jeweiligen Unternehmen sich auf komplexere Marketingstrategien verlegten. Designprofis wurden verpflichtet, um Firmen- und Produktidentitäten zu schaffen, Verkäufer gründlich darin geschult, den Markt ihrer Produkte zu verstehen, und die Kreativen in den Werbeagenturen fingen an, in ihren Slogans größere Überredungskünste anzuwenden sowie die Kunden zu Loyalität gegenüber ihrer Marke zu ermutigen. Eine Anzeige für Woodbury's Facial Soap aus dem Jahr 1912 zeigte einen Mann, der in der Pose eines Verführers den Arm einer Frau liebkoste und ihr die Hand küsste, darüber stand der Spruch: »Eine Haut, die man gern berührt.« Einige Leserinnen des *Ladies' Home Journal* waren von der offenen Sexualität der Anzeige so schockiert, dass sie umgehend ihre Abonnements kündigten. Doch diese Kampagne war der Anfang einer der erfolgreichsten Verkaufstechniken aller Zeiten.

Anfang der Zwanzigerjahre entstanden in Europa kommerzielle Radiostationen. Die BBC war die erste, sie fing 1922 in London an zu senden. Im gleichen Jahr strahlte in New York WEAF die erste Radiowerbung aus. Die Industrie stürzte sich auf das neue Medium, und im Jahr 1929 wurden in den USA bereits 10,5 Millionen Dollar für Radiokampagnen ausgegeben.

Die Unternehmen und ihre Werbeagenturen fingen an, Marktstudien in Auftrag zu geben und Verhaltenspsychologen zu beschäftigen, um ihre Kunden besser zu verstehen und um Bedarf in Produkte zu verwandeln. John B. Watson, der in den Zwanzigerjahren für J. W. Thompson arbeitete, behauptete, dass Menschen zu drei grundlegenden Emotionen in der Lage sind: Liebe, Angst und Aggression. Also fingen Werbestrategen damit an, sich solcher Konzepte zu bedienen, die mit Status, Sexualität und Unsicherheit arbeiteten. Sigmund Freuds Neffe Edward Bernays, ein früher Pionier der Industriewerbung, arbeitete für Klienten wie American Tobacco, General Electric und Dodge Motors mit psychologischen Prinzipien. In seinem einflussreichen, 1928 erschienenen Buch *Propaganda* vertritt er den Standpunkt, es sei in Wirtschaft und Politik gleichermaßen legitim, raffinierte Überzeugungstechniken einzusetzen:

Die bewusste und intelligente Manipulation der organisierten Gewohnheiten und Meinungen der Massen ist ein wichtiges Element in demokratischen Gesellschaften … Wir werden regiert, unser Geist wird geformt, unsere Ideen werden angeregt, meist von Männern, von denen wir nie gehört haben. Das ist eine logische Konsequenz aus der Art und Weise, wie unsere demokratische Gesellschaft organisiert ist.[7]

Wenn ich mich in meiner Wohnung umsehe, dann wird mir klar, dass ich Tausende schwer verdienter Pfund für Dinge ausgegeben habe, die mir, zumindest in dem Moment als ich sie kaufte, lebensnotwendig erschienen, die jedoch in Wirklichkeit nur von sehr geringem Nutzen waren. Einige von diesen Dingen, etwa ein lederüberzogenes Roberts-Radio oder ein übergroßer Prada-Schlüsselring, werden auf Regalen zur Schau gestellt, wie Trophäen, auf deren Besitz ich einmal sehr stolz war. Wenn ich sie jetzt betrachte, schäme ich mich fast ein wenig. Wie kam ich eigentlich auf die Idee, dass ich einen 80 Pfund teuren Aschenbecher von Heals *brauche*?

− 169 Tage

Nennen Sie mir eine Marke, irgendeine, und ich wette, dass ich Ihnen eine fundierte Auskunft über ihre Werte, ihren Status (im Vergleich zu den Mitbewerbern und innerhalb der Gesellschaft als Ganzes) und ihre Werbekampagnen der Vergangenheit geben kann. Ich sage »fundiert«, obwohl ich wahrscheinlich von vielen Brands noch nie einen Artikel gekauft noch mich je für sie interessiert habe.

Hier ist ein Mini-Test. Ich denke mir ein halbes Dutzend Marken mit dem Anfangsbuchstaben »B« aus (nicht »A«, da würden unweigerlich Apple und Adidas auftauchen, und diese Namen werden Sie am Ende des Buches wahrscheinlich nicht mehr hören können) und schreibe Ihnen auf, was mir spontan dazu einfällt.

Benson & Hedges
Sozialer Wohnungsbau, surreale Werbung, heftiges Aftershave, Drogen

Goldene Zigarettenpackungen, von denen es rätselhafte, aber wirklich coole Werbekampagnen auf Plakatwänden in der Nähe meiner Schule gab. B&H und Silk Cuts waren bei Zigarettenmarken das, was Coca-Cola und Pepsi bei den Getränken waren. Schließlich aber wurden sie beide irgendwie ein bisschen gewöhnlich, und jetzt raucht jeder stattdessen Marlboro. Wenn ich an B&H während meiner Kindheit denke, dann denke ich an Männer mit Schnurrbärten und schweren Goldringen, die heimliche Pornostars hätten sein können, was ich cool fand. Heute denke ich bei B&H an zwielichtige Teenager in Kapuzenpullovern, die am Kiosk »zehn Benson und ein Päckchen King-Size-Blättchen« verlangen. Man sieht Benson & Hedges auf dem Armaturenbrett von Handwerker-Kleinbussen. Wenn einer meiner Freunde ein Päckchen aus der Tasche ziehen würde, wäre ich überrascht und würde fragen, warum er sie raucht. Vielleicht eine ironische Referenz an die Achtzigerjahre?

BP
Grünes Logo, Umweltverschmutzung, Ginsters Pasties, nackte Frauen

Das BP-Logo war früher ein Schild, jetzt ist es eine grün-gelbe Blume, was dem Unternehmen ein etwas umweltfreundlicheres Aussehen gibt, auch wenn es der zweitgrößte Öllieferant der Welt ist (was kaum damit vereinbar ist). In jüngeren Jahren war ich stolz, wenn ich das BP-Logo auf Reisen im Ausland sah, weil es die Fahne für Großbritannien hochhielt und so weiter.

BP-Tankstellen sind die Heimat der Autofahrer-Junkfood-Marken wie Pringles und Ginsters Pasties. Als Teenager wurde BP für mich zum Synonym von Sex; die örtliche 24-Stunden-BP-Tankstelle lag auf dem Weg vom Pub zu meinem Elternhaus; dort kaufte ich öfters mit betrunkenem Schädel eines ihrer »Drei zum Preis von zwei«-Vorteilspakete unverkaufter Sexmagazine des Vormonats wie *Hustler* oder *Leg Show*. Für das Unternehmen vielleicht nicht unbedingt das, was den Kern der Marke ausmacht, könnte ich mir vorstellen.

BBC
Wahrheit, vornehme Schulleiter, Roberts-Radios, Imperialismus (auf die wohlwollende und milde Art)

Wenn ich an die BBC denke, fühle ich mich aufgeklärt, dankbar und beschützt. Wie im Fall von BP fand ich es immer großartig, wenn Leute, die ich im Ausland traf, die BBC kannten –

auch wenn ich selbst nie BBC-Fernsehen schaute, weil ITV immer die besten amerikanischen Fernsehserien zeigte, *Knight Rider* und das *A-Team*. Die BBC war immer ein wenig angestaubt und gehörte zum Establishment. Zu wenig Schießereien und Verfolgungsjagden für meinen Geschmack. Aber jetzt bin ich erwachsen und ich verstehe: Die BBC ist ein nicht kommerzialisiertes Wunder, an dem ich mich jeden Tag erfreue, nicht ohne den Verdacht zu hegen, dass sie eines Tages mit der Regierung oder dem profitorientierten Sektor in Konflikt geraten wird. Wenn man den Käse ignoriert, den sie als Unterhaltung verkaufen, dann sind die Nachrichten- und Musikprogramme sowie die digitalen Kanäle der BBC eine tägliche Bereicherung meines Lebens.

Bacardi
Mädchen in kurzen Röcken, Fledermauslogo, leuchtendes Orange, Kotze

Bacardi war schon immer ein Frauengetränk. Als der Sechzehnjährige, der am ältesten aussah, bekam ich immer die Aufgabe, in Spirituosenhandlungen von zweifelhaftem Ruf Alkohol zu kaufen. Die Mädels wollten immer eine Flasche Bacardi (die Jungs Bier von Tennent's Super). Seit das Unternehmen die Marke auf widerlich süße Alkopops ausgeweitet hat, denke ich an schlecht gekleidete betrunkene Mädchen, die nachts die Hauptstraße entlangtorkeln und so laut sie können alte Oasis-Hits grölen. Und an die Werbespots mit den Tropenklischees, die uns daran erinnern wollen, dass Bacardi aus der Nähe von Kuba kommt. Nicht, dass es jemanden interessieren würde.

British Telecom
Kafkaeske Callcenter, Familienwerbung, Maureen Lipman, Wutausbrüche

Von den gemütlichen, alle Generationen ansprechenden Werbespots mit Maureen Lipman aus den Achtzigerjahren bis zur aktuellen Kampagne, die einen gestressten Stiefvater dreier

Kinder zeigt – das Marketing von BT erinnert mich an die gepflegte Fadheit, die England so vollkommen perfektioniert hat. Wenn es ein Unternehmen gibt, das in der Lage ist, mir die Tränen der Langeweile in die Augen zu treiben und mich zu Tobsuchtsanfällen zu provozieren, indem es mir unter die Nase reibt, dass ich kein Individuum bin, sondern eine unbedeutende Nummer unter hundert Millionen anderer Trottel, die sich für dieses Elend entschieden haben, dann ist es dieses. Der Tag, an dem ich meine BT-Verbindung kündigte und zu einer anderen Gesellschaft wechselte, war ein Freudentag für mich (obwohl die Dame im BT-Callcenter meinen Triumph nicht zu registrieren schien).

Branston Pickle
Meine Mutter in der Küche, Brotdosen für das Schulfrühstück, braungelbes Schraubglas, Käsetoast

Wenn ich an Branston denke, fallen mir nur gute Dinge ein. Ich erinnere mich daran, wie sehr ich meine Mutter liebe, die es reichlich benutzte, wenn sie meine Schulbrote schmierte (die ich zwei Stunden vor der Mittagspause mampfte). Ich denke an die zahllosen Gelegenheiten, bei denen ich die letzten Reste aus dem Glas herauskratzte, oder an kalte Tage, an denen ich von draußen in die warme Küche kam und mir leckere und sättigende Käsetoasts mit Pickle obendrauf machte. So etwas kann nur gut sein. Jedes Mal, wenn ich ein Glas aus dem Küchenschrank nehme, murmele ich unwillkürlich den Werbeslogan »Bring out the Branston« vor mich hin. Empfinden alle Menschen so über Branston Pickle? Ich denke schon.

Vielleicht die wichtigste B-Marke in meinem Leben ist im Moment das BlackBerry, diese Verbindung aus Handy und E-Mail-empfänger, die so »nützlich« ist, dass die Community, die dieses Gerät benutzt, ihm den Namen »Crackberry« gab, weil es ebenso abhängig machen kann wie Crack. Nachdem ich die smarten Manager und die Power-Kreativen mit diesen Dingern herumfummeln sah, habe ich mir selbst eins gekauft, weil ich ebenso online und up to date sein wollte wie sie. Außerdem suchte ich nach einer neuen Clique, der ich mich anschließen konnte, und das BlackBerry – ein ernst zu nehmendes Werkzeug für Erwachsene – war ein Ausweg aus diesem ganzen polyphonen 3-G-WAP-Wahnsinn der modernen Handys, die, wenn wir einmal ehrlich sind, für Kinder entworfen wurden.

Crack ist die richtige Droge für einen Vergleich mit diesem Gerät. Ich bin seit mehr als sechs Monaten von diesem Teil hypnotisiert, starre ständig auf das Display und schalte zwischen den E-Mails und Text-Messages hin und her. Ich lege es nie aus der Hand. Es bestimmt zunehmend mein ganzes Leben und lässt alle Grenzen zwischen Arbeit und Freizeit verschwinden – meine Freundin hat eine Videoaufnahme von mir, die mich an einem verlassenen Strand in Südindien zeigt, wie ich ziellos am Meer wandere und mein BlackBerry in den Himmel halte, um ein Signal zu erhalten. »Früher waren Blackberrys – also Brombeeren – Dinger, die wir im September entlang der Landstraßen pflückten und aus denen wir einen köstlichen Nachtisch machten«, schrieb Tom Hodgkinson im *Guardian*. »Heute ist BlackBerry keine kostenlose Leckerei mehr, sondern eine ausgesprochen teure Landplage.«

– 166 Tage

Meine Agentin arrangiert ein Treffen mit einem Verlag, der Interesse an meinem Tagebuch hat. Wie so oft habe ich auch hier das Gefühl, dass meine Gesprächspartner nicht wirklich glauben, dass ich das Projekt durchziehen werde – obwohl ich Geld dafür bekommen werde, darüber zu schreiben. Während unserer Besprechung macht der Verleger einen Vorschlag, der mich offenbar zwingen soll, Farbe zu bekennen: Ich soll in einer Art Testlauf eines der Markenprodukte, die mir am wichtigsten sind, verbrennen. Ein Entschlossenheitstest. Ohne mit der Wimper zu zucken, stimme ich zu.

Sobald ich das Büro verlassen habe, fange ich an, darüber nachzudenken, welche Markenartikel für mich die größte Bedeutung haben. Tief in meinem Inneren weiß ich, welche es sind, aber ich kann mich nicht dazu überwinden, sie auch nur in Gedanken in Flammen aufgehen zu sehen: Mein Leben ohne sie wäre so viel ärmer, emotional ebenso wie finanziell. Nach einer Zeit ernsthafter Selbsterforschung enge ich die Liste auf drei Dinge ein:

Karierte Umhängetasche von Louis Vuitton

Einer der ersten Luxusartikel, die ich mir 1999 kaufte, als ich etwas mehr eigenes Geld in der Tasche hatte als sonst. Ich war gerade von zu Hause ausgezogen, und 400 Pfund für diese Tasche auszugeben war ein symbolischer Akt finanzieller Freiheit. Alle meine Bekannten hielten es für eine völlig überzogene Geste, aber ich interpretierte diese Reaktion als Neid, was mich dazu veranlasste, das Ding noch demonstrativer zu tragen. Sie hat mir sechs Jahre lang gedient, heute wird sie nicht mehr produziert.

Adidas Turnschuhe »Adistar Runner«

Keine Rarität, aber dieses spezielle Paar wurde mir überreicht, als ich zum ersten Mal mit den Markenmanagern von Adidas UK zusammentraf. Ich komme mir immer etwas größer vor, wenn ich sie trage. Sie werden nach jedem Gebrauch sorgfältig gereinigt und mit Scotchgard behandelt.

BlackBerry

Ich habe eine Hassliebe zu diesem Ding. Die ständige Verfügbarkeit von E-Mail und Telefon hat mich zum Sklaven eines 24-Stunden-Arbeitstages gemacht. Aber der Effekt, den es auf die Umstehenden hat, wenn man es aus der Tasche zieht, ist unübersehbar. Es verleiht mit ein selbstbewusstes, dynamisches, erwachsenes Aussehen und Auftreten. Es zeigt buchstäblich, dass ich im Geschäft bin.

Je länger ich darüber nachdenke, umso klarer wird mir, dass meine intensive Beziehung zu unbelebten Objekten (und den Leuten, die sie herstellen) am deutlichsten durch die Adidas-Turnschuhe auf den Punkt gebracht wird. Sie werden den Flammen geopfert. Ich gewähre mir einen Aufschub von sieben Tagen. Während dieser Zeit werde ich die Dinger Tag und Nacht tragen, ein angemessener Abschied für etwas, das ich wirklich liebe.

– 164 Tage

Ein Fernsehsender hat mich eingeladen. Es besteht Interesse, das Feuer zu filmen. Während des Meetings fragt mich einer der Produzenten, ob auch Menschen zu Marken werden können. Jennifer Lopez, Jamie Oliver oder David Beckham zum Beispiel vermarkten jeden Aspekt ihres Lebensstils und ihrer Einstellung, und sie verkaufen Produkte von Parfum über Kochbücher bis hin zu Turnschuhen. In gewissem Sinne sind sie wohl selber diese Produkte.

»Ihre Partnerin arbeitet doch in einer großen Kunstgalerie, oder?«, fragt er. »Ist sie auch ein Teil Ihrer Markensammlung?«

»Ja, das könnte man vermutlich sagen. Aber sie kommt natürlich nicht mit ins Feuer.«

»Wären Sie ebenso von ihr angezogen gewesen, wenn sie nicht so einen coolen Job hätte?«

Das ist ein bisschen unter der Gürtellinie. Es folgt eine bedeutungsschwangere Pause, und ich erröte über meine offensichtliche Oberflächlichkeit. Das Meeting endet kurze Zeit später, ebenso wie meine Chance, ein Fernsehstar zu werden.

Im Rahmen meiner Recherchen zur Geschichte der Marken habe ich mit Adam Curtis Kontakt aufgenommen, einem britischen Dokumentarfilmer, der mit *The Century Of The Self* (zu übersetzen mit: *Das Jahrhundert des Ich*) einen erstaunlich pessimistischen Film über den Konsumismus gemacht hat. Ein großer Teil der Dokumentation dreht sich um Edward Bernays, der weithin als der Erfinder der Werbung gefeiert wird. Curtis sieht in Bernays einen Pionier des manipulativen Marketings, das eine Kultur des selbstsüchtigen Individualismus hervorgebracht hat. Heute bekomme ich eine E-Mail mit einigen seiner Notizen zum Thema:

Edward Bernays war der Erste, der Freuds Ideen dazu benutzte, die Massen zu manipulieren. Er zeigte amerikanischen Unternehmen, wie sie die Öffentlichkeit dazu bringen konnten, Dinge zu wollen, die sie nicht brauchten, indem sie massenproduzierte Güter mit den unterbewussten Wünschen der Menschen verknüpften. Daraus wiederum entstand eine politische Idee, wie man die Massen kontrollieren kann: Indem man ihre innersten Wünsche befriedigt, machte man sie glücklich und damit fügsam. Es war der Beginn des allumfassenden Ich, das heute unsere Welt dominiert.

Einer von Bernays' frühen Kunden war George Hill, der Präsident der American Tobacco Association. Hill bat Bernays, einen Weg zu finden, das Tabu des Rauchens unter amerikanischen Frauen zu durchbrechen. Zusammen mit dem amerikanischen Psychologen Abraham Brill stellte Bernays fest, dass Zigaretten ein Symbol für den Penis und die sexuelle Macht des Mannes seien. Wenn er eine Möglichkeit finden konnte, die Zigaretten mit einem Infragestellen männlicher Macht zu verbinden, würden die Frauen auch rauchen, weil sie dann ihre eigenen Penisse hätten. Bernays überredete eine Gruppe reicher Debütantinnen dazu, mit unter ihrer Kleidung verborgenen Zigaretten an der New Yorker

Osterparade teilzunehmen und dann zu einem vorher festgelegten Zeitpunkt auf dramatische Weise ihre Zigaretten anzuzünden. Inzwischen informierte er die Presse, dass eine Gruppe von Suffragetten einen Protest plane, bei dem sie das, was sie »die Fackeln der Freiheit« nannten, entzünden würden. Die Nachricht füllte prompt die Zeitungen überall in Amerika, und der Event wurde ein großer Erfolg.

Was Bernays geschaffen hatte, war die Vorstellung, dass das Rauchen eine Frau stärker und unabhängiger machte, eine Idee, die sich bis heute gehalten hat. Er erkannte, dass es möglich war, die Menschen dazu zu bringen, irrational zu handeln, wenn man Produkte mit Gefühlen verknüpfte. Das hieß, dass willkürlich gewählte Objekte zu mächtigen emotionalen Symbolen dafür werden konnten, wie man von anderen gesehen werden wollte.

Nach dem Ersten Weltkrieg florierte das System der Massenproduktion, Millionen neuer Güter strömten von den Fließbändern. Diese Hersteller hatten Angst, dass ein Punkt erreicht werden könnte, an dem die Menschen genug Waren besaßen und einfach aufhören würden, etwas zu erwerben. Bis dahin war die Mehrheit der Produkte aufgrund von Bedarf verkauft worden – Schuhe, Strümpfe und sogar Autos wurden mit ihrer Funktionalität und ihrer Haltbarkeit beworben, und das Ziel der meisten Anzeigen war es, der Öffentlichkeit die Vorzüge des Erzeugnisses vorzustellen, nicht mehr. Den Unternehmen wurde klar, dass sie die Art und Weise verändern mussten, wie die Amerikaner über Produkte dachten. Edward Bernays hatte einen entscheidenden Anteil an diesem Prozess. Er bekam von dem Verleger William Randolph Hearst den Auftrag, die Auflage von einer Reihe von neuen Frauenmagazine zu steigern, und Bernays verlieh diesen Zeitschriften Glanz, indem er Artikel und Werbungen darin platzierte, die die Produkte seiner anderen großen Klienten mit Filmstars verknüpften, zum Beispiel mit Clara Bow, die auch seine Auftraggeberin war.

Doch Bernays' Rolle war nicht auf Zeitschriften beschränkt. Er erfand auch die Praxis des *Product Placement* in Filmen, indem er dafür sorgte, dass die Filmstars von bestimmten Herstellern mit Kleidung und Schmuck ausstaffiert wurden. Er behauptete, der Erste gewesen zu sein, der den Autoherstellern sagte, sie sollten ihre Fahrzeuge als Symbole für Sexualität verkaufen. Er bezahlte Psychologen für Untersuchungen, die zu dem Ergebnis kamen, dass gewisse Produkte hervorragend seien, und tat dann so, als handle es sich um unabhängige Studien. Er organisierte Modenschauen in Warenhäusern und bezahlte Stars dafür, die zentrale Botschaft zu verbreiten: Man kauft neue Dinge nicht nur, um ein Bedürfnis zu stillen, sondern auch, um anderen sein Selbstbild mitzuteilen.

Ich könnte nicht viele Produkte benennen, die einfach auf der Basis dessen, was sie können, vermarktet werden. Verglichen mit den offenbar lebensverändernden Eigenschaften so vieler Marken, die im Fernsehen beworben werden, erscheinen diese Gegenstände eher trivial und langweilig. Ein Beispiel ist der Werbespot für Ronseal-Zaunlack, der durch seine ehrliche Banalität besticht: Ein Arbeiter hält eine Dose von diesem Zeugs in die Kamera und sagt einfach: »Wenn Sie Ihr Holz schützen wollen, nehmen Sie Ronseal-Holzschutzlack. Der macht genau das, was auf der Dose steht.«

– 162 Tage

Die Abschiedswoche für meine geliebten Adidas-Schuhe ist vorüber. Ich habe sie zu Hause getragen, auf Meetings und beim Einkaufen. Durch den ganzen Gebrauch sind sie ziemlich schmutzig geworden, darum reinige ich sie ein letztes Mal mit Foot Locker Sneaker Refresh Mousse. Es ist wirklich schrecklich, mich von ihnen zu trennen – eigentlich armselig. Ich trauere um meinen Verlust und verachte mich gleichzeitig dafür; man kann ohne Übertreibung sagen, dass dies nicht gerade einer der glücklichsten Tage meines Lebens ist, und der unablässige Frühlingsnieselregen trägt wenig dazu bei, meine Stimmung zu verbessern. Ich stapfe durch die Nebenstraßen und Gassen meines Viertels und suche nach einem geeigneten Ort für mein erstes Brandopfer, außer Sichtweite irgendwelcher Überwachungskameras oder neugieriger Passanten. Schließlich finde ich einen alten Treppenschacht aus der Zeit der Jahrhundertwende. Er führt zu einer Brücke, die, dem beißenden Uringeruch nach zu urteilen, öfter als Behelfsunterkunft für Obdachlose dient. Das macht die Treppe zum perfekten Ort für den ersten Akt meiner Labelreinigung. Schließlich stehe ich wie die Penner im Begriff, auf meine eigene Türschwelle zu pinkeln.

Auf dem zum Urinal verkommenen Treppenabsatz bleibe ich stehen, nehme die Schuhe aus ihrer Originalschachtel und fange an, sie mit Feuerzeugbenzin zu übergießen. Trotz ihrer Jahre sehen die Dinger noch ziemlich klasse aus. Mit einem letzten zärtlichen Blick nehme ich ein Streichholz und stecke die Schnürsenkel in Brand. Sofort ergreifen die Flammen mit einem leisen »Wusch« Schuhe und Schachtel.

Die Schnürsenkel zerfallen fast augenblicklich, und die Gummisohlen rollen sich vorne und hinten auf. Die Oberflächen aus Wildleder und Nylon sind bald nur noch ein schwarz verkohlter Brei. Ich stehe auf einer Straße und verbrenne ein Paar Turnschuhe, das vollkommen in Ordnung ist. In ein paar Monaten werde ich mit fast allen Dingen, die ich besitze, das Gleiche tun. Vielleicht ist es noch nicht zu spät, einen Rückzieher zu machen. Ich habe Angst, dass die Flammen außer Kontrolle geraten, deshalb übergieße ich sie mit Wasser (Evian, wenn Sie's genau wissen wollen). Ein unangenehm nach Chemie riechender Qualm steigt aus dem zerfallenden Kunststoff.

Als der Rauch sich verzogen hat, lässt auch meine Beunruhigung wieder nach, und ich seufze erleichtert. Was genau habe ich denn hier eigentlich betrauert? Nicht den finanziellen Verlust, auch wenn ich durchaus nicht reich bin. Nein, es ist die emotionale Bindung. An ein Paar Turnschuhe. Das kann nur eine positive Sache sein: Mein erster Schritt in ein neues Leben. Die Dinge, die du besitzt, werden am Ende dich besitzen, dies habe ich irgendwo einmal gelesen, und diese dämlichen Turnschuhe haben mich schon viel zu lange besessen. Bald werde ich frei sein von all dem. Vermutlich ist es einfach nur eine Frage einer Umprogrammierung meines Denkens. Ich kann mich selbst lieben und für andere liebenswürdig sein, ohne diese ganzen Marken zu besitzen. Ich kann mir Ziele setzen, die über das Anhäufen von Dingen hinausgehen. Ich kann lernen, andere Menschen anzuschauen und mir ein Urteil über sie zu bilden, das nicht nur auf den Labels ihrer Kleidung beruht. Oder noch besser, mir gar kein Urteil bilden.

– 158 Tage

Ich habe einen Buchvertrag. Mit einem Schlag ist diese ganz persönliche Reise zu einer öffentlichen Angelegenheit geworden.

– 155 Tage

Ich erzähle in meinem Blog die Geschichte von der schönen Frau mit den Puma-Turnschuhen, und innerhalb von zwei Tagen meldet sich einer der PR-Manager von Puma:

```
Neil,
Ihre Kommentare über PUMA sind sehr interessant – für mich
nicht zuletzt deshalb, weil Sie einen nicht unbeträchtlichen
Teil des letzten Jahres bei uns gesessen haben und uns erzähl-
ten, wie wundervoll PUMA sei und Ihre Zeitschrift (die nicht
mehr existiert … aus irgendeinem Grund?). Sie wissen, dass ich
eine Menge Geld bei Ihnen ausgegeben habe, weil Sie uns deut-
```

lich machten, wie großartig Zeitschrift und Marke zusammen-
passten. *Ich nehme an, dass Sie, wenn Sie jemals wieder für
eine ähnliche Zeitschrift arbeiten werden, keinen Wert auf
Werbeeinnahmen von PUMA legen????
Lassen Sie mich wissen, wie Sie darüber denken.*

Er hat nicht unrecht. Während meiner Zeit bei Lifestyle-Magazinen fühlte ich mich oft unaufrichtig, wenn ich bei Marken,
die ich persönlich nicht mochte, um Werbegelder betteln ging
(was zeigt, dass ich als Herausgeber und Verleger ungeeignet
für diese Aufgabe war). Halbwahrheiten und falsche Freund-
schaften zeichnen viele Beziehungen im geschäftlichen Alltag
aus, doch Markenmanager sind eine ganz eigene Spezies. Für
sie wie diesen hier von Puma ist ihr Job nicht nur ein Mittel
dazu, die Hypothek abzubezahlen, etwas, bei dem sie nur das
Nötigste tun, um so schnell wie möglich nach Hause zu ver-
duften. Sie sind die fanatischsten Angestellten, die man sich
vorstellen kann. Sie bleiben in der Regel viele Jahre lang beim
gleichen Unternehmen und betrachten es als persönlichen
Kreuzzug, die Botschaft ihrer Marke in die Welt zu tragen. Das
ist der Grund, warum sie jede Kritik so persönlich nehmen. Es
ist auch der Grund, warum ich aus dem Geschäft aussteige und
dieses Buch schreibe – Marken wie diese sind eben keine hei-
ligen Ikonen. Es sind einfach Firmen, die Schuhe herstellen
und verkaufen.

– 149 Tage

Die Leute von Adidas haben von meinem Projekt gehört und
laden mich in ihr Büro ein, damit ich ihnen erkläre, was ich
genau mit diesem Feuer da vorhabe. Adidas, meine allerliebste
Marke, das Unternehmen, das am meisten Geld in meine Zeitschriften investiert hat und, zumindest hier in England, gemes-
sen an seiner Popularität im Markt und dem Einfluss innerhalb

73

der Industrie der mächtigste Sportartikelhersteller ist. Ich komme gelaufen wie ein trainiertes Äffchen.

Als ich das Büro der Presseabteilung betrete, fühle ich mich plötzlich unwohl. Es ist, als würde ich in diesem von mir angezettelten Privatkrieg Fremdland betreten. Doch die Paranoia verschwindet schnell wieder, angesichts der dort ausgestellten neuen Produktlinien und der Werbeplakate und Memorabilien, die über Jahre hinweg liebevoll gesammelt wurden. Offenbar soll das dreiblättrige Adidas-Logo die Kontinentalplatten darstellen, die sich im olympischen Geist annähern.

»Also, worum geht es denn bei dieser Sache?«, fragt einer der beiden Markenmanager und reißt mich aus meinem dreifach gestreiften Tagtraum. Vorsichtig spiele ich meine Platte ab: von Geburt an eine Marke ... kein Ichgefühl ... alles verbrennen ... gesundes neues Leben ... Ich fühle mich wie ein Katholik, der in der Kirche aufsteht und verkündet, dass er Jude werden will. Es ist klar, dass sie mich eingeladen haben, um die Situation für ihr Unternehmen einzuschätzen, doch zu meiner Überraschung nicken sie immer an den richtigen Stellen, lachen sogar über einige meiner Witze. Sie äußern die üblichen Kritikpunkte – es ist Verschwendung, das alles zu verbrennen, Sie werden das nie durchhalten, es ist sowieso unmöglich, und was ist überhaupt falsch an Marken? Doch erst als ich die peinliche Geschichte mit dem Puma-Mädchen im Bus erzähle und berichte, welchen Unmut sie bei Puma UK hervorgerufen hat, wird das Meeting lebhafter.

»Sie hatten völlig recht mit dieser Frau«, sagt einer der Manager. »Sie trägt Puma-Schuhe, weil sie glaubt, dass die cool sind und dass sie selbst cool ist. Sie dagegen halten Puma für alles andere als cool, und durch den Blick auf ihre Schuhe können Sie das auch sofort feststellen. Diese Schuhe haben Ihnen die Mühe erspart, die Frau kennenzulernen und erst viel später zu bemerken, dass Sie nicht zusammenpassen. Denken Sie nur, wie viel Zeit Sie verschwendet hätten. Aus diesem Grund braucht man Marken.«

Es fällt mir schwer zu widersprechen. Unsere Markenentscheidungen spiegeln tatsächlich wider, was für Menschen wir sind. Ist daran wirklich etwas Falsches? Es hat mir oft ein Gefühl der Sicherheit, ja, der Solidarität gegeben, Teil einer Marken-Community zu sein. Es gibt mir Bodenhaftung: Ich weiß, wo ich im Leben hingehöre. Vielleicht ist dieses ganze Projekt wirklich eine hirnlose Zeitverschwendung.

Ich kann mir vorstellen, dass die Adidas-Markenleute sich über die negative Publicity freuen, die Puma als Folge meines Blogs bekommt – eine ansehnliche Zahl von Mit-Bloggern hat auf meiner Webseite geschrieben, dass sie meine Abneigung gegen Puma teilen. Ich frage mich, wie sie reagiert hätten, wenn die Sache andersherum gewesen wäre. Wie auch immer, das war zu erwarten. Einer der Manager wechselt das Thema und fragt mich, ob ich ein paar kostenlose Sachen mitnehmen möchte. Mit dem Mut der Verzweiflung halte ich an meinen neuen Prinzipien fest und lehne ab. Nun ja, was hätte ich anderes tun können, wenn ich einigermaßen in Würde abgehen wollte? Wir wissen alle, dass meine Entschlossenheit wackelt. Es steht mir ins Gesicht geschrieben.

Nachdem wir das Buch besprochen haben, geht unser Meeting rasch zu Ende. Da ich kein Lifestyle-Journalist mehr bin, ist mein Nutzen für sie nur noch minimal, und ich habe das Gefühl, freundschaftlich in die Vergessenheit verabschiedet zu werden. Als ich auf die belebte Straße hinausstolpere und rechts und links neben mir die Geschäfte sehe und die Kundenströme, die sich mit Plastiktüten voll frischer Konsumentenbeute durch die Shopping-Welt wälzen, fühle ich mich sehr, sehr deprimiert. Jetzt sind meine beruflichen Brücken unwiderruflich abgebrochen. Ich schaue mich um und habe den Eindruck, dass jeder völlig zufrieden mit seinem Markenleben weitermacht, hart arbeitet, um Geld zu verdienen, das er für die Dinge ausgeben kann, die ihn glücklich machen. Kleidung, Autos, Handys, Essen – überall sehe ich Marken und Menschen, die sich an ihnen erfreuen, als ob daran nichts Falsches sei. Vielleicht ist es das auch nicht. Ich will nicht aus der Gesellschaft ausgeschlossen sein, von der Realität abgekoppelt wie irgendein Schizophrener, der dem »System« entfliehen will. Ist es zu spät umzukehren?

Meine Kindheitserinnerungen aus den Achtzigerjahren sind voll von Marken. In der sommerlichen Sportfreizeit spielte ich Tennis unter einem riesigen Poster von John McEnroe in einem Sergio-Tacchini-Trikot. Neben ihm stand Björn Borg auf dem Centre Court von Wimbledon, gekleidet in Fila. Am Wochenende gab es im Fernsehen Autorennen, wobei die Autos nicht an ihren Fahrern zu unterscheiden waren, sondern an ihren Sponsoren Marlboro oder John Player Special. Während des Familienurlaubs auf Teneriffa schaute ich den Mädchen nach, die am Strand auf und ab flanierten, prächtig anzusehen in ihren imitierten Gucci-T-Shirts und Hugo-Boss-Mützen von den örtlichen Touristenmärkten. Das höchste Lebensziel war, eines Tages eine goldene Rolex Oyster zu besitzen. Zu dieser Zeit war die Selbstdarstellung der Marken zweifellos aufdringlicher und demonstrativer, als es heute der Fall ist. Meine Recherchen über die Geschichte des Werbebooms der Achtziger in der British Library scheinen diesen Eindruck zu bestätigen.

In den frühen Achtzigerjahren wurde den Herstellern bewusst, dass die Konsumenten von der zillionenfachen Auswahl, die ihnen zur Verfügung stand, überfordert waren. Überfüllte Märkte verlangten nach einem starken Branding als Reaktion auf die schwindende Kundenloyalität. Als Reaktion auf den Druck der Aktionäre und schwindende Marktanteile fing die Privatwirtschaft an, Print- und elektronische Medien bis zur Übersättigung mit Werbung anzufüllen, um den Wert ihrer Marken auszubauen. Die Unternehmen gingen zunehmend dazu über, den Kern der Markenidentität – das, was die Marketingleute *Brand Essence* nennen – in den Mittelpunkt ihrer Werbung zu stellen. Das äußerte sich oft in bombastischen Visionen von einer besseren Welt – die durch die Existenz der eigenen Produkte noch besser gemacht wurde. Die Verbraucher kauften jetzt nicht mehr nur ein Markenprodukt, sondern eine Reihe von Werten, einen Lifestyle. Das lässt sich deutlich an der Entwicklung der Coca-Cola-Werbeslogans ablesen:

1886	»Drink Coca-Cola«
1900	»For headache and exhaustion drink Coca-Cola« (»Bei Kopfschmerzen und Erschöpfung hilft Coca-Cola«)
1906	»Thirst quenching – deliciouis and refreshing« (»Durst-löschend – köstlich und erfrischend«)
1923	»A perfect blend of pure products from nature« (»Eine perfekte Mischung reiner Naturprodukte«)
1943	»It's the real thing« (»Das einzig Wahre«)
1957	»Sign of good taste« (»Zeichen des guten Geschmacks«)
1971	»I'd like to buy the world a Coke« (»Ich möchte der Welt eine Coke kaufen«)
1976	»Coke adds life« (»Coke bringt Leben«)
1989	»Can't beat the feeling« (»Das unschlagbare Gefühl«)
1993	»Always Coca-Cola« (»Immer Coca-Cola«)
1998	»Thirsty for Life? Drink Coca-Cola!« (»Durst auf Leben? Trink Coca-Cola«)
2001	»Life tastes good« (»Leben schmeckt gut«)
2006	»The Coke side of life« (»Die Coke-Seite des Lebens«)

Marken schienen die Welt zu vereinen. Ein Mensch in China konnte das gleiche Erfrischungsgetränk genießen wie einer in Puerto Rico, auf der anderen Seite des Globus. McDonald's, inzwischen praktisch auf allen Einkaufsstraßen der Welt präsent, verkündeten 1988 stolz die Eröffnung ihrer ersten Restaurants in Ungarn und Jugoslawien, noch vor dem Zusammenbruch der Sowjetunion. Das Bild des allmächtigen Konsumenten fand seinen Niederschlag in der zunehmenden Bedeutung des Individuums in der Ideologie der politischen Rechten, die auch in England regierte.

Das Recht des Menschen zu arbeiten, was er will, auszugeben, was er verdient, Besitz zu haben, den Staat als Diener und nicht als Herren zu erleben, diese Dinge gehören zum Wesen einer freien Wirtschaft, und von dieser Freiheit hängen alle anderen Freiheiten ab.
Margaret Thatcher, Wahlwerbespot der Konservativen Partei, 1987

Nichts brachte den wirtschaftlichen Boom der Achtzigerjahre besser auf den Punkt als der Markt für Luxuslabels, der sich aus seinem angestammten demografischen Segment befreite und jetzt nicht nur den oberen Zehntausend, sondern dem gesamten Mainstream die Erfüllung seiner Wünsche versprach. Das weltweite Prestige von traditionellen europäischen Taschenherstellern (Gucci und Louis Vuitton) und neueren amerikanischen Modehäusern (Donna Karan, Tommy Hilfiger und Calvin Klein) war so groß, dass sich jedes Produkt, das ihr Logo trug (Parfum, Uhren, Unterwäsche, Sonnenbrillen), zu Höchstpreisen verkaufte, egal, von welcher Qualität es war. Es folgte eine Welle von Produktfälschungen, weil auch die Arbeiterklasse sich die Symbole der Superreichen aneignen wollte.

Angesichts der steigenden Bedeutung, den die Markenpolitik für den Verkauf von Produkten hatte, fing die internationale Wirtschaft an, Brands als materielle Werte zu betrachten. Westliche Finanzleute suchten nach Unternehmen mit unterbewerteten Marken, um sie zu übernehmen, in der Überzeugung, dass starke Labels bessere Ertragsleistungen nach sich ziehen und deshalb eine größere Wertschöpfung für die Aktionäre bedeuten. Die Sachwerte des britischen Süßwarenherstellers Rowntree wurden 1988 mit 900 Millionen Dollar angesetzt, doch im gleichen Jahre kaufte Nestlé das Unternehmen für 4,5 Milliarden Dollar. Was den höheren Preis rechtfertigte, war der immaterielle Wert von Rowntrees bekannten Marken – KitKat, Polo und Smarties. In der Folge erlebte der Weltmarkt eine hektische Periode von Fusionen und Übernahmen, wobei fast 50 Milliarden Dollar für allgemein bekannte Markennamen den Besitzer wechselten.

Für die Verbraucher wurde die symbolische Bedeutung von Markenprodukten zunehmend wichtiger als deren Nutzwert, und die Werbung lieferte immer neue Offenbarungen und Lebensziele. Markenwerbung war so emotional geworden, dass einige loyale Verbraucher damit anfingen, ein ungesundes Maß an Zuneigung für ihre Marken zu entwickeln. Als Kellogg's in England den Namen einer seiner Frühstücksflocken von Coco Pops zu Choco Crispies änderte, gab es zu einem Aufschrei.

Eine Zeitung veranstaltete eine nationale Umfrage, an der fast eine Million Menschen teilnahmen, 92 Prozent davon stimmten für eine Rückkehr zum Namen Coco Pops. Schließlich fügte sich Kellogg's dem Wunsch der Verbraucher und ließ wieder den alten Namen auf die Packungen drucken. Für einige Menschen kam *Re-Branding*, das Verändern einer Marke, der Vernichtung von Kulturgütern gleich. Coca-Cola musste sich von loyalen Kunden, die das verbesserte Rezept der »New Coke« nicht mochten, vorwerfen lassen, dass sie den American Way of Life zu zerstören. Margaret Thatcher bedeckte in einem berühmt gewordenen Vorfall angewidert ein Flugzeugmodell mit dem neuen British-Airways-Logo mit einem Taschentuch. Eine Verbraucherumfrage in den USA wollte herausgefunden haben, dass Marken wie Coca-Cola, Microsoft und Ford Motors als glaubhafter und vertrauenswürdiger eingeschätzt werden als Amnesty International, Greenpeace und Oxfam.[8] Susan Fournier von der Harvard Business School schrieb dieses Phänomen einer generellen Sehnsucht nach bedeutungsvollen Bindungen zu:

Beziehungen zu Massenmarken können das »leere Ich« beruhigen, das zurückbleibt, wenn die Gesellschaft Tradition und Gemeinschaft hinter sich gelassen hat, und sie können in einer Welt des Wandels einen stabilen Anker darstellen. Das Bilden und Aufrechterhalten von Markenbeziehungen erfüllt in der postmodernen Gesellschaft viele kulturell gestützte Funktionen.[9]

In den frühen Neunzigerjahren kam es schließlich zu einer Abkehr von der Markenprahlerei. Auch wenn die Kernbereiche einiger Brands inzwischen geradezu fanatisch umkämpft wurden, so entwickelte doch der Gesamtmarkt nach und nach einen gewissen Werbeüberdruss. Ein Grund dafür war sicherlich der wilde Eifer vieler Labels, sich am lautesten Gehör zu verschaffen. Aber auch die allgemeine wirtschaftliche Rezession sorgte für einen neuen Trend, und zwar einen zu echter Qualität und einem ausgewogenen Preis-Leistungs-Verhältnis. Der

Einzelhandel fing an, den Wert großer Marken mit neuen Discount-Kaufhäusern und der Veräußerung von Eigenmarken zu untergraben. Der größte Schock kam im April 1993 mit dem *Marlboro Friday*: Beunruhigt von der Tatsache, dass man zunehmend Marktanteile an Discountmarken verlor, verkündete Philip Morris, damals der weltgrößte Konsumgüterkonzern, dass man den Preis des Marktführers Marlboro um sage und schreibe 20 Prozent senken werde. Die Aktien von Philip Morris und vieler anderer brachen prompt ein. Die Zeitschrift *The Economist* sagte, ebenso wie andere Wirtschaftsexperten, unmittelbar darauf den Niedergang der großen Markenunternehmen voraus:

> Von Marlboro bis Kellogg's, die großen Marken werden von den Eigenmarken der Supermärkte unter Druck gesetzt. Viele werden verschwinden oder nie mehr so profitabel sein, wie sie es einmal waren.
> *The Economist*, Juni 1993

Während die Outlet-Zentren und Discounterketten florierten, traten neue Unternehmen auf den Plan, die eine weniger krawallige und eher verantwortungsbewusste Art der Markenpolitik favorisierten – Firmen wie The Body Shop oder Aveda. Doch die große, emotional aufgeladene Marke war durchaus noch nicht tot. Überall dort, wo Regierungen Monopole schleiften und in deregulierten Märkten eine Vielzahl neuer Firmen aus dem Boden schoss, entwickelten sich neue Handelsbereiche für lebensbejahende Prestigemarken. Abstrakte Dienstleistungen wie Energie, Gesundheit oder Telekommunikation verlangten nach Gefühlen, um ihren Produkten echten Wert zu verleihen. Und so wurden Marken wie Enron, The Co-Operative Bank und Orange geboren.

Im neuen Jahrtausend war auf einmal alles eine Marke, was vorher keine gewesen war. Pharmaprodukte wie Viagra oder Prozac wurden so extensiv vermarktet, dass ihre Namen Teil der Alltagssprache wurden. Nichtstaatliche Organisationen wie Amnesty International oder Oxfam folgten dem Beispiel der politischen Parteien und machten sich und ihre Ideale zu Marken. Sogar Menschen wurden zu Marken, und ganze Industrien entstanden, um aus der Popularität von Stars wie Martha Stewart Profit zu schlagen. David Beckham bekam von Adidas ein eigenes Logo entworfen. Entertainer, Sportler und Politiker wurden professionell betreut, damit sie ein kohärentes Wertebild verkörperten, das sich zur kommerziellen Vermarktung eignete; ihr Erscheinungsbild und Verhalten wurden sorgfältig kontrolliert und auf die von Experten ermittelte jeweilige Zielgruppe abgestimmt.

Das Ende der Rezession und die Öffnung bislang nicht existierender internationaler Märkte, die es zu erobern galt, ließen die Marken zu alter Stärke zurückfinden. Althergebrachte Labels wie Burberry und Gucci, die lange kaum mehr wahrgenommen worden waren, erlebten ein Comeback im neu erstarkten Luxussegment, während die Mega-Marken immer mehr an Größe und Einfluss gewannen, bis ihre Kultur ihnen praktisch »gehörte«. Nike *war* Sport, Microsoft *war* Computer. Die Besitzer von Autos der Marke Saturn bildeten einen Club, der auf den traditionellen Werten des Unternehmens basierte. Starbucks erschuf eine Art eigenen Dialekt, gab den angepriesenen Kaffeegetränken Bezeichnungen wie »Barista« oder »Grande Frappuccino«. Die Disney Corporation baute in Florida eine keimfreie Kommune namens Celebration, eine umzäunte und bewachte Wohnsiedlung für Wohlhabende. So wurde es zu Beginn des 21. Jahrhunderts möglich, seinen Lebensstil völlig um eine Marke herum zu gestalten.

– 139 Tage

Mein Blog ist erst ein paar Wochen alt, aber die Zugriffszahlen und der Datenverkehr mit anderen Webseiten nehmen zu. Die Kommentare, die andere User auf meiner Seite hinterlassen, sind zu zwei Dritteln positiv und zu einem Drittel wütender Mob, wobei mich die Aggressivität der letzteren Gruppe ziemlich überrascht:

DU BIST EIN IDIOT!!! Los, Neil, ab auf den Scheiterhaufen!

Man sollte dir in deinen verwöhnten Verschwender-Hintern treten.

Sehen wir einmal darüber hinweg, dass das Ganze eine große Werbeaktion für die Marke Neil Boorman ist. Dann soll es also eine Selbstverbrennung werden, oder was?

Der Versuch, gegen »die Marke« vorzugehen, um die wirtschaftliche Ordnung zu verändern, ist, als wolle man dem Rassismus ein Ende setzen, indem man sich die Haare schneiden lässt.

Die wütenden Blogger sind der Meinung, dass es arme Menschen auf der Welt gibt, denen es helfen würde, meine Sachen zu erhalten, und dass ich das ganze Zeug an Wohlfahrtsorganisationen spenden sollte, anstatt es zu verbrennen. Es wird auch die Sorge geäußert, dass mein Feuer zur Erderwärmung beitragen könnte. Um allem die Krone aufzusetzen, werde ich auch noch dafür *bezahlt*, ein *Buch* über die ganze Sache zu schreiben, was wieder einmal zeigt, was für ein oberflächlicher Typ ich bin. Ein Journalist schickt mir eine Nachricht, in der er mir dazu gratuliert, so viele Menschen auf die Palme gebracht zu haben, als ob dies der Sinn der Übung wäre.

Ich erkläre, dass das Feuer für mich ein Akt einer persönlichen Katharsis ist, den ich öffentlich mache, um auf die Problematik von Konsumverhalten und emotionalisierter Markenwerbung hinzuweisen. Ja, es soll ein Buch darüber erscheinen und wie jeder kommerzielle Autor werde ich dafür bezahlt, es zu schreiben. Aber die Leute, die meinen Blog lesen oder kommen, um sich die Verbrennung anzuschauen, sind nicht verpflichtet, es zu kaufen. Es kommt mir lächerlich vor, dass ein Star überall in den Medien auftreten kann, um für seinen neuesten millionenschweren Film, Tonträger oder Sponsorendeal Werbung zu machen, während ein Otto Normalverbraucher, der einen ernsthaften Diskussionsbeitrag leisten und dafür eine bescheidene Entlohnung erhalten möchte, opportunistisch genannt wird und sich Größenwahn vorwerfen lassen muss. Meine Sammlung von Markenartikeln an wohltätige Organisationen zu spenden sieht vielleicht auf den ersten Blick wie eine vernünftige Lösung aus. Doch werden ein paar zusätzliche T-Shirts für Oxfam auf lange Sicht irgendeinen nennenswerten Unterschied machen? Wäre es nicht doch besser, wenn man es auch nur einen Tag lang schaffen könnte, das Liebesleben von Kate Moss aus den Schlagzeilen zu verdrängen und stattdessen über den Schaden zu reden, der durch Prestigekonsum angerichtet wird? Ich befürchte, meine Aktion wäre weder kathartisch noch nachrichtenwürdig, wenn ich sie statt *Der Scheiterhaufen der Marken* beispielsweise *Die Spende der Marken für einen wohltätigen Zweck* nennen würde.

– 126 Tage

Ich kann nicht genau sagen, warum ich mich im jugendlichen Alter dazu entschloss, ein Apple- oder ein Adidas-Typ zu sein. Diese Marken sprachen mich einfach instinktiv an, und sie brachten irgendwie die Person auf den Punkt, die ich werden wollte. Doch was ist mit den banalen Alltagsdingen wie Erdnussbutter oder Toilettenpapier? Ich vertraue so vielen Labels, ohne eine Minute darüber nachzudenken. Aber ich kann mich nicht daran erinnern, jemals den Markt für Toilettenpapier sondiert zu haben, um eine fundierte Entscheidungsgrundlage für meine Markenwahl zu bekommen. Google ist die Startseite, die auf meinem Mac auftaucht, wenn ich den Browser starte, obwohl ich mich nicht entsinne, diese Suchmaschine jemals bewusst Yahoo oder Ask.com vorgezogen zu haben. Die Visa Card? Die Lurpak-Butter? Der Bic-Kugelschreiber? Diese Logos sind ein Teil meiner Alltagsrituale, beruhigend und vertraut. Aber ich habe keine Ahnung, warum ich diese erwählt habe.

Ich besuche die nächstgelegene Filiale der Buchhandelskette Borders, und ich bin überrascht, wie viele Handbücher zum Thema Marken und Marketing publiziert worden sind. Noch überraschender ist der missionarische Ton dieser Werke, die ganz offen die besten Methoden anpreisen, den Verbrauchermarkt zu manipulieren. In seinem Buch *Lovemarks* behauptet Kevin Roberts, der CEO von Saatchi & Saatchi, man müsse, um das Herz des Konsumenten zu erreichen, Mysterium, Sinnlichkeit und Vertrautheit wecken:

> Wenn die großen Brands überleben wollen, dann müssen sie Loyalität schaffen, die das Rationale übersteigt. Das ist der einzige Weg, wie sie sich von den Millionen »Blands«, den faden, uninteressanten Marken, unterscheiden können, die nirgendwohin gehen.[10]

Das Buch *The Culting of Brands* erklärt anhand von Fallstudien bei fanatischen Sekten, wie man Konsumentenstämme bildet. In *Emotional Branding* kann man nachlesen, welche Konsumentengefühle sich am besten ausbeuten lassen. *360 Degree Branding* ist eine Art Manifest, um das Verbraucherumfeld für eine totale Penetration zu sättigen. Es gibt buchstäblich Dutzende dieser Werke, die behaupten, das Geheimnis der »Loyalität jenseits der Ratio« zu besitzen. Die Marke als Ritual, die Marke als Wertesystem, die Marke als Religion, und der Verbraucher fungiert als Anbeter: Diese Bücher mögen sich in haarsträubenden Übertreibungen überbieten – erstaunlicherweise ist aber die Grundannahme bei allen von ihnen die gleiche: Der Verbraucher ist ein leicht zu formender Tölpel, nichts weiter als das Futter für ein nachhaltiges Wirtschaftswachstum. Vielleicht sind wir das tatsächlich.

– 124 Tage

Ich setze mich in meinem Blog mit der Moral dieser Markenhandbücher auseinander. Ein Journalist namens Matthew de
Abuita stellt einen Kommentar hinein, den ich sehr passend finde:

> Würde man jedes Logo, jede Werbung und jedes Markenzeichen,
> das man auf den Einkaufsstraßen sieht, durch ein Bibelzitat
> ersetzen, dann bekäme man das Gefühl, in einem unerträglich
> strengen religiösen Staat zu leben. Ich meine, wenn man all
> die Plakatwände nähme und Jesus darauf abbildete, dann würde
> es eine Revolution geben. Wenn man die Symbole der einen
> Ideologie durch Symbole einer anderen ersetzt, dann erkennt
> man die Absurdität, der man an jedem Tag seines Lebens
> ausgesetzt ist, lebenslang.

– 123 Tage

Seit den Babyboomern der frühen Sechzigerjahre hat jede Generation im Westen von den Demografen ihren eigenen Namen bekommen – Generation X, Generation Y und so weiter.
Die gegenwärtige Generation ist allerdings die erste, die nach
einer Marke benannt ist. So groß ist die Allgegenwart von Apples iPod und so groß ist der Stellenwert von Marken in der Jugendkultur, dass die heute Sechzehn- bis Fünfundzwanzigjäh-
rigen als iGeneration bezeichnet werden. Ein Bericht in der
Times kommt unterdessen zu dem Ergebnis, dass die Generation Y, zu der ich gehöre, statistisch gesehen, die egoistischste
aller bisherigen Generationen ist.[11] 52 Prozent von uns glauben, dass sich die Lebensqualität in England am besten dadurch
steigern ließe, dass man das Individuum in den Mittelpunkt
stellt – was die extremsten Ausprägungen der Selbstbezogen-
heit in der Geschichte manifestiert.

An diesem Samstagnachmittag erfüllten Juliet und ich jedes Klischee, das es für Menschen in meiner Marketingkategorie gibt (macht 21,9 Prozent der Bevölkerung aus). Als männlicher Stadtbewohner aus der unteren Mittelschicht, der in der Kreativindustrie beschäftigt ist, kann ich gar nicht anders, als meinem Verbraucher-Stereotyp zu entsprechen. Wir schauten uns in einer Kunstgalerie um und kauften ein Exemplar des *Guardian*. Wir gingen in einen Supermarkt der gehobenen Preisklasse (Waitrose) und erwarben biologische Lebensmittel. Wir schauten uns in einem Möbelgeschäft um (Habitat), und wir kauften dort unnötigen Designer-Nippes für unsere Wohnung. Dieser Tag war so nicht geplant gewesen: Juliet und ich hatten ursprünglich vorgehabt, mehrere Galerien aufzusuchen und dann vielleicht in einen Park zu gehen. Doch unterwegs ergaben sich so viele Gelegenheiten, Dinge zu erstehen, dass wir scheinbar ganz von selbst in unser natürliches Konsumentenverhalten verfielen – und bald waren wir mit Einkaufstüten beladen, deren Marken unseren Lebensstil auf den Punkt brachten. Es war angenehm, ja geradezu selbstverständlich für uns, nach ergonomischen Dampfkochtöpfen für Fische zu suchen. Doch dann, auf dem Nachhauseweg, wurden wir an der Bushaltestelle mit unseren Doppelgängern konfrontiert. Dort stand ein Pärchen um die dreißig, weiß, Angestellte, politisch eher links, ihre Kleidung war unserer sehr ähnlich, in den Händen trugen sie ein beinahe identisches Sortiment von Einkaufstaschen; ganz offenbar hatten sie Designer-Einrichtungsgegenstände für Einsteiger eingekauft und Nahrungsmittel mit beruhigend hohen Preisen und symbolischem ethischen Wert.

Mein ganzes Leben lang habe ich versucht, meine Individualität durch Markenprodukte auszudrücken; in den Augen all derer, die es sehen wollen, machte meine persönliche Kombination von Dingen mich einzigartig. Das einzige Problem dieser Methode ist, dass das ganze Zeug aus Massenproduktionen stammt, was der Einzigartigkeit ziemlich zuwiderläuft. (Außer man kauft ein »Limited Edition«-Produkt, dann sinkt die Wahrscheinlichkeit, einem Zeitgenossen mit gleicher Ausstattung zu begegnen: Statt von absoluter Sicherheit kann man in diesem Fall von einer realistischen Chance sprechen.) Man kann natürlich argumentieren, dass die Einzigartigkeit in der Entscheidung für das Produkt liegt, nicht in diesem selbst. Individualität kann man nicht aus einer Fabrik kaufen, die 10 000 Einheiten des gleichen Produkts pro Tag herstellt. Wie dieses Paradoxon mir so lange entgehen konnte, ist mir schleierhaft. Das Selbstwertgefühl, das ich von meinen Marken beziehe, beruht zumindest teilweise auf der Überzeugung, dass meine Sachen irgendwie einzigartiger sind als die der anderen. Jetzt erst begreife ich langsam, dass ich alles andere bin als ein frei denkender Verbraucher – im Gegenteil: Ich entspreche in sämtlichen Einzelheiten meinem demografischen Stereotyp. Ich bin ein wandelndes Klischee mit durchschnittlichen Erwartungen und einem ausgesprochen beschränkten Überblick darüber, was meine Rolle im Leben ist. Nach einer harten Arbeitswoche kenne ich kein größeres Vergnügen, als meine Zeit damit zu verschwenden, Dinge zu kaufen, die mir ein gutes Gefühl über mich selbst geben – so wie alle anderen Menschen auch. Auf dem Oberdeck unseres Busses schauten wir zu, wie unsere Doppelgänger ihre Tageseinkäufe aus den Plastiktüten nahmen, sie betrachteten und befühlten – die Markentrophäen einer erfolgreichen Jagd.

– 120 Tage

Nach der zurzeit auf meinem Blog vorherrschenden Meinung sollte ich meinen Kram entweder den Londoner Obdachlosen übergeben oder nach Äthiopien fliegen und die Sachen dort persönlich verteilen oder einfach die Klappe halten und dankbar sein für mein Schicksal. Endlich bekomme ich auch einmal eine Mail mit dringend nötiger Unterstützung:

Neil, Sie müssen die Sachen verbrennen. Recycling hat keine ästhetische Aufladung. Ein Protest erfordert Feuer, wie die Selbstverbrennung buddhistischer Mönche zeigt. Die schlechte Information muss zerstört werden, nicht recycelt.

– 116 Tage

Ich gehe mit einem engen Freund etwas trinken. Simon ist jemand, der ich gern wäre: intelligent, wortgewandt, witzig und von sanfter Natur, einer der guten Menschen auf dieser Welt.

»Ich wollte heute Abend meine Puma-Turnschuhe anziehen, Neil. Aber ich habe deinen Blog gelesen und es mir anders überlegt.«

»Ich, äh … oh, sorry.«

»Nein, ist schon in Ordnung. Ich werde darauf achten, sie nie zu tragen, wenn du dabei bist. Es würde mir leidtun, wenn unsere Freundschaft wegen eines Paars Turnschuhe in die Brüche geht.«

»Komm schon, Simon, so war das doch nicht gemeint.«

»Doch, Neil, das glaube ich schon.«

– 115 Tage

»Denken Sie an eine Farbe«, sagt Jim.

»Rot«, sage ich

»Okay, jetzt sehen Sie sich um und versuchen Sie, sich sämtliche Dinge in diesem Raum zu merken, die rot sind.« Er gibt mir dreißig Sekunden Zeit, um mir alles einzuprägen: Stuhl, Ringbücher, Hefter, Kulis. »Jetzt schließen Sie bitte die Augen und denken Sie gut nach. Nennen Sie mir alle Dinge in diesem Raum, die *blau* sind.«

»Ich ... äh, mir fallen keine ein.«

»So funktionieren Marken – selektives Filtern. Das Bewusstsein sagt dem Unterbewusstsein, worauf es sich konzentrieren soll. Man sieht mehr von einer Sache und weniger von einer anderen, obwohl beide da sind. Markenpolitik besteht also zum Teil darin, die Kunden darauf zu trainieren, dass sie die Konkurrenz herausfiltern.«

Ich sitze im Büro von ESP, einer Kommunikations-Beratungsfirma, die sich auf psychografische Forschung spezialisiert hat. Firmen wie ESP analysieren die Psychologie von Verbrauchermärkten und versuchen zu entschlüsseln, welche unterbewussten Wünsche uns zum Kaufen motivieren. Mit diesem Wissen bewaffnet, können sie Unternehmen dabei helfen, die Loyalität und die Zufriedenheit ihrer Kunden zu vergrößern. Im Grunde genommen vermessen diese Leute die Persönlichkeiten verschiedener Kundentypen und bestimmen, auf welche Art von Werbung sie jeweils am besten reagieren. Ich bin im Internet über diese Firma gestolpert und habe mich gefragt, ob ein psychometrischer Test mir vielleicht helfen würde, meine Bindung an spezifische Marken zu erklären. Warum genau ziehe ich einen Schuhhersteller so entschieden einem anderen vor? Wenn es jemand herausfinden kann, dann müssen es diese Leute sein; sie arbeiten schließlich die meiste Zeit für BMW und Tesco.

»Das hat alles mit Rapport zu tun, Neil. Marken versuchen, Ihren eigenen Rapport zu imitieren und zu spiegeln, genau so, wie wir das mit unserer Körpersprache machen. Ist Ihnen schon einmal aufgefallen, wie man die Haltung seiner Freunde kopiert, wenn man im Pub mit ihnen redet – die Beine übereinanderschlagen, die Schultern recken, diese Dinge? Nun, wir machen hier das Gleiche, wir stellen eine Bindung zwischen Menschen und Marken her. Wenn Menschen sich ähneln, dann mögen sie sich auch. Wissen Sie, was bei NLP die Definition von Rapport ist? Das unbewusste Akzeptieren von Anregungen.«

In den nächsten Stunden lasse ich eine Reihe von Interviews und Fragebögen über mich ergehen, einige davon unter Hypnose.

Wenn Sie Ihre Batterien wieder aufladen wollen, machen Sie das lieber allein oder mit anderen zusammen? *Allein.*

Wenn Sie in eine Situation kommen, handeln Sie normalerweise schnell, nachdem Sie die Situation erfasst haben, oder bedenken Sie zuerst alle möglichen Konsequenzen und handeln erst dann? *Ich handle schnell.*

Wenn jemand zu Ihnen sagt »Ich habe Durst«, würden Sie diese Bemerkung interessant finden, aber wahrscheinlich nichts unternehmen – oder würden Sie sich verpflichtet fühlen, deswegen etwas zu machen? *Ich würde mich verpflichtet fühlen, etwas zu unternehmen.*

Sortieren Sie die Antworten auf die folgenden Aussagen danach, welche am ehesten auf Sie zutreffen (4 für diejenige, die Ihnen am meisten, 1 für diejenige, die Ihnen am wenigsten entspricht).

Während eines Streits beeinflusst Sie am ehesten:
- der Ton der Stimme Ihres Gegenübers *(1)*
- ob Sie den Standpunkt Ihres Gegenübers nachvollziehen können oder nicht *(4)*
- ob Ihr Gegenüber die Fakten oder eine logische Argumentation auf seiner Seite hat *(3)*
- ob Sie das Gefühl haben, die wahren Gefühlen Ihres Gegenübers zu kennen *(2)*

Es ist für Sie am leichtesten:
- eine Stereoanlage anzuschalten und die ideale Lautstärke zu finden *(2)*
- bei einem Thema den intellektuell wichtigsten Punkt zu erkennen *(3)*
- dic gcmütlichsten Möbel auszusuchen *(1)*
- lebhafte, attraktive Farbkombinationen herauszusuchen *(4)*

Man zeigt mir anschließend Diagramme mit Schachteln unterschiedlicher Größe und Anordnung, die ich kommentieren soll. Es gibt keine richtigen oder falschen Antworten, sagt man mir. Dann geht es weiter mit Wertvorstellungen. Was ist mir im Leben wichtig? Was ist der Sinn des Lebens, was gibt mir das Leben? Da ich noch nie richtig darüber nachgedacht habe, antworte ich mit dem Ersten, was mir in den Kopf kommt. Wir erstellen eine Hierarchie meiner Konsumentenwerte:

1. Zufriedenheit
2. Befriedigung meiner Wünsche
3. Glück
4. Aufregung
5. Vergnügen
6. Identität

Das Interview geht zu Ende und Jim erklärt, dass er durch Zusammenziehen aller Ergebnisse mein Profil ermittelt hat. Er weiß jetzt, welche unterbewussten Werte mein Verhalten motivieren, und er könnte mit großer Genauigkeit erraten, auf welche Marken ich am ehesten anspreche. Im Lauf der Zeit wäre er in der Lage, zu beeinflussen, wie ich über eine Marke denke, indem er die Werte, die mein Unterbewusstsein antreiben, spiegelt oder gar verändert.

Zusammenfassung des psychometrischen Profils von Neil Boorman

Introvertiert

Ich ziehe es vor, allein zu sein und Informationen innerlich zu verarbeiten. Ich neige dazu, Entscheidungen ohne den Rat anderer zu treffen, anders als Extrovertierte, die eher instinktiv handeln und sich durch die Meinung anderer Menschen beeinflussen lassen. 60 Prozent der Engländer sind introvertiert.

Überblickstyp

Ich ziehe den großen Überblick dem kleinen Detail vor. Ich denke gern darüber nach, wie Dinge sich auf die Zukunft auswirken. Nur 25 Prozent der Engländer sind Überblicksdenker. Die Mehrheit sind Detaildenker, die lieber mehr Information haben und sich für die praktischen Aspekte von Sachen interessieren.

Gefühlstyp

Ich bin emphatisch, denke sozial und nutze Ereignisse der Vergangenheit als Bezugsrahmen. Ich treffe Entscheidungen, die oft unbewusst auf meinem Bauchgefühl und persönlicher Erfahrung basieren – im Gegensatz zu Denkertypen, die objektiver sind, weniger loyal und dazu neigen, sich gründlich zu informieren.

Impulsiv

Ich bin flexibel und offen für Vorschläge, doch ich mag es nicht, wenn sie mir aufgezwungen werden. Planungstypen sind dagegen plötzlichen Veränderungen eher abgeneigt.

Visuell

Marken, die gut aussehen, sprechen mich eher an als solche, die sich gut anfühlen, gut anhören oder die gar vernünftig sind. Lange schriftliche Gebrauchsanweisungen langweilen mich. Andere Menschen reagieren vielleicht eher auf Berührung, Klang oder Logik.

Loyalität

Hier habe ich eine hohe Punktzahl – ich schätze die Loyalität einer Marke, und ich bin im Gegenzug selbst ausgesprochen loyal.

»Ich wette, Sie benutzen nur Apple-Computer«, sagt Jim.

Ich habe keine einzige meiner Lieblingsmarken erwähnt, seit ich hier bin, und ich habe meinen Laptop zu Hause gelassen. Erstaunlich.

»Woher in aller Welt wissen Sie das?«, frage ich.

»Sie sind ein Überblickskonsument, wie ich. Sie haben einen Rapport mit Apple, weil Apple persönliche Freiheit, Stil und Individualität repräsentiert. Das sind die Markenwerte von Apple. Für Microsoft dagegen sind die Werte eher logisch, sie konzentrieren sich mehr darauf, was in dem Computer drin ist, und weniger, wie er aussieht.«

Apple ist der einzige Computerhersteller des Planeten mit diesem Profil, also ist Jims Vermutung vielleicht gar nicht so überraschend. Um seine Theorie zu testen, frage ich ihn, warum ich so eine starke Loyalität ausgerechnet für Adidas entwickelt habe und nicht für eine der anderen Sportmarken mit Lifestyle-Appeal.

»Wenn Sie so loyal zu Adidas sind, dann wurde das wahrscheinlich verankert, als Sie in einem hochsuggestiblen Zustand waren. Eine Marke ist ein externer Stimulus, der interne Reaktionen auslöst. Oft kann man sich beim Hören eines speziellen Musikstücks sofort an ein Ereignis erinnern, das mit einer starken Emotion verbunden ist. Marken verankern sich an einem bestimmten Moment in Ihrem Leben und funktionieren dann als Trigger, genauso wie Musik. Jedes Mal, wenn Sie die Marke sehen, löst das eine Empfindung aus. Erzählen Sie mir von Ihren frühesten Erinnerungen, die Sie mit Adidas verbinden.«

Ich erzähle von Musikvideos, Fernsehübertragungen von den Olympischen Spielen, schwärme von einer älteren Mitschülerin, die einen Adidas-Trainingsanzug besaß – keine dieser Erinnerungen scheint einen Sinn zu ergeben. Dann fällt mir mein erster Schultag ein, das Gefühl, aus der Gruppe auf dem Schulhof ausgeschlossen zu sein, weil ich nicht die richtigen Klamotten anhabe. Diese Jungen trugen alle Adidas.

»Das ist es! Adidas ist in den Gefühlen verankert, die Sie an diesem Tag verspürten. Sie waren hochsuggestibel. Sie hatten das Bedürfnis nach einer externen Verbindung, und Sie sahen die Marke als ein Mittel für persönliches Wachstum. Wenn Sie heute Adidas sehen, dann erinnern Sie sich daran, wie es sich anfühlt, zurückgewiesen zu werden, und diese Marke bietet Ihnen die Möglichkeit, akzeptiert zu werden. Für Sie *bedeutet* Adidas, akzeptiert und geliebt zu werden.«

– 110 Tage

Ich suche hektisch in der Wohnung nach der »richtigen« Plastiktüte, um ein paar Bücher mit zum Job zu nehmen. Dass ich schon zwanzig Minuten zu spät für ein Meeting bin, erscheint mir im Moment weniger wichtig. Jede der zahllosen Supermarkt-Plastiktaschen, die meine Küchenschublade verstopfen, könnte diese Aufgabe problemlos erfüllen. Aber es erscheint mir wichtig, dass die Tüte ein Logo trägt, das meiner Persönlichkeit entspricht – mehr Selfridges als Sainsbury's, wenn Sie so wollen. Abgesehen davon, dass ich eigentlich gar kein Selfridges-Typ bin. Haben wir denn nicht eine John-Lewis-Tragetasche oder vielleicht eine von Harvey Nichols? Selbsterkenntnis über mein Tun kommt mir erst, als ich bemerke, dass Juliet mich ungläubig anstarrt.

»Neil, warum durchwühlst du das ganze Haus?«

»Ich suche nach der richtigen Tüte.«

»Was ist denn falsch an den ganzen Tragetaschen, die du auf dem Küchenfußboden verstreut hast?«

»Ich habe dir doch gesagt, dass ich nach der *richtigen* suche.«

Sie dreht sich um und geht zur Arbeit, ich bleibe zurück und denke über meine Situation nach, inmitten eines Meeres von Tragetaschen-Trophäen.

Betrachten wir diese Situation einmal aus einer realistischen Perspektive. Ich bin gewohnheitsmäßiger Shopper und ich denke viel und intensiv über die Bedeutung von Marken nach. Shopping ist der nationale Zeitvertreib der Engländer, ich bin also kein Einzelfall. Doch meine Gewohnheiten grenzen an Obsession: Wenn ich nicht shoppe, dann plane ich meinen nächsten Einkaufstrip und stelle in Gedanken endlose Listen von Dingen zusammen, die ich unbedingt haben muss. Ich habe eine Woche dafür gebraucht, mich *von einem Paar Turnschuhe* zu verabschieden (das ist noch nicht lange her), bevor ich es dann in einer Art Racheakt verbrannte. In wenigen Monaten werde ich meinen gesamten Besitz öffentlich dem Feuer übergeben. Besessenheit. Vergeltungsgedanken. Pyromanie – das ist kein normales Verhalten. Am Ende meiner Alkoholtherapie sagte mein Betreuer, dass eine langfristige psychologische Behandlung mir vielleicht helfen würde. Jetzt ist der richtige Zeitpunkt dafür.

– 109 Tage

Wenn ich die Veröffentlichungen der Konsumkritiker lese, dann beschleicht mich oft der Verdacht, dass die Autoren vielleicht ein klein wenig paranoid sein könnten, empfänglich für Verschwörungstheorien, die eine gute Story abgeben, aber wenig Sinn. Dann stolpere ich in der Bibliothek über Zitate von bekannten und erfolgreichen Geschäftsleuten, die mich zutiefst erschrecken. Hier ist eines davon:

Wir müssen Amerika von einer *Bedürfnis-* zu einer *Wunsch-*Kultur umformen. Die Menschen müssen darauf trainiert werden, neue Dinge erstreben zu wollen, bevor die alten völlig abgenutzt sind. Wir müssen eine neue Mentalität formen ... die Wünsche des Menschen müssen seine Bedürfnisse überschatten.[12]
Paul Maser, Lehman Brothers (amerikanische Investmentbank), 1924

Da ich in einer Wunsch-Kultur aufgewachsen bin und nie etwas anderes gekannt habe, sind solche Zitate eine echte Erkenntnis für mich.

Ich stehe im Supermarkt vor dem Zahnpastaregal. Dort gibt es Hunderte von Marken zur Auswahl. Unter anderen sehe ich eine Tube mit dem Logo von Arm & Hammer. Ich erinnere mich an einen Werbespot, in dem es hieß, dass Arm & Hammer Backpulver herstellen. Die Packung sagt mir, dass Backpulver in der Zahnpasta enthalten ist. Ich entsinne mich, dass in diesem Werbefilm gesagt wurde, Backpulver sei ein gutes Mittel, um Flecken auf den Zähnen zu entfernen, ohne sie zu beschädigen, auch, dass es eine amerikanische Werbung war. Amerikaner haben eine Menge erstklassiger Produkte, manche davon gibt es hier in England gar nicht. Diese Zahnpasta muss also gut sein. Ich sehe nach dem Preis und vergleiche ihn mit dem anderer Marken. Sie ist teuer, aber nicht die teuerste im Angebot. Ich will meine Zähne reinigen, aber sie weißer zu machen wäre auch nicht schlecht. Menschen mit weißen Zähnen sind attraktiver. Filmstars und Fernsehansager haben weiße Zähne. Wenn ich nun weißere Zähne hätte, würden mich die Leute vielleicht aufregender finden. Ich mag es, mich attraktiv zu fühlen, es gibt mir Selbstbewusstsein. Und ich will mich selbstbewusst fühlen. Ich werde also diese Zahnpasta kaufen.

Das ist der Denkprozess, der in meinem Kopf abläuft, wenn ich ein neues Markenprodukt aussuche. Mein Gehirn führt diesen in Sekundenbruchteilen im Unterbewusstsein durch. Ich werde bei meinem Einkauf in diesem Geschäft wahrscheinlich hundert ähnliche Entscheidungen treffen. Alle Konsumenten, die vor der Wahl stehen, tun dies Tag für Tag. Zugegeben, einige von uns lösen das Dilemma auf der Basis des Preises, andere orientieren sich daran, wie die Verpackung aussieht oder sich anfühlt. Doch die vielen Alternativen können sich auf eine Konstante berufen, die für alle zutrifft – und das Gleiche gilt für unser Zurückgreifen auf bekannte Marken, die uns die Entscheidung erleichtern. Ich bin sicher, dass ich deutlich zu viel Zeit damit verbringe, diese zu treffen.

Wenn ich mit Freunden über mein Projekt spreche, vertreten diese oft den Standpunkt, dass zwar einige unserer Einkäufe Wünsche erfüllen, dass wir aber in den meisten Fällen rational konsumieren, auf der Basis unseres Bedarfs. Im Ernst – wie viel Prestige kann man mit einer Tube Markenzahnpasta gewinnen? Diese Argumentation, dass einige Produkte rein funktionaler Natur sind, leuchtet ein. Doch nach den Marketinghandbüchern, die ich gelesen habe, ist das eindeutig nicht der Fall. Eine Reihe von Bedürfnissen muss erfüllt sein, bevor wir etwas kaufen. Einige dieser Wünsche sind eher alltäglich und praktisch, andere dagegen aufregend und emotional. Grundsätzlich gibt es vier Kriterien:

Funktionale Attribute: woraus das Produkt gemacht ist
Funktionaler Nutzen: was das Produkt kann
Emotionaler Nutzen: welches Gefühl das Produkt auslöst
Prestigenutzen: wie das Produkt unser Leben verändern wird

Natürlich sind nicht all diese Gebrauchswerte in jedem Fall gleich wichtig. Wenn wir uns in ein bestimmtes Paar Schuhe oder in irgendeinen elektronischen Schnickschnack verlieben, dann fragen wir nicht lange, woraus diese Schuhe gemacht sind oder was sich im Inneren des Elektrogeräts befindet. Andersherum denken wir beim Kauf einer bestimmten Marke von Toilettenreiniger nicht lange darüber nach, ob der uns glücklicher machen wird oder nicht. Und doch spielt selbst bei der banalsten Kaufentscheidung jedes dieser Kriterien eine Rolle. Und je größer der emotionale und Prestigenutzen ist, den wir im Besitz eines Markenprodukts sehen, desto mehr Geldwert billigen wir ihm auch zu. Wir verbringen sehr wenig Zeit damit, uns zu wünschen, unsere Toilette möge blitzend sauber sein, deshalb ist auch der finanzielle Wert des durchschnittlichen Toilettenreinigers niedrig. Übrigens bin ich davon überzeugt,

97

dass es kein Problem sein dürfte, einen solchen der gehobenen Preisklasse auf den Markt zu bringen.

COLGATE Zahnpasta
Funktionale Attribute: reinigende Wirkstoffe, Fluorid, frischer Pfefferminzgeschmack
Funktionaler Nutzen: die Zähne weiß machen, vor Karies schützen, Atem erfrischen
Emotionaler Nutzen: Selbstvertrauen durch das Bewusstsein, ein weißes, wohlriechendes Lächeln zu haben
Prestigenutzen: dynamischer im gesellschaftlichen Umgang

MERCEDES
Funktionale Attribute: gut designte und gefertigte Komponenten
Funktionaler Nutzen: verlässlicher, komfortabler PKW
Emotionaler Nutzen: Selbstvertrauen durch Sicherheit und Prestige der Marke
Prestigenutzen: besserer Fahrer, wirkt auf den Betrachter attraktiver/erfolgreicher

NIKE-Laufschuhe
Funktionale Attribute: fortschrittliche Technologie durch Sohlendämpfung
Funktionaler Nutzen: bietet Komfort und Stabilität beim Laufen
Emotionaler Nutzen: das Gefühl, richtig ausgerüstet zu sein, größeres Selbstvertrauen beim Erreichen von Zielen
Prestigenutzen: dem olympischen Läufer in der Werbung ähnlicher werden

Die Mehrheit der Kaufentscheidungen in unserem Alltag ist funktionaler Natur – welches Sandwich, welches Klopapier, welches Shampoo? Doch bei diesen banalen Überlegungen kommen emotionale und Prestigeerwägungen ins Spiel, die unseren Personentyp reflektieren. Wie kommt es, dass der Kauf eines Shampoos so viel bedeutet? David Ogilvy, der Gründer

der Werbeagentur O&M, hat einmal festgestellt, dass die Vernunft bei unseren Entscheidungen an der Ladenkasse nur eine geringe Rolle spielt:

Je größer die Ähnlichkeit zwischen Produkten ist, desto weniger spielt bei der Wahl der Marken die Vernunft eine Rolle. Es gibt eigentlich keinen signifikanten Unterschied zwischen den verschiedenen Marken von Whisky, Zigaretten oder Bier – sie sind alle ziemlich gleich.[13]

Im Allgemeinen sind die funktionalen Unterschiede zwischen den konkurrierenden Produkten im Supermarktregal dünn gesät, abgesehen von einer Spur Ylang-Ylang hier und einem spezifischen organischen Peptid dort. Meistens erfüllen die Mitwettbewerber die gleichen Aufgaben, und zwar vollkommen zufriedenstellend. Der Unterschied liegt also darin, wie wir die Erzeugnisse sehen. Und da wir bei mehr oder weniger identischen Erzeugnissen oft keine rationalen Unterscheidungsmaßstäbe ansetzen können, werden wir in unserer Entscheidungsfindung auf irrationale Weise unterstützt. Die Hersteller versprechen uns in ihrer Werbung, dass wir uns irgendwie besser fühlen werden, wenn wir ihr Produkt gekauft haben. Letzten Endes ist dies die Funktion der Marke.

– 105 Tage

Die British Association for Counselling and Psychotherapy hat mich mit Carol in Kontakt gebracht. Carol ist eine Therapeutin, die es gewohnt ist, dass in den Medien über ihre Fälle berichtet wird (ich hatte erzählt, dass die Sitzungen in einem Buch erscheinen werden). Sie hat bei verschiedenen Nachmittagstalkshows mitgearbeitet, und in den Tagen vor unserem ersten Termin treibt mich die Sorge um, ob ich nicht einzig die Zeit dieser Dame verschwenden werde. Ich bin in einer festen

Beziehung, ich habe Freunde, meine Eltern sind glücklich verheiratet, ich bin nicht reich, aber ich habe ein gutes Auskom-
men, gut genug, um eine Sammlung von Marken der mittleren
bis oberen Preisklasse zu unterhalten. Was genau sind eigentlich meine Beschwerden? Mein Problem wird sich anhören wie
eine narzisstische Nabelschau, da bin ich mir sicher.

Carol ist eine warmherzige, selbstbewusste Frau mittleren
Alters, sie trägt Converse, Hosen von Gap und ein Top, bei dem
ich vermute, dass es von Next oder Warehouse stammt. Sie ist
ein Typ, bei dem ich sagen würde: Mit Würde alt werden und
doch ein Auge darauf haben, was bei den jungen Leuten so in
ist. Als wir uns treffen, hat sie meinen Blog gelesen und weiß
von meiner selbstdiagnostizierten Sucht und dem bevorstehenden Feuer.

Wir beginnen Ereignisse der Vergangenheit aufzuspüren,
die einen Einfluss auf die gut dreißig Jahre meines Lebens hatten: wegen Faulheit vom Gymnasium geflogen, in Nachtclubs
gearbeitet statt auf die Universität zu gehen, beim Journalismus gelandet, in fester Beziehung lebend (obwohl ich
wünschte, ich hätte vorher mehr One-Night-Stands gehabt).

»Lassen Sie uns über Ihren Zwang reden, Dinge zu verbrennen«, sagt Carol. »Haben Sie im Lauf Ihres Lebens schon viele
Sachen verfeuert?«

»Nun ja, auf dem Cover einer Zeitschrift, die ich herausgab,
verbrannten wir einmal ein Bild von Posh Spice; das sollte dazu
aufrufen, mit der Celebrity-Kultur Schluss zu machen. Als
Teenager warf ich alle Kuscheltiere und Valentinskarten meiner Freundinnen ins Feuer, nachdem wir uns getrennt hatten.
Sonst eigentlich nichts Destruktives. Meine Freunde und ich
saßen am Wochenende oft auf irgendeinem brachliegenden In-
dustriegelände um ein Lagerfeuer herum, um Bier zu trinken
und Zigaretten zu rauchen, bevor wir alt genug waren, in Pubs
zu gehen. Die Flammen faszinierten mich, ich konnte stundenlang hineinstarren.«

»Interessant. Ich frage mich, woher dieser aktuelle Drang
herkommt, alle Ihre Sachen zu verbrennen. Lassen Sie uns einst-
weilen weitermachen, ich möchte gern mehr über Ihren fami-

liären Hintergrund wissen. Erzählen Sie mir von Ihrem Vater, was macht er beruflich?«
»Er entwickelt Feuermelder.«
Die Unterhaltung setzt aus. Das ist für uns beide eine Offenbarung.
»Die Zeit ist um für heute, Neil. Wir sehen uns nächste Woche.«

− 98 Tage

Ich verbringe den Rest der Woche damit, in der Wohnung herumzuschleichen und eine Liste meiner Markenbesitztümer zu machen, die verbrannt werden sollen. Dabei gehen mir Dinge durch den Kopf, die Carol zur Sprache gebracht hat. Warum konzentrieren sich Therapien immer auf die Beziehung zu unseren Eltern? Es hat doch sicherlich niemand eine perfekte Kindheit gehabt, aber bedeutet das denn automatisch, dass wir alle von psychischen Problemen geplagt werden? Wahrscheinlich ist es eine normale Reaktion, dass Patienten diese Theorien von sich weisen, wenn sie schmerzhafte Wahrheiten ans Licht befördern. Trotzdem haben meine Eltern immer gut für mich gesorgt, nie haben sie mich misshandelt. Ich habe wenig Grund zur Klage, abgesehen von ihrer Weigerung, mir ständig neue Adidas-Turnschuhe zu kaufen. Der Brückenschlag vom Beruf meines Vaters zu meinem Scheiterhaufen erscheint mir ein wenig zu simpel. Habe ich wirklich das Bedürfnis, ein Feuer zu entzünden, das mein Vater nicht löschen kann?

Es ist wirklich eine elende Beschäftigung, ein Verzeichnis mit meinen gesamten wunderbaren Markenobjekten zu erstellen, auf die das Feuer wartet. Ich finde ungetragene Kleidungsstücke, noch original verpackt, hinter Möbel gestopft. Niemand außer mir weiß, dass ich diese Dinge besitze, ich könnte sie mit Leichtigkeit verstecken, um sie in einer neuen, unbeschwerten Markenzukunft zu tragen, wenn dieses verrückte

Projekt hinter mir liegt. Doch was wäre der Sinn? Wenn Therapie und Feuer das erreichen, was ich mir von ihnen erhoffe, dann wird es mir nicht mehr wichtig sein, woher meine Kleider kommen. Jedenfalls nicht mehr so sehr.

MARKENARTIKEL, DIE VERBRANNT WERDEN SOLLEN

KLEIDUNG

Hemden/Shirts

14 x Ralph Lauren:	910 £
2 x T-Shirt, YSL:	150 £
2 x T-Shirt, Judy Blame:	200 £
3 x Poloshirt, Lacoste:	150 £
2 x Hemd, Westwood:	200 £
3 x Top, Siv Stoldal:	210 £
1 x T-Shirt, Kappa:	40 £
1 x Tracktop, Diadora:	40 £
2 x Hemd, Kilgore:	240 £
2 x Sweatshirt, Bernhard Willhelm:	300 £
1 x T-Shirt, Gucci:	80 £
1 x Tracktop, Sergio Tacchini:	80 £
1 x Poloshirt, Sergio Tacchini:	70 £
1 x T-Shirt, Kim Jones:	50 £
1 x Poloshirt, Gucci:	60 £
2 x Vintage Sweat Top, Gucci:	120 £
1 x Hemd, Gucci:	120 £
1 x T-Shirt, Raf Simons:	50 £

Jeans/Hosen

1 x Jeans, Lee:	60 £
3 x Levi's:	180 £
2 x Trainingsanzug, Adidas:	200 £
1 x Trainingsanzug, Lacoste:	50 £
2 x Shorts, Ralph Lauren:	100 £
1 x Shorts, Diadora:	20 £

4 x Shorts, Adidas:	80 £
1 x Trainingshose, Tacchini:	50 £
3 x Jeans, Helmut Lang:	600 £
1 x Sporthose, Ellesse:	30 £
2 x Cordhose, Siv Stoldal:	200 £
1 x Jeans, YSL:	180 £

Pullover

3 x Vivienne Westwood:	450 £
2 x John Smedley:	200 £
2 x Lacoste:	120 £
3 x Clements Ribeiro:	500 £
4 x Ralph Lauren:	500 £
1 x Bernhard Willhelm:	300 £

Mäntel/Jacken

2 x Jacke, YSL:	400 £
4 x Jacke, Lacoste:	350 £
1 x Bomberjacke, Raf Simons:	200 £
1 x Mantel, Burberry:	300 £
1 x Bomberjacke, Bernhard Willhelm:	120 £
1 x Vintage Bomberjacke, Pierre Cardin:	70 £
1 x Blazer, Dolce & Gabbana:	150 £

Anzüge/Krawatten

1 x Vivienne Westwood:	400 £
1 x Joe Casely-Hayford:	400 £
1 x Krawatte, Vivienne Westwood:	50 £
1 x Krawatte, Daks:	40 £

Schuhe

11 x Adidas:	770 £
2 x Nike:	150 £
3 x Reebok:	120 £
2 x New Balance:	125 £
2 x Gucci:	500 £
1 x B-Store:	125 £

Hüte/Mützen/Gürtel

1 x Vivienne Westwood:	120 £
1 x Aquascutum:	75 £
1 x Visor-Cap, Gucci:	150 £
1 x Visor-Cap, Lacoste:	50 £
1 x Mütze, Gucci:	120 £
1 x Mütze, Moschino:	80 £
2 x Kangol:	175 £
2 x Gürtel, Ralph Lauren:	90 £
1 x Gürtel, Louis Vuitton:	150 £

Unterwäsche

15 x Unterhose, Calvin Klein:	75 £
5 x Socken, Burlington:	25 £
2 x Socken, Ralph Lauren:	25 £
1 x Socken, Burberry:	10 £
ZWISCHENSUMME:	15.215 £

Schmuck

Vintage Swatch:	40 £
Kette, Vivienne Westwood:	80 £
Kette, Karen Walker:	90 £
3 x Kette, Silas:	150 £
Geldclip, Louis Vuitton:	80 £
Schlüsselring, Adidas:	Geschenk
Manschettenknöpfe, Vivienne Westwood:	120 £
ZWISCHENSUMME:	560 £

Koffer/Taschen

Brieftasche, Louis Vuitton:	80 £
Rollkoffer, Samsonite:	70 £
Rucksack, North Face:	60 £
Umhängetasche, Louis Vuitton:	380 £
Notizbuch, Louis Vuitton:	180 £
ZWISCHENSUMME:	770 £

Elektrogeräte

Plattenspieler, Technics:	350 £
Verstärker, NAD:	200 £
Lautsprecherboxen, Mission:	300 £
DJ-CD-Player, Pioneer:	300 £
Radio, Roberts:	120 £
BlackBerry:	umsonst
Smartphone, Treo:	umsonst
Staubsauger, Dyson:	150 £
LCD-Bildschirm, Sharp:	900 £
DVD-Player, Pioneer:	150 £
Bildtelefon, Amstrad:	100 £
Wasserkocher, Kenwood:	40 £
Digitalkamera, Olympus:	100 £
Kühlschrank, Liebherr:	250 £ (an der Deponie abgeben)
ZWISCHENSUMME:	2960 £

Möbel

Sideboard, Habitat:	300 £
Stuhl, Jacobson:	120 £
Stuhl, Skandium:	100 £
2 x Aufbewahrungsbox, Muji:	60 £
ZWISCHENSUMME:	580 £

Geschirr

4 x Tasse, Bodum:	60 £
2 x Vase, Heals:	150 £
ZWISCHENSUMME:	210 £

Hygieneartikel (persönlich)

Rasierer, Gillette Mach3 Turbo:	5,50 £
Seife, Simple:	1,00 £
Feuchtigkeitscreme 50 ml, Dr. Hauschka:	9,00 £
Deo, Simple:	2,00 £

Zahnpasta 100 ml, Colgate:	2,00 £
Zahnbürste, Colgate:	3,50 £
Shampoo, L'Oréal:	3,00 £
Spülung, L'Oréal:	2,00 £
Haarwachs, Dax:	3,50 £
4 x Recycling-Toilettenpapier, Waitrose:	1,50 £

Hygieneartikel (Haushalt)

Spülmittel 5 Liter, Fairy:	9,50 £
Badreiniger, Mr. Muscle:	1,50 £
Küchenreiniger, Mr. Muscle:	2,50 £
Abflussfrei, Mr. Muscle:	3,50 £
Bodenputzmittel, Flash:	1,00 £
Badpflege, Cif:	1,50 £
Bleichmittel, Domestos:	1,00 £
Waschmittel 5 Liter, Fairy Automatic:	9,00 £
Woollite:	1,50 £

ZWISCHENSUMME:	64 £

GESAMTSUMME:	21.115 £

– 96 Tage

Ursprünglich kaufte ich die Marken auf meiner »Verbrennungs-liste«, weil ich dachte, sie seien die besten für mich. Doch wie genau kam ich zu der Überzeugung, dass dies meine Labels sind? Ich frage mich, ob mein Leben irgendwie besser oder schlechter verlaufen wäre, wenn ich mich anders entschieden hätte?

Zufällig fiel mir eine Studie des amerikanischen Baylor University Medical Center in die Hände, in der es um genau diesen Aspekt geht.[14]

Als Studenten gebeten wurden, zwei nicht etikettierte Cola-

Getränke zu probieren (es handelte sich um Coca-Cola und Pepsi), waren die Präferenzen etwa gleich verteilt. War eine der Proben als Coca-Cola gekennzeichnet und die andere nicht etikettiert (beide enthielten Coca-Cola), gab es eine starke Präferenz für die Coca-Cola mit dem Aufkleber, gab man in demselben Versuch der einen von beiden Coca-Cola-Proben allerdings ein Pepsi-Label, war keine ausgeprägte Präferenz festzustellen. Markenwerbung hat einen direkten physiologischen Effekt auf unser Gehirn und seine Fähigkeit, Entscheidungen zu treffen. Wenn wir aus einer Dose trinken, die eindeutig als Coca-Cola gekennzeichnet ist, dann reagiert unser Gehirn nicht nur auf den Geschmack des Getränks, sondern auch auf die Assoziationen, die wir mit der Marke verbinden.

Eine Marke ist eine Vielzahl von Wahrnehmungen im Gehirn des Verbrauchers. Diese übermitteln uns Botschaften, die positive Eigenschaften mit dem Produkt verbinden. Durch wiederholten Kontakt mit Werbung und Marketing speichern wir diese Assoziationen, deren Gesamtheit sich in unserer Perzeption zum *Markenimage* verbindet. Schließlich bilden wir uns eine Meinung, indem wir diesen Sinneseindruck der Marke mit unseren Wünschen, Bedürfnissen und Hoffnungen in Beziehung setzen.

Wenn wir in einem Geschäft stehen und die konkurrierenden Produkte miteinander vergleichen, dann helfen unsere Wahrnehmungen der verschiedenen Brands uns bei der Entscheidungsfindung. Deren Grundlage ist das Versprechen, das die Marke uns gibt. Wenn wir daran glauben, dann wird das Erzeugnis wertvoll für uns.

Stellen Sie sich eine Bierflasche mit einem Carlsberg-Logo auf dem Etikett vor. Die Flasche enthält ganz offensichtlich Bier, und wir haben schon fast den Geschmack auf der Zunge, bevor sie auch nur geöffnet ist. Doch stellen Sie sich vor, die gleiche Flasche hätte einen Paracetamol-Aufkleber. Wie genau würde das wohl schmecken? Jetzt stellen Sie sich eine Packung Tabletten vor – mit dem Carlsberg-Logo darauf. Haben wir jetzt noch eine Vorstellung davon, was die Pillen mit uns machen werden, wenn wir sie einnehmen? Irgendwann kommen wir an einen Punkt, an dem wir die Versprechen einer Marke fraglos akzeptieren. Die Bedeutung einer Marke kann so in uns übergehen, dass wir die Wirkung des Produkts spüren, bevor wir es benutzen.

MARKENVERSPRECHEN
Herkunftsversprechen: Das Produkt ist authentisch.
Leistungsversprechen: Das Produkt ist zuverlässig und wird tun, was man von ihm erwartet, ohne Schaden anzurichten oder Peinlichkeiten zu verursachen.
Bestätigungsversprechen: Die Verwendung des Produkts wird unser Selbstbewusstsein steigern.
Verwandlungsversprechen: Die Erfahrung wird unser Leben zum Besseren verändern.

Sämtliche Elemente des Branding sind darauf ausgerichtet, positive Botschaften über das Produkt zu kommunizieren. Das Verpackungsdesign, der Tonfall der Werbung, das Umfeld, in dem wir sie erleben – all diese Dinge kommunizieren Bedeutungsaspekte, die nach und nach unsere Meinung und unsere Gefühle diesem Erzeugnis gegenüber prägen. Diese Botschaften umgeben uns, sie sind in fast allen Aspekten unseres Lebens präsent, und das ist auch der Grund, warum wir bei Bedarf jederzeit Informationen abrufen oder eine Meinung äußern können, selbst für viele Marken, die wir gar nicht konsumieren wollen.

– 93 Tage

Auch in meiner zweiten Sitzung mit Carol läuten die Alarmglocken, als wir volle zehn Minuten damit zubringen, über die roten Diadora-Beinkleider zu sprechen, in denen ich gekommen bin.

»Neil, was wollen Sie mir damit sagen, dass Sie diese Hose tragen?«

»Äh, keine Ahnung, wie meinen Sie das?«

»Sie gefällt mir wirklich gut, sie hat so ein lebhaftes, leuchtendes Rot … Sie müssen guter Laune gewesen sein, als Sie sich heute Morgen dafür entschieden haben.«

Ich gewinne den Eindruck, dass das hier alles ein bisschen gaga ist. Ich bin nicht hier erschienen, um über meine Hose zu diskutieren. Wäre ich in Lederchaps oder in einem strassbesetzten Gymnastiktrikot aufgekreuzt – ja, das wäre ein Gesprächsthema gewesen. Carol spürt mein Unbehagen.

»Fällt es Ihnen schwer, von anderen Menschen Komplimente anzunehmen, Neil?«

»Das könnte man sagen.«

»Komisch … Sie investieren so viel, um Ihr öffentliches Erscheinungsbild bis ins kleinste Detail zu durchdenken, und doch ist es Ihnen unangenehm, wenn Sie für das Resultat Ihrer Anstrengungen gelobt werden.«

Sie hat recht. Obwohl ich Unmengen von Zeit und Geld aufwende, um sicherzugehen, dass mein Image so perfekt wie nur möglich ist, neige ich dazu, Komplimente mit einer wegwerfenden Bemerkung abzutun oder allenfalls mit einem verlegenen Erröten anzunehmen. Solche Situationen sind mir immer peinlich.

»Hat Ihr Vater Sie jemals gelobt, als Sie jünger waren?«

»Ich bin sicher, dass er das hin und wieder getan hat, aber ich kann mich an ihn nur als kritisch erinnern. Ich war in der Schule ein Versager, weil ich faul war, außerdem fiel es mir schwer, mich im Unterricht zu konzentrieren. Ich schloss mich den falschen Gruppen an, weshalb ich prompt in der untersten Leistungsgruppe landete, sehr zur Enttäuschung meiner Eltern, und ganz besonders meines Vaters. Doch unglücklicherweise, je mehr Druck er mir machte, meine Leistungen zu verbessern, desto mehr wies ich ihn zurück.«

»Vielleicht wissen Sie nicht, wie man Komplimente annimmt, weil es Ihnen nie beigebracht wurde, Neil?«

Marken. Überall. Auf meinen Lebensmitteleinkäufen, auf meiner Kleidung, auf meinem Computer, auf meinem Handy. Es gibt kein Entkommen. Jeden Tag entdecke ich neue Dinge, die ich auf die Scheiterhaufen-Liste setzen muss – und jeden Tag frage ich mich, wie ich ohne sie leben soll. Vergessen wir einmal die emotionale Abhängigkeit, was ist mit der praktischen Seite? Soll ich wirklich meinen Vertrag bei Orange kündigen und mein BlackBerry in die Mülltonne werfen? Wieder Telefonzellen benutzen? Vielleicht werde ich einfach wieder Briefe schreiben: *Mein lieber Freund, hast Du Lust, morgen im Pub mit mir einen trinken zu gehen? Bitte schreib so bald wie möglich zurück und lass es mich wissen. Mit freundlichen Grüßen, Neil.*

Kreditkarten und Bankkarten gehören zu den mächtigsten Marken der Welt: Soll ich meine Visa Card zerschneiden? Im Moment sehe ich keine Alternative. Und was das Rauchen angeht: Sollte ich nicht eine Plantage in Südamerika pachten, dort meinen eigenen Tabak ernten und ihn nach England einfliegen lassen, dann wäre der Zeitpunkt jetzt günstig, damit aufzuhören.

Vielleicht wird die Sache leichter, wenn ich es aufgebe, auf diese ganzen Markenbotschaften zu achten. Ich nehme mir fest vor, von jetzt an sämtliche Werbung zu ignorieren – so gut das eben geht in einer Stadt, die mit Anzeigenkampagnen zugepflastert ist. Während der Werbepausen im Fernsehen werde ich den Ton abdrehen oder aufstehen und mir eine Tasse Tee zubereiten. Fürs Radiohören dürfte die werbefreie BBC die beste Option sein.

In den kommerziellen Printmedien ist die Grenze zwischen

Werbung und redaktionellem Inhalt nicht sehr klar definiert. Ich habe in diesem Bereich gearbeitet und weiß, dass eine Zeitschrift oftmals zur Hälfte aus bezahlten Anzeigen besteht, während der Rest nicht selten von jemandem beeinflusst wurde, der etwas zu verkaufen hat. Korruption ist im Magazinjournalismus schwer zu definieren, weil das Annehmen von »Geschenken« als Gegenleistung für positive Berichterstattung gang und gäbe ist. Die Unternehmen verlassen sich darauf, dass ihre Produkte auch im redaktionellen Inhalt vorkommen, wenn sie Anzeigen schalten. Weigert sich der Herausgeber, drohen die Markenfirmen mit dem Stornieren dieser, und das will niemand. In Wirklichkeit sind die meisten Journale, die als Lifestyle-Magazine in Erscheinung treten, nichts anderes als Shopping-Kataloge. Das heißt: Nach dem Feuer gibt es keine Zeitschriften mehr für mich.

Normalerweise ist eine von Juliets und meinen Lieblingsbeschäftigungen am Sonntag, alle Wochenendausgaben der überregionalen Zeitungen zu kaufen, im Wohnzimmer die Füße hochzulegen und uns durch diese zu lesen. Dieses Ritual ist immer von leichten Schuldgefühlen begleitet, weil wir uns normalerweise zuerst auf die beiliegenden Hochglanzhefte stürzen: Mode wird favorisiert, dann Kultur, schließlich ein Blick auf die Klatschseiten, gefolgt von Reisen und Lifestyle – und erst zum Schluss (wenn überhaupt) widmen wir uns den eigentlichen Nachrichten. Doch ab sofort werde ich in den Zeitungen nur noch diese lesen und auf die Wochenendbeilagen verzichten.

– 88 Tage

Sonntag. Zeitungstag. Juliet sitzt zufrieden im Sessel und blättert in den Lifestyle-Beilagen herum. Ich dagegen kämpfe mich durch die Nachrufe und Todesanzeigen. Der Drang, ein Hochglanzmagazin in die Hand zu nehmen, ist fast überwältigend. »Die sexysten Sonnenbrillen des Sommers«, »Hausrenovierung für Minimalisten«, »Die zehn besten iPod-Accessoires« – grelle Überschriften, die an meiner ohnehin ziemlich schwachen Verfassung zerren. Nein, sage ich zu mir, sie sind böse. Ich werde mich nur noch schlechter fühlen, wenn ich sie gelesen habe, das ist immer so. Die schönen Bilder und die unerfüllbaren Hoffnungen, die sie mir aufzeigen, geben vor, einen Einblick in die magische Welt von Vollkommenheit und Glamour zu gewähren. In Wirklichkeit aber ist man hinterher nur noch deprimierter über sein eigenes Schicksal. Ich habe beobachtet, wie Juliet eine Ausgabe der *Vogue* durchblätterte und dabei zusehends unzufriedener mit ihrer eigenen Garderobe, ihrem Gewicht und ihrem Lebensstil wurde. Warum tun wir uns das an? Irgendwie hat man uns weisgemacht, es sei wichtig, sich Dinge anzusehen, die uns daran erinnern, wie unvollkommen wir sind. Und wir bezahlen auch noch Geld dafür!

Hin und wieder raschle ich demonstrativ mit den Zeitungsseiten, um Juliet daran zu erinnern, dass ich DIE NACHRICHTEN lese und nicht irgendwelchen Konsumkäse, aber sie ignoriert mich. Schließlich habe ich die Nase voll.

»Wenn uns die Angst vorm Scheitern verfolgt, dann deshalb, weil die Welt offenbar in unserem Erfolg den einzig verlässlichen Anreiz sieht, uns ihre Gunst zu erweisen!«

»Was?«, fragt Juliet und blickt von der *Style*-Beilage der *Sunday Times* auf.

»Alain de Botton, *StatusAngst*. Solltest du vielleicht auch mal drüber nachdenken.«

Juliet starrt mich einige Sekunden mit ausdruckslosem Blick an. »Du bist bloß neidisch. Lies weiter deine Todesanzeigen.«

– 87 Tage

Wieder Therapiesitzung. Warum bin ich so verzweifelt darum bemüht, Menschen mit diesen Marken zu beeindrucken, wenn es mir doch schwer fällt, Komplimente anzunehmen? Was kümmert es mich, was andere Menschen, zumal völlig Fremde, von mir denken? Möglicher Grund: Ich entsinne mich, dass die hübschen Mädchen in der Schule mir nie viel Aufmerksamkeit schenkten. Eine Episode der Zurückweisung auf dem Schulhof ist mir aus der Grundschulzeit deutlich in Erinnerung geblieben: Ein Mädchen namens Hannah mit perfekten langen blonden Haaren (so etwas nannte man damals Timotei-Mädchen) weigerte sich, als wir Kuss-Fangen spielten, standhaft, mich zu küssen – mit der Begründung, ich sei zu hässlich. Auf dem Schulhof war man entweder hässlich oder schön (die Vorstellung von attraktiver Hässlichkeit gab es noch nicht), und dieser Moment zementierte damals mein Selbstbild: Ich war von Natur aus unattraktiv, die hübschen Mädchen würden nie ein Auge auf mich werfen, das Beste, was ich im Leben tun konnte, war, stattdessen in anderen Bereichen Pluspunkte zu sammeln. Und damit kommen dann die Marken ins Spiel.

»Ich glaube, dass Konformität ein großes Thema für Sie ist, Neil«, sagt Carol.

»Wirklich? Ich habe mich immer für eine Art Rebell gehalten.«

»Nein. Während Ihrer gesamten Kindheit wurde Ihnen beigebracht, dass Sie der Erwartung anderer Menschen entsprechen müssen, um akzeptiert und geliebt zu werden. Als Erwachsener kommen Sie nun diesen Fremderwartungen zuvor, indem Sie sich mit den ganzen Statussymbolen umgeben. Ich glaube, ein Teil Ihrer Beziehung zu Marken rührt daher, dass Sie unerreichbare Erwartungen auf sich projizieren.«

Sie hat recht. Hätte mich jemand gefragt, ob es mir wichtig ist, was meine Mitmenschen über mich denken, wäre meine spontane Antwort ein Nein gewesen. Ich lebe mein Leben nach meinen eigenen Regeln, und die anderen sollen zum Teufel gehen. Doch in Wirklichkeit werde ich vollständig von meiner Statusangst und der Suche nach Anerkennung gesteuert. Meine Schuhe sind vielleicht ein wenig spezieller als die des Durchschnittsbürgers, mein Handy ist wahrscheinlich teurer als die meisten anderen, doch das heißt nicht, dass ich wirklich selbstbewusster oder glücklicher bin. Im Gegenteil: Gerade der Vergleich mit dem Durchschnittsmenschen mit langweiligen Schuhen und einem banalen Handy zeigt, dass ich die bedürftigere Person bin. Ihm ist es offensichtlich ziemlich egal, ob er akzeptiert oder bewundert oder geliebt wird, sonst würde er sich mehr anstrengen, so wie ich.

– 86 Tage

Während meiner Zeit als Zeitschriftenherausgeber arbeitete ich oft mit Markenfirmen zusammen, die unsere Partys und Events sponserten. Einige der Projekte, die ich ins Leben rief, hätten ohne diese finanzielle Unterstützung nicht stattgefunden. In dieser Hinsicht könnte man sagen, dass Markenunternehmen, die Geld für Aktionen spenden, die ansonsten finanziell nicht durchführbar wären, unsere Kultur bereichern. Evian rettete einmal ein öffentliches Freibad in Südlondon vor der Schließung. Microsoft Xbox zahlte einen Skaterpark für Kinder aus sozial schwachen Familien. Die Mehrzahl der Kunstausstellungen und Musikfestivals würde ohne Markenpartner nicht zustande kommen. Doch nach meiner Erfahrung entwickelten sich diese Absprachen oft zu einem Tanz mit dem Teufel. Bei den ersten Verhandlungen stimmen die Brandmanager normalerweise zu, ihre Beteiligung unauffällig und *below the line* zu halten. Rückt dann der Termin der Veröffentlichung näher, dann muss die vorher abgesprochene Subtilität riesigen Logos weichen, und jeder Inhalt wird dadurch verfälscht, dass er zuerst von allen Hierarchieebenen des Managements abgesegnet werden muss. Oft genug verlangt die Sponsorenmarke, mehr oder weniger das gesamte Verfahren zu kontrollieren.

Heute las ich in der Zeitung, dass die Sponsoren der Fußballweltmeisterschaft in Deutschland viele bizarre Forderungen stellen. Budweiser, die offizielle Biermarke der Veranstaltung, hat verlangt, dass tausend holländische Fans ihre Hosen ausziehen, bevor sie ins Stadion dürfen. Die beanstandeten orangefarbenen Hosen (die Farbe der Nationalmannschaft) waren Werbegeschenke der Konkurrenzmarke Bavaria, die der FIFA keine Sponsorengelder gezahlt hatte. Und so mussten sich die Fans Hollands 2 : 1-Sieg in der Unterhose anschauen.

Die deutschen Fans haben sich vielfach über die FIFA beschwert, die in den Stadien den Ausschank einheimischer Biermarken verboten hat und die Fans zwingt, ausschließlich Budweiser zu trinken. Im heutigen *Guardian* stand: »Die scheinbar unbegrenzte Macht, die die Sponsoren mittlerweile bei globalen Sportereignissen ausüben können, steht außer Frage.«[15]

– 85 Tage

Es ist faszinierend zu lesen, was den Markenunternehmen alles einfällt, um an die Sinne zu appellieren. Da ein großer Teil unserer Kommunikation instinktiv abläuft, wissen wahrscheinlich noch nicht einmal die Brandmanager selbst, welche Signale sie aussenden. Zwischenmenschliche Kommunikation ist zu 55 bis 95 Prozent nonverbal. Im Verlauf einer Unterhaltung reagieren wir eher auf Gesten, Tonfall, physische Erscheinung und Kontext als auf das, was gesagt wird, obwohl wir uns dessen die meiste Zeit gar nicht bewusst sind. Im Zweifelsfall ist es wahrscheinlicher, dass wir glauben, was wir *sehen*, als das, was uns *gesagt* wird. Marken kommunizieren ziemlich genau auf die gleiche Weise.

Die Logos, Symbole, Schrifttypen und Farben, die sich zur Identität einer Marke verbinden, lösen eine Reihe von Emotionen aus, die die Brands begehrenswert erscheinen lassen. Als Konsumenten sind wir Gewohnheitstiere. Wenn wir vor der Wahl stehen, dann entscheiden wir uns zuerst für die Marke, die wir am besten kennen. Auch wenn wir ein Produkt zum ersten Mal ausprobieren, greifen wir oft unwillkürlich zu einer vertrauten Marke, die dieses anbietet, weil wir Bekanntheit mit Beliebtheit gleichsetzen. Wenn eine Marke populär ist, dann muss sie auch gut sein. Dieser Effekt heißt im Marketing *Contagious Demand* - ansteckende Nachfrage.

Die Farben, derer sich die Marken bedienen, haben spezifische physikalische und psychologische Eigenschaften, die wir auf das Produkt übertragen. Rot steht für Männlichkeit und Aufregung, es kann auch als freundlich empfunden werden. Rot zieht am schnellsten unsere Aufmerksamkeit auf sich, es lässt unseren Puls schneller schlagen und die Zeit scheinbar rascher vergehen. Grün steht für Harmonie, Gleichgewicht und Frische. Anders als bei Rot muss sich das Auge nicht anpassen, um Grün zu sehen, deswegen empfinden wir es als ruhig und beruhigend. Blau stimuliert klare Gedanken und wirkt vertrauenswürdig. Gelb dagegen ist optimistisch, extrovertiert und kreativ.

Neben Logo und Farbe bringt der Name der Marke das Produkt und seine Werte auf den Punkt. Um den Wiedererkennungswert, den *Brand Recall*, zu verstärken, ist er normalerweise kurz, aussagekräftig und leicht auszusprechen. Studien zeigen, dass wir Marken mit angenehm klingenden Namen positive Gefühle entgegenbringen. Namen, die mit harten Verschlusslauten wie B, D oder K beginnen, kommen schnell aus dem Mund und werden mit praktischen Erzeugnissen assoziiert (Black & Decker, Dewalt, Bostick). Weichere Zischlaute wie S oder C wecken romantische oder heitere Vorstellungen und passen deshalb gut zu Luxusprodukten (Chanel, Swarovski, Cacharel).

Eine berühmte Anekdote erzählt, wie der französische Industriedesigner Raymond Loewy in den Fünfzigerjahren auf einer Dinnerparty von einer Frau gefragt wurde, warum er ein doppeltes X verwendete, als er das Markenzeichen für Exxon entwarf. »Warum fragen Sie?«, erkundigte er sich bei der Frau. »Weil es mir einfach aufgefallen ist«, antwortete sie. »Nun«, entgegnete Loewy, »das ist die Antwort.« Marken arbeiten oft mit der Wiederholung von Konsonanten (Coca-Cola) oder Vokalen (AA) oder mit Worten, die das Produkt lautmalerisch umschreiben (Schweppes). Zunehmend greifen die Unternehmen auch auf einfache Wörter aus dem Lexikon zurück, die im

Gehirn bekannte Bilder hervorrufen – wenn wir eine Werbung für Apple sehen, dann haben wir schon fertige Assoziationen zu diesem Wort und sind deshalb leichter in der Lage, uns daran zu erinnern. Und wenn wir mit der Marke vertrauter werden, dann verbinden wir diese mit dem Produkt, das sich dieses Wort zum Labelnamen erkoren hat. Während einfache Nutzartikelmarken oftmals mit ihrem Namen nur ihre Funktion beschreiben (Blu-Tac, Pritt-Stift), sind Bezeichnungen mit mehrdeutigen Assoziationen auch in der Lage, große Ideen und Erwartungen zu wecken.

Traditionellerweise haben Markenlogos den Namen des Unternehmens auf allen Produkten in einer einheitlichen Schrift dargestellt – wie bei KitKat oder Coca-Cola –, oft zusammen mit einer Figur oder einem Maskottchen (Michelin-Männchen, Jolly Green Giant). Heutzutage ist es allerdings weit verbreitet, ein abstraktes Logo zu haben – wie den *Swoosh* von Nike oder den Mercedes-Stern. Grundsätzlich kann man sagen, dass lineare Logos und Schriften eher praktisch und verlässlich wirken, während geschwungene Logos Anpassungsfähigkeit und Kreativität signalisieren.

Das moderne Markenlogo steht als optisches Kürzel für eine Reihe von Assoziationen und Metaphern, für Identität, Emotion und Wert. Sein Vorhandensein auf einem Produkt begründet oft einen höheren Preis, der den materiellen Wert dieses Erzeugnisses übersteigt.

– 84 Tage

Ein neues Magazin ist auf den Markt gekommen, das als einziges Thema Shopping hat. Die fünfzig besten Wintermäntel. Die Einkaufsgewohnheiten der Stars. Jessica Simpson – Stil mit kleinem Budget. Zweihundert Seiten von diesem Zeug. Das Magazin heißt *HAPPY*. Jetzt wird mir alles klar. Früher waren Zeitschriften und Anzeigen einmal meine entscheidenden Hilfsmittel, um mit dem Zeitgeist Schritt zu halten, doch nun sehe ich sie als das Teufelszeug, das sie wirklich sind. Vorsicht, ich darf nicht übertreiben.

– 83 Tage

Als ich gestern im Kino saß und auf den Beginn des Films wartete, sah ich eine Werbung für Lynx. Ein Mann besprüht sich mit Deo, und Minuten später wird er von wunderschönen Frauen umschwärmt, die magnetisch von ihm angezogen werden. Die Botschaft lautet, wenn man es wörtlich nimmt: »Frauen finden dich unwiderstehlich, wenn du dieses Deodorant kaufst.« Das letzte Mal, als ich Lynx benutzte, fiel mir keine Steigerung meiner Anziehungskraft auf. Es kann natürlich sein, dass die Frauen sich alle verstellten. Sicher glaubt kein Mann im Kino ernstlich an das Versprechen, das dieser Werbespot macht, oder? Trotzdem muss diese Werbung funktionieren. Sonst würde das Unternehmen nicht das Geld für einen solchen Clip ausgeben. Eine kurze Suche im Internet zeigt, dass Lynx in der Tat die meistverkaufte Deomarke der Welt ist. Auf einer unterbewussten Ebene *funktioniert* die Markenwerbung, obwohl das Produkt das gegebene Versprechen nicht einlöst.

Die Werbung ist so ansprechend und unterhaltsam geworden, dass wir manchmal ganz vergessen, dass ihre Funktion ist, uns etwas zu verkaufen. Wir betrachten diese Spots als Unterhaltung – deshalb war gestern auch das Kino schon zwanzig Minuten vor dem Beginn des Films voll besetzt. Werbefilme sind zu einem Teil des Kinoerlebnisses geworden. Ich kenne sehr wenige Leute, die zugeben würden, dass sie sich von Werbung beeinflussen oder manipulieren lassen – aber mich beschleicht langsam der Verdacht, dass das genau der Eindruck ist, den die Markenhersteller uns vermitteln wollen. Wir stehen der Werbung ziemlich locker gegenüber, weil wir glauben, dass wir viel zu gerissen und zu rational sind, um uns von solchen übertriebenen Beteuerungen einwickeln zu lassen. Tatsächlich aber sind wir Verbraucher viel weniger rational, als wir selbst glauben. Wie der kanadische Medientheoretiker Marshall McLuhan einmal feststellte:»Werbung ist nicht für die bewusste Aufnahme gedacht. Sie soll als unterschwellige Pille auf das Unterbewusstsein wirken.«[16]

Wie viele Menschen rennen sofort los, um ihre Ziele zu verwirklichen, wenn sie eine Nike-Werbung sehen? Kaum welche. Wie viele aber wünschen sich heimlich, sie wären Serena Williams oder Wayne Rooney? Jede Menge. Wir alle träumen davon – im Lotto gewinnen und reich, bei *Pop Idol* berühmt werden, Brad Pitt treffen und sich wahnsinnig verlieben. Die Emotionen, die mit einer Marke einhergehen, erhöhen den Moment, in dem wir das Produkt benutzen, zu etwas Besonderem. Auf emotionaler Ebene funktioniert das Produkt viel besser, wenn es eine bekannte Marke trägt. Der englische Labelexperte Paul Feldwick glaubt, dass die Transformationskräfte der Marke einen echten Zusatzwert darstellen:

> Es wird oft behauptet, der höhere Preis »für den Namen« sei eine törichte Wahnvorstellung des Kunden, eigentlich nichts als eine Hochstapelei des Verkäufers. Doch der Nutzwert für den Kunden ist eine reale Steigerung seiner Konsumerfahrung, sei es in der Form von Seelenruhe oder als Fantasieerlebnis.[17]

Mit einem Mercedes kauft man sich nicht nur ein qualitativ hochwertiges deutsches Auto, man kauft Selbstvertrauen, Glanz und Kultiviertheit. Die Emotionen, die wir erwarten, wenn wir ein Produkt benutzen – und damit auch der Wert von diesem –, werden durch die Marke deutlich gesteigert. Das Branding will, dass wir Leidenschaft, Erregung und Glücksgefühle verspüren, dass wir mit uns selbst glücklich sind. Ein Werbespot im Fernsehen bringt uns zum Lachen, und wir erinnern uns später an das positive Gefühl, wenn wir die Marke irgendwo sehen. Auf einer Plakatwand leckt eine wunderschöne Frau mit mehr als deutlichen sexuellen Untertönen ein exklusives Eis am Stiel, und wir assoziieren die Eissorte daraufhin mit sinnlichem Luxus. Eine Rummarke tritt als Sponsor eines Musikfestivals auf, wir assoziieren die Marke mit Genuss und Lebensfreude.

Diese Markenpolitik mag den Herstellern dabei helfen, mehr von ihren Erzeugnissen abzusetzen, aber das geht zweifellos auf die emotionalen Kosten des Verbrauchers. Eiscreme essen fühlt sich durchaus nicht wie ein sexueller Akt an. Ein Schluck Rum ist kein Garant für sofortige Euphorie. Von diesen übertriebenen Versprechungen ständig enttäuscht zu werden kann nicht ohne Auswirkungen auf unser Wohlbefinden bleiben.

– 82 Tage

Wann war das letzte Mal, dass ein realer Mensch mir das Gefühl vermittelte, glamourös zu sein? Oder zu mir sagte, dass ich abenteuerfreudig, intelligent oder erfolgreich sei? Außerhalb meiner engsten Beziehungen zu Juliet und meiner unmittelbaren Familie kann ich mich kaum an Gelegenheiten erinnern, bei denen ich ein Kompliment bekam, das mir ein gutes Gefühl und Selbstbewusstsein gab. Marken tun das die ganze Zeit. Sie stärken mein Selbstwertgefühl und geben mir so das Vertrauen, dass ich ich selbst sein kann – nur noch toller. Sie scheinen meine geheimsten Wünsche zu kennen, manchmal besser, als es selbst meine engsten Freunde vermögen.

Im Jahr 2005 wechselte die Fußballmannschaft des Shevington Technical College in Wigan ihren Ausrüster und kleidete sich statt mit Trikots eines wenig bekannten örtlichen Fabrikanten fortan mit Nike ein. Die Eltern waren zuerst verärgert über die hohen Kosten der neuen Trikots, doch die Beschwerden verstummten, als das Team eine deutliche Leistungssteigerung zeigte. Das Selbstvertrauen der Spieler kannte keine Grenzen, gegnerische Mannschaften machten ihnen Komplimente über ihre Ausrüstung, und die Fehlquote in den Sportstunden ging deutlich zurück.[18] Nach Erkenntnissen der amerikanischen Livingston Market Research Group gibt es vier emotionale Bedürfnisse, die eine Rolle spielen, wenn wir dem Versprechen einer Marke Glauben schenken:[19]

1. **Selbstverwirklichung *oder* Ich will die Kontrolle haben**
Unser Selbstwertgefühl wird gestärkt, indem wir uns Ziele setzen und sie erreichen – das erfüllt uns mit Selbstvertrauen. Wir haben das Gefühl, unser Schicksal in der Hand zu haben.
Beispiel Microsoft: *Where do you want to go today? (Wohin willst du heute gehen?)*

2. **Liebesgefühle und Romantik *oder* Ich will, dass die Menschen mich lieben, ich will dazugehören**
Unser Selbstwertgefühl wird gestärkt, wenn wir von jemandem geliebt werden, den wir selbst sehr schätzen. Es ist das Bedürfnis, attraktiv zu sein und liebenswert zu erscheinen.
Beispiel Olay: *Olay, love the skin you're in.(Olay, damit du gern in deiner Haut steckst.)*

3. **Fürsorge und elterliche Gefühle *oder* Ich will Verantwortung übernehmen**
Für Nachwuchs oder Lebenspartner verantwortlich zu sein gibt uns ein gutes Gefühl.
Beispiel Scottish Widows: *Preparation is everything. (Vorsorge ist alles.)*

4. **Altruismus und gesellschaftliche Anerkennung *oder* Ich will der Gesellschaft etwas zurückgeben; ich sorge mich um das Wohlergehen anderer Menschen**
Es ist angenehm, etwas zum allgemeinen Wohl und zum Reichtum der Gesellschaft beizutragen.
Beispiel Oxfam: *Helping people to help themselves. (Wir helfen den Menschen, sich selbst zu helfen.)*

Diese emotionalen Trigger kommen mir sehr bekannt vor. Man könnte den Standpunkt vertreten, dass nichts dagegen einzuwenden ist, Produkte zu benutzen, die uns ein gutes Gefühl geben. Doch die emotionale Komponente der Marken hat eine heimtückische Kehrseite, die die entsprechenden Handbücher zu diesem Thema oft unter den Tisch fallen lassen. Ich meine das Arbeiten mit negativen Empfindungen, um ein Produkt zu verkaufen. Denn natürlich sind Marken genauso gut in der Lage, Gier, Paranoia, Minderwertigkeitsgefühle und Konkurrenzdenken anzusprechen.

1. **Selbstverwirklichung** *oder* **Meine Ziele gleiten mir durch die Finger, während alle anderen sie verwirklichen**
Zuzusehen, wie andere ein besseres Leben führen als wir selbst, löst Neidgefühle und Depressionen aus. Wir befürchten, unser Leben nicht im Griff zu haben.
Beispiel Moët & Chandon: *Be fabulous. (Sei fantastisch.)*

2. **Liebesgefühle und Romantik** *oder* **Alle anderen sind jünger/fitter/schöner als ich**
Wenn wir uns mit den Standardvorstellungen von Schönheit vergleichen, fühlen wir uns minderwertig, ausgeschlossen, einsam und nicht liebenswert.
Beispiel Maybelline: *Maybe she's born with it – maybe it's Maybelline. (Ist es angeboren – oder ist es Maybelline?)*

3. **Fürsorge und elterliche Gefühle** *oder* **Ich kann meinen Lieben nicht das geben, was sie sich wünschen**
Wir sind angespannt und deprimiert, wenn wir den Erwartungen anderer nicht gerecht werden, und wir fühlen uns verpflichtet, das zu kompensieren.
Beispiel Abbey: *Because life is complicated enough. (Weil das Leben kompliziert genug ist.)*

4. **Altruismus und gesellschaftliche Anerkennung** *oder* **Ich habe nicht genug Verantwortungsgefühl, um die Probleme anderer Menschen zu lösen**
Das Leid von Menschen zu sehen, die weniger Glück haben als wir, gibt uns das Gefühl, selbstsüchtig zu sein. Wir füh-

len uns verpflichtet, etwas gegen die Schuldgefühle zu tun. Beispiel National Society for the Prevention of Cruelty to Children (NSPCC): *Cruelty to children must stop. Full stop. (Kindesmisshandlung muss aufhören. Ohne Wenn und Aber.)*

Welche Art von emotionaler Markenwerbung bei mir am besten funktioniert, weiß ich genau: Angst ist die Triebfeder hinter einem großen Teil meiner Einkäufe. Es ist eher selten, dass ich Markenartikel erstehe, damit die Leute mich mehr lieben. Meistens erwerbe ich sie für den Fall, dass man mich ohne sie *weniger* lieben würde.

– 81 Tage

Ich verbringe einen wundervollen Tag auf dem Land, um dem lauten Treiben des Stadtlebens einmal zu entfliehen. Keine Geschäfte und keine Plakatwände – die einzigen Logos weit und breit finden sich auf Gummistiefeln der Firma Hunter an den Füßen der Leute, denen ich begegne. In diesem noch unerschlossenen Gebiet für Labels ist meine Markenneurose überflüssig. Die Menschen hier können auf sinnentleerten Konsumwahn verzichten, und sie tun das auch – obwohl ich mir sicher bin, dass alle ihren Wocheneinkauf im Supermarkt der nächstgrößeren Stadt erledigen. Städter wie ich fahren aufs Land, wenn sie dem Trubel des Großstadtlebens einmal entkommen wollen. Doch nur wenige halten es länger als ein Wochenende aus. Wir fangen an, das zu vermissen, was wir doch eigentlich hinter uns lassen wollten. Die Stille eines Feldes dröhnt auf einmal viel stärker in den Ohren als das Getöse des Verkehrs, der jeden Tag an meinem Schlafzimmerfenster vorbeiströmt. Wenn es nichts gibt, das die Augen und den Verstand ablenkt, wenden sich die Gedanken dem »großen Ganzen« zu, was meist ein unangenehmes Thema ist.
Ich brauche die Großstadtumtriebigkeit, um mich abzulen-

ken, obwohl ich schon immer den Verdacht hatte, dass sie nicht nur gut für mich ist. Das ist wie beim Rauchen: Du weißt, dass es dich langsam umbringt, aber du kannst einfach nicht damit aufhören. Was genau macht diesen Trubel aus? Sicherlich ist es das Gewusel von Menschen, vielen Menschen, die nahe beieinander leben. Doch nun wird mir klar, dass Werbung und Marken viel zum mentalen Lärm beitragen. Unentwegt fallen mir riesige Plakatwände ins Auge, Neonreklamen blinken um die Wette, um meine Aufmerksamkeit zu erregen. Vom Zeitpunkt meiner Geburt an wurde mein Gehirn ständig durch Hunderte von Bildern und Geräuschen stimuliert, deren Botschaften Tag für Tag in meinen Ohren dröhnten. Kalle Lasn, der Gründer der Zeitschrift *Abusters*, beschreibt diesen Lärm als *Toxizität des Geistes*.

Mr Muscle loves the jobs you hate. Burger King Flame-Grilled Whopper for only – 2.99. Big Brother, tonight at 9 on 4. New Elvive Anti-Breakage Shampoo from L'Oréal Paris. The KFC Family Feast for only – 9.99, the perfect way to end your day. Oral-B Pulsar, changing the way you brush … forever. Call 0800 50 50 50 for cheaper car insurance with the AA-team, here to get you a better deal. Download official ringtones with jamster.co.uk. Disney Pixar's Cars in cinemas from July 28th. Get yourself some hairapy with Sunsilk. Always, keeps you shower fresh all day. Save double in the DFS summer sale. Big splash lashes and 50 per cent more length and curve with Rimmel London. Get closer to Robbie Williams with the W300i Walkman phone. Dentists recommend Sensodyne for sensitive teeth. Birds Eye: fishermen catch the salmon, freezing catches the freshness. O2, see what you can do.[20]

In einer Großstadt ist es unmöglich, dem grellen Schein der Werbung völlig aus dem Weg zu gehen, das gilt besonders, wenn man in London lebt. Doch seit ich mir im März vorgenommen habe, nicht mehr so viele Werbebotschaften anzusehen und anzuhören, fühlt sich mein Kopf etwas klarer an, der Lärm des Großstadttrummels ist ein oder zwei Stufen leiser geworden. Als ich nach London zurückfahre, frage ich mich, ob ich bei meinem nächsten Besuch auf dem Land mehr als ein Wochenende lang durchhalten werde.

Ich stolpere über ein Zitat des amerikanischen Markenexperten David A. Aaker. Es scheint zu belegen, dass meine Überzeugung, eine Beziehung zu einer Marke unterhalten zu können, nicht völlig verrückt ist.

Einige Menschen werden vielleicht nie eine kompetente Führungspersönlichkeit, doch sie wären gern mit einer solchen befreundet, vor allem dann, wenn sie einen Banker oder einen Rechtsanwalt brauchen. Ein vertrauenswürdiger, verlässlicher, beständiger Mensch mag langweilig sein, doch er besitzt Merkmale, die man bei einem Finanzberater oder einem Anwalt zu schätzen weiß – und übrigens auch bei einem Auto.[21]

Studien über den Narzissmus haben belegt, dass wir uns instinktiv zu anderen Menschen hingezogen fühlen, die die gleichen Persönlichkeitsmerkmale aufweisen wie wir selbst – oder die wir gern hätten. Die Anziehungskraft von Labels funktioniert auf eine ähnliche Weise. Wenn wir uns für eine bestimmte Marke entscheiden, anstatt eine andere vorzuziehen, dann fragen wir: »Wäre dieses Produkt ein Mensch, wie wäre er?« Und noch wichtiger: »Wenn es ein Mensch wäre, würde ich ihn mögen, ihm vertrauen oder ihn bewundern?« Mit diesen Entscheidungen bestätigen wir unser Selbstwertgefühl und verleihen unserer Persönlichkeit Ausdruck. Der bodenständige, familienorientierte Käufer wird in der Regel Coca-Cola kaufen, während der junge, trendige Konsument nach Pepsi greift. Diese unausgesprochenen Verbraucherwerte sind entscheidend für Markenloyalität. Letzten Endes helfen Marken uns, unser Selbstbild zu bestätigen. Produkt + Persönlichkeit = Marke.

Ich habe vergessen, einen sehr wichtigen Punkt auf meine To-Do-Liste zu setzen: Ich sollte mit dem Rauchen aufhören. Ich bin Gelegenheitsraucher seit meinem sechzehnten Lebensjahr. Meine erste Marke war Consulate, weil ich glaubte, das Menthol darin würde den Tabakgeruch überdecken und von meinen Eltern nicht bemerkt werden (womit ich mich irrte). Als einstiger vehementer Zigarettenverfechter griff ich in meinen Teenagerjahren zu Marken, die in den Fünfzigerjahren populär gewesen waren, als das Rauchen noch gesellschaftliche Akzeptanz genoss – ich ging über zu Dunhill. Schließlich wechselte ich zu Marlboro, weil alle coolen Leute in London diese Marke zu rauchen schienen.

Angesichts der Tatsache, dass der Geschmack eines Essens individuell sehr unterschiedlich wahrgenommen wird, fand ich es schon immer bemerkenswert, dass ganze Bevölkerungsgruppen ein und dieselbe Zigarettenmarke bevorzugen. Doch es ist tatsächlich so: Wenn man in irgendeine angesagte Bar in London geht, dann sind die Zigarettenautomaten normalerweise nur mit einer Marke gefüllt: Marlboro Lights. Bei den Rauchern im Südwesten Englands sind Silk Cut und Benson & Hedges die beliebtesten Marken. Im Norden Englands wird der Zigarettenmarkt von Embassy und Royals beherrscht. Fragte man alle Raucher in einem Londoner Pub, was ihre Lieblingsmarke bei Chips ist, dann wäre das Ergebnis uneinheitlich – sie hätten äußerst unterschiedliche Vorlieben. Dieselben Pub-Besucher greifen aber fast ausschließlich zu Marlboro Lights. Offenbar hat die Bevorzugung bestimmter Zigarettenmarken nur wenig mit Geschmack zu tun. Zigaretten sind ein derart symbolisches Produkt, dass wir die Marke wählen, die unsere Identität am besten zum Ausdruck bringt. Die Arbeiterklasse in Nordengland raucht Embassy Filters, die Hausfrauen in den Londoner Vorstädten B&H. Marlboro Lights – das ist die Marke für den Angeber aus dem Süden. Es ist selten, dass ein Raucher seine Markenloyalität aufgibt und zu einer anderen Marke wechselt. Wenn er es tut, dann zu einer, die von der gleichen sozialen Klasse akzeptiert wird.

1899 versuchte der amerikanische Gesellschaftstheoretiker Thorstein Veblen aufzuzeigen, dass der alltägliche Konsum zu einem Prozess der sozialen Unterscheidung geworden war, wobei er den Begriff des »Geltungskonsums« prägte. Veblen beobachtete, dass die aufsteigende Klasse vermögender Industrieller in Neuengland *(Nouveau riche)* begann, in ihrer Kleidung, Ernährung und in ihrem Benehmen die oberen Gesellschaftsschichten der Europäer zu imitieren. Zwar blieb innerhalb der rigiden Klassenstrukturen des frühen 20. Jahrhunderts der höhere soziale Status der landbesitzenden Klasse unangetastet, doch die neureichen Fabrikanten versuchten ihre Position zu verbessern, indem sie teure und geschmackvolle Gebrauchsgegenstände kauften und zur Schau stellten.

Diese wohlhabende Klasse der Kapitalisten kopierte die Gebräuche höherer Klassen, um sich von den Arbeitern und Handwerkern abzusetzen. Die Aristokratie blickte auf diese neuen Hochstapler mit Verachtung herab. Veblen sah in diesem Prinzip der sozialen Nachahmung – die Armen orientieren sich in Geschmacksfragen immer an den Reichen – die Triebkraft hinter den ständigen Weiterentwicklungen und dem steigenden Maß des Konsums. Die Spitzen der Gesellschaft verändern beständig ihre Moden, um sich von den niederen Ständen zu distanzieren, Letztere dagegen konsumieren immer mehr, um aufzuholen. Als Hüter des guten Geschmacks behaupten die Reichen ihre Position in der sozialen Hierarchie und schaffen einen Trickle-down-Effekt, weil die niederen Klassen Moden und Symbole der oberen kopieren, die so ihren Weg über die Nouveau riche und die Mittelklasse schließlich bis in die Arbeiterklasse hineinfinden.

Vieles hat sich verändert, seit Veblen sich über die seidenen Zylinder der Bradford-Millionäre den Kopf zerbrochen hat. Doch diese Hierarchie des Geschmacks beeinflusst auch heute noch verschiedene Schichten der Gesellschaft, nur haben sich in unserer Zeit die Ordnungen verschoben, die Trends werden bewusst gesteuert und ausgerufen, und Kommerz fördert den

Prozess nach Kräften, um die Profite zu steigern. Heute werden die Moden nur noch von der Industrie und ihren Sprachrohren gemacht.

Materielle Objekte erhalten eine soziale Bedeutung, mit deren Hilfe wir uns ausdrücken und miteinander kommunizieren können. Wir wünschen uns Dinge, kaufen sie und stellen sie zur Schau – nicht nur weil diese etwas für uns tun können, sondern weil sie etwas bedeuten. Unsere Konsumentscheidungen werden zu einem Teil unseres Lebensstils. Und dieser wiederum wird zu einem Teil unserer Identität. Selbst ein banales Produkt wie ein Laib Brot sagt etwas über unseren Lifestyle aus. Wer weißes, geschnittenes Mother's Pride kauft anstatt Hovis Granary oder Tesco's Finest Ciabatta, erzählt damit die Geschichte seines sozialen Standes, seiner Erziehung und seiner Ziele im Leben. In vielen Fällen gilt: Wir sind, was wir kaufen.

Wer Produkte der günstigen »Spar«-Marke kauft, will oder kann nicht viel Geld für Brot ausgeben, vielleicht mag er auch einfach den Geschmack von billigem Brot, vielleicht ist er damit aufgewachsen. Die teurere und gesündere »Beste«-Marke spiegelt die Wahl eines Konsumenten wider, der in der Lage oder willens ist, den vierfachen Preis zu zahlen, der seine langfristige Gesundheit in den Mittelpunkt stellt und der gern »etwas Besonderes« schmeckt. Indem wir die »Beste«-Qualität der »Spar«-Qualität vorziehen, erklären wir unsere Zugehörigkeit zur Gemeinschaft der gebildeten und informierten Verbraucher mit vernünftigem und gesundem Lebensstil. *Wir* essen organisches Vollkornbrot, *die* begnügen sich mit weißem Industriemehl.

In den Zeiten, in denen Massenkonsum eine unbekannte Größe darstellte, war unsere Identität durch Familie, Arbeit und persönliche Erfolge definiert. Heute leben die meisten Menschen in dicht besiedelten urbanen Räumen, arbeiten für unpersönliche Unternehmen und haben das Gefühl, von anonymen Organisationen regiert zu werden. Konsum in Hülle und Fülle eröffnet uns eine verwirrende Vielfalt von Wahlmöglichkeiten, die unser Leben weniger starr erscheinen lassen.

Wenn wir von der Masse verschluckt werden, verlieren wir unsere individuelle Identität und werden eins mit der Menge. Diese Situation bringt unser Selbstbild ins Wanken und führt zu einer Persönlichkeitskrise. Mithilfe einer Marke können wir unser Ich wieder selbst bestimmen: Wir werden zu der Person, die eine spezifische Brotsorte bevorzugt. Unser Einkaufszettel legt den Stil unseres Lebens fest.

– 78 Tage

Ich muss anfangen, ernsthaft über mein Leben nach dem Feuerprojekt nachzudenken. Zunächst einmal werde ich ein paar Kleidungsstücke brauchen. In der Stadt gibt es einen Vintage-Second-Hand-Laden (»Vintage« bedeutet in diesem Zusammenhang Oxfam für den zehnfachen Preis), der markenlose Leinenturnschuhe anbietet – die gleichen, die meine Mutter mir früher kaufte, bevor ich selbst über meine Garderobe bestimmen konnte, und die gleichen, für deren Tragen ich später andere Kinder hänselte. Die Schuhe sind aus einfachem weißem Leinen, sie haben eine dünne Gummisohle und keinerlei Markenzeichen oder Logo, nicht einmal auf der Innensohle. Und sie kosten nur 4,99 Pfund. Vorher fand ich nichts dabei, 150 Pfund für ein neues Paar Turnschuhe auszugeben, ob ich es mir leisten konnte oder nicht. Jetzt schließt sich der Kreis. Als die gut gekleidete und mürrische Verkäuferin mein schlichtes neues Schuhwerk einpackt, frage ich sie, wo diese Dinger herkommen.

»Ich habe keine Ahnung, in welchem Land der Chef sie eingekauft hat«, sagt sie gedehnt. »Die kamen einfach als Restposten rein. Wahrscheinlich China.«

Hier liegt die große Unbekannte meines No-Logo-Kreuzzuges. Ohne eine Marke als Garantie für Fertigung oder Herkunft bleiben Qualität und Ethik der Produktion ein Glücksspiel, bei dem Ausbeuterbetriebe in Drittweltländern die größten

Gewinnchancen haben. Am besten, ich denke momentan gar nicht darüber nach, zumindest nicht in der Zeit, in der ich Kleidungsstücke ohne Markenlogo erwerbe.

– 77 Tage

Als ich ein Kind war, hatten alle meine Lieblings-Fernsehsendungen irgendwie mit Autos zu tun: *Knight Rider*, *Ein Duke kommt selten allein*, *Magnum*, *Inspektor Morse* (das war sonntags die am wenigsten schlimme Alternative zu *Songs of Praise*). Ich stellte mir immer vor, dass ich später ein cooles Auto besitzen würde, einen alten Aston Martin oder einen Mercedes 350 SL aus den Achtzigerjahren, sexy, aber nicht zu angeberisch, ein wenig Klasse macht eben einen großen Unterschied. Die Frage nach dem Preis spielte in meinen Überlegungen keine Rolle, schließlich war ich eines von Thatchers Kindern.

Ich weiß gar nicht so genau, an welcher Stelle dieser Plan schiefging. Jedenfalls fahre ich im Alter von jetzt einunddreißig Jahren den 1995er Citroën AX meiner Freundin. Zugegeben, ich habe mich hinsichtlich der Verwendung meines verfügbaren Einkommens weitgehend festgelegt, als ich eine mörderische Hypothek aufnahm, um Wohneigentum in der Londoner Innenstadt zu erwerben. Aber die ursprüngliche Vorstellung sah vor, dass ich mir beides würde leisten können. Und mehr als das.

Diese Sache wird zu keiner Zeit schmerzhafter bewusst als in jenen Momenten, in denen man mit dem AX an der Ampel neben einem brandneuen Audi Cabrio mit einem männlichen Teenager am Steuer und einem hübschen Mädchen auf dem Beifahrersitz zum Stehen kommt. Der Vergleich ist niederschmetternd. Wenn ich bei Grün losfahre, tue ich mein Möglichstes, um mit den glänzenden Gefährten mitzuhalten, die sich von rechts und links vordrängeln. Aber es hat keinen Zweck. Wem will ich denn etwas vormachen? Ich fahre eine alte Klap-

perkiste, die von einer langweiligen französischen Firma hergestellt wurde, und damit hat sich die Sache.

Einen Citroën zu steuern ist gleichbedeutend mit einer Ach-
terbahnfahrt der Gefühle. Ich setze mich hinein – der Innenraum ist beengt und nichtssagend. Am Lenkrad begrüßt mich
das Citroën-Logo. Bah. Citroën, was für eine blöde Marke, ge-
sichtslos, ewig hinter Peugeot angesiedelt (und die sind schon
nicht besonders). Solche Autos werden von Leuten gefahren,
denen diese Vehikel egal sind.

Aber das ist in Ordnung. Ich muss mich einfach nur daran
erinnern, dass ich kein »Auto-Typ« mehr bin. Ich benutze dieses Ding einzig, um von A nach B zu fahren, deshalb ist es die
Aufregung nicht wert. Ich fädele mich in den Verkehr ein und
verrenke mir fast den Hals beim Versuch, an einem Range Rover
vorbeizusehen. Dämliche Geländewagenfahrer, ohne Zweifel
die blödesten Autobesitzer der Welt. Eigentlich sollte man sie
doppelt besteuern, einmal für das Auto und dann noch mal für
ihre Dummheit. Ah, plötzlich fühle ich mich tugendhaft als
AX-Fahrer. Der Wagen ist ökonomisch, zuverlässig, und wenn
mich jemand fragen sollte, ob er mir gehören würde, kann ich
sagen, dass er das Auto meiner Freundin ist. In der nächsten
Minute werde ich von einem arroganten BMW-Fahrer ge-
schnitten. Ich gebe Gas, fahre hinterher und stelle mich an der
nächsten Ampel neben ihn. Immer bereit, mit Fremden ohne
Manieren einen Streit anzufangen, kurbele ich meine Scheibe
herunter, weil ich Mr. BMW einmal tüchtig die Meinung gei-
gen will. Er schaut aus seinem Luxuskokon mit Lederpolster
und Klimaanlage zu mir herüber und wartet darauf, dass ich ex-
plodiere. Ich aber mache mit einem plötzlichen Gefühl der Ernüchterung den Mund wieder zu. Es ist völlig egal, was ich sage.
Es ist egal, wer im Recht und wer im Unrecht ist. Einer von
uns beiden fährt einen sexy Schlitten – und das bin ganz sicher
nicht ich. Wer ist also der Sieger hier?

Für den Rest der Tour kurve ich wie ein achtzigjähriger Land-
pfarrer durch die Gegend, erlaube jedem, mich zu überholen,
während ich mich in meiner Markenschande suhle. Ich bin wütend auf mich selbst – wütend, weil ich nicht genug Geld ver-

diene, um mir ein vernünftiges Auto zu leisten, wütend, weil ich so oberflächlich bin, dass es mir etwas ausmacht, wütend auf alle anderen Verkehrsteilnehmer, weil sie diese Gefühle in mir wecken. Ich kann mich noch entsinnen, dass ich mir, jedes Mal, wenn ich mit diesem Auto zu meinen Eltern fuhr, vorstellte, es sei ihnen peinlich, wenn ich es vor dem Haus parkte. (Die Nachbarn könnten hinter ihren Vorhängen tuscheln: »Was für ein Versager dieser Neil Boorman geworden ist!«) Wenn ich hin und wieder mit dem AX zur Arbeit komme, achte ich darauf, so weit weg vom Büro zu parken, dass meine Kollegen mich nicht in dem Gefährt sehen können.

Doch wenn ich es recht bedenke, dann hat mich dieser Citroën im Lauf der Zeit verändert, auf die gleiche Weise, wie es auch seine Besitzerin getan hat. Als ich Juliet kennenlernte, konsumierte ich Marken ohne Wenn und Aber. Ich war überzeugt, dass die Flipflops von Gucci, das Feuerzeug von Dunhill, die Brieftasche von LV mich kultivierter, liebenswürdiger und mehr zu dem Menschen machten, der ich sein wollte. Dummerweise zeigte sie sich von diesen Statussymbolen nicht sehr beeindruckt. Nach und nach wurde mir klar, dass sie diese Prestigemarken eigentlich eher geschmacklos fand, was dazu führte, dass ich mir insgeheim ziemlich blöd vorkam. Trotzdem gab ich weiter mein Geld dafür aus, oft versteckte ich das Zeug dann im Gästezimmer, in dem sie nie nachschaute. Ich bewunderte sie immer dafür, dass sie relativ frei war von dem ständigen drängenden Bedürfnis, etwas zu kaufen – obwohl ich sie oft mit glitzerndem Markenkram beschenkte, um sie auf meine Seite zu ziehen.

Für Juliet ist es keine Qual, mit dem alten AX zu fahren. Es ist ein Auto. Es bringt dich dahin, wo du hinmusst. Ende der Geschichte. In ein paar Monaten werde ich damit durch die Stadt fahren, nein: cruisen, damit es alle sehen können. Ja, das bin ich, hinter dem Lenkrad eines AX, hast du ein Problem damit, oder was?

H&M haben publik gemacht, dass Viktor & Rolf eine neue Kollektion für sie kreieren werden. Das dürfte für einen neuen Kaufrausch in den Einkaufszentren sorgen. Letztes Jahr gab es bei Hennes & Mauritz eine Limited-Edition-Kollektion von Stella McCartney, und an dem Morgen, als sie in die Läden kam, schien sich die ganze Welt vor den Türen der Geschäfte zu versammeln. Jede Frau mit einem Fünkchen Modeverstand meldete sich bei ihrer Arbeitsstelle krank und stand stundenlang auf der Straße Schlange für die Chance auf ein Schnäppchen, wie man es nur einmal im Leben machen kann. Bei dieser Gelegenheit wurde auch Juliet von der Hysterie ergriffen, und sie schleppte mich um halb zehn mit zum Covent Garden, als die dortige Filiale ihre Türen öffnete. Ich fand mich inmitten eines unschönen Hauens und Stechen wieder – Hunderte von Frauen (viele von ihnen alt genug, um es eigentlich besser zu wissen) rissen wahllos Hände voll Klamotten von den Kleiderstangen und stürmten damit zu den Kassen. Keine Markenkampagne hat die Macht, Konsumenten völlig gegen ihren Willen zu manipulieren, aber es gibt viele, die die Menschen dazu bringen können, ihre Arbeit sausen zu lassen, in der Kälte Schlange zu stehen, mit anderen Kunden zu rangeln und sich noch tiefer in Schulden zu stürzen, um neue Varianten von Dingen zu kaufen, die sie bereits besitzen.

Douglas Atkin, der Director of Strategy bei Mercedes war, erklärt in seinem Buch *The Culting of Brands*, wie Marken diese Art von Hysterie wecken können. Er vergleicht die Techniken mit denen, die von der Mun-Sekte praktiziert werden:

Selbst wenn ein Mensch nur ein leises Gefühl der Entfremdung von seiner Umwelt verspürt, sucht er oft nach einem Gemeinschaftsgefühl, am liebsten eine Gruppe von Leuten, die seine Andersartigkeit als eine Tugend betrachten. Marken bedienen sich dieser Tendenzen bei den Verbrauchern, sie fördern die Offenheit für und das Zugehörigkeitsgefühl zu ihrem Kult und dämonisieren gleichzeitig konkurrierende Gruppen. Sie müssen die Macht des Individuums mythologisieren, und sie treten mit jedem Mitglied über ein System des Glaubens in Verbindung.[22]

In den Neunzigerjahren entwickelte General Motors eine Strategie, die mit der Rückkehr alter Familienwerte operierte, wie sie vielleicht noch in Kirchen und Schulen anzutreffen waren. Mit anderen Worten: Amerika wartete geradezu auf eine fürsorgliche Autofirma. Und so wurde die Marke »Saturn« geschaffen. Die Markenidentität gründete auf einem gemeinschaftlichen Wertekodex. Die Besitzer eines Saturns wurden eingeladen, übers Wochenende den Geburtsort ihres Autos in Spring Hill, Tennessee, zu besuchen – dort konnten sie das Unternehmen, seine Angestellten und gleichgesinnte Autobesitzer kennenlernen. Bekannte Olympiasportler bis hin zu Rhythm-and-Blues-Sängern fungierten als Gastgeber dieser Wochenenden, die eine neue Lebensart feierten. Mitglieder der »Saturn-Familie« wurden durch die Fabrik geführt, der Disney-Konzern veranstaltete ein »Camp Saturn« für die Kinder, und ein Paar heiratete sogar dort, wobei der Präsident von Saturn als Trauzeuge fungierte. Saturn bot seinen Kunden einen ganzen Lebensstil, eine komplett fertige Identität – und mehr als 40 000 Autokäufer nahmen diese Einladung an.

Das ist es, was Kevin Roberts, der CEO von Saatchi & Saatchi, als »Loyalität, die das Rationale übersteigt« bezeichnet hat. Diese ganzen Markenhandbücher hinterfragen nie die mentale Gesundheit des Verbrauchers, wenn sie sich darüber auslassen, wie man am besten Wünsche entstehen lässt. Doch die Folgen dieser Manipulation können wir ständig in den Nachrichten lesen. Im Jahr 2001 blieb einer Frau in Chicago eine Gefängnisstrafe erspart, obwohl sie bei ihrem früheren Arbeitgeber 250 000 Dollar unterschlagen hatte. Ihre Verteidigung machte geltend, dass sie das Geld gebraucht hatte, um ihre Einkaufsorgien zu finanzieren – eine Art Selbstmedikation, mit der sie ihre Depressionen bekämpfte. Der Richter akzeptierte, dass sie das Unterschlagen von Firmengeldern nicht kontrollieren konnte, weil sie glaubte, dass das Einkaufen sie glücklich machen würde.[23]

− 74 Tag

Ich verbringe Stunden auf dem Airport, weil ich auf einen verspäteten Flug zu einem Job im Ausland warte. Mit seinen endlosen, von Luxusgeschäften gesäumten Gängen sieht Heathrow eher wie ein Einkaufszentrum der oberen Preiskategorie aus. Der Sitzbereich in der Abflughalle ist umringt von glänzenden Gucci-, Dior- und Burberry-Schildern. Tatsächlich können Reisende, die auf ihren Flieger warten, recht wenig tun − außer einkaufen. Ich stöbere pro forma durch die Läden, kann mich aber beherrschen, etwas zu kaufen − das Zeug würde ohnehin in ein paar Wochen verbrannt werden.

Es ist kein Wunder, dass sich an einem solchen Ort wie dem Flughafen die Luxusmarken versammeln. Reisen ins Ausland haben etwas Mondänes, weil wir der Monotonie unseres banalen Alltagslebens entfliehen und zwei Wochen lang sein können, wer wir sein wollen. Die prestigeträchtige Ware, die hier angeboten wird, lässt diese Fantasie noch realer erscheinen. Designerkugelschreiber, diamantbesetzte Manschettenknöpfe und Deluxe-Terminkalender gehören zur unverzichtbaren Ausstattung des weltläufigen Managers, Trendsetter-Bikinis und Visor-Caps erfreuen den Nobelurlauber. Wen kümmert es da schon, dass zu Hause die Gasrechnung, die Hypothek und die Überziehungszinsen abbezahlt werden müssen; ein überteuertes Designerhandtuch sorgt dafür, dass wir uns am Strand ein bisschen mehr wie ein Filmstar fühlen können.

Im Luxusgütermarkt wird dieser Tand als *Entry Point-Produkt* bezeichnet. Diese Erzeugnisse bieten eine Art Massenmarkt-Exklusivität, die einen hohen Preis hat, aber noch innerhalb der finanziellen Möglichkeiten des Durchschnittsverdieners liegt. Die 200-Pfund-Sonnenbrille ist eigentlich nur ein formgepresstes Stück Plastik. Die Parfums sind einfach Fläschchen mit duftendem Wasser. Uns ist klar, dass die Produkte überteuert sind, doch das führt lediglich dazu, dass die Dinge uns wertvoller erscheinen. Wer so viel Geld für etwas ausgibt, das offensichtlich so billig herzustellen ist, will die Werte dieser Marke für sich in Anspruch nehmen. Das Logo auf der Sonnenbrille ist der Beweis dafür, dass man diese Werte gekauft hat. Wenn wir es kaum erwarten können, das Urlaubsgeld endlich auszugeben, dann ist es kein Wunder, dass der Flughafen darauf besteht, uns mindestens zwei Stunden vor Abflug vor Ort zu haben; das gibt uns mehr Zeit zum Shoppen.

So wie die Horden von Urlaubern in dieser klaustrophobischen Umgebung zusammengepfercht sind, wären ein Platz zum Spielen und Toben und eine Kinderkrippe sicherlich von Nutzen. Ebenso könnten ein Internetcafé, ein Mini-Kino oder ein Leseraum dabei helfen, die Zeit zu vertreiben. Tatsächlich aber ist der einzige nicht konsumorientierte Bereich, den ich hier finden kann, ein schäbiger Andachtsraum, der hinter dem Luxus-Schreibwarenhändler Smythson versteckt ist. Doch diese Abflughalle unterscheidet sich gar nicht einmal so sehr von dem urbanen Umfeld, in dem die meisten von uns leben. Alle öffentlichen Räume in unseren Städten werden vom Konsum dominiert. Die gemütlichsten Stätten, an denen wir außerhalb unseres Heims die Zeit verbringen können, sind Einkaufszentren. Die einzigen Orte, an denen man frei umherstreifen kann – abgesehen von Straßen und Parks, die oft heruntergekommen sind und in denen der Aufenthalt mitunter nicht ungefährlich ist –, sind die des Konsums. Das Einkaufszentrum ist der Platz, zu dem wir gehen, um uns mit Freunden zu treffen, zu promenieren, uns unterhalten zu lassen, und in dem wir einen Schaufensterbummel unternehmen.

Nachdem ich drei Stunden lang Leute beobachtet habe, wird endlich das Boarding für meinen Flug aufgerufen. Doch damit ist die Verkaufsveranstaltung noch nicht zu Ende. Während des Fluges verbringen die Stewardessen mehr Zeit damit, ihre zollfreien Waren anzupreisen, als sich den Grundbedürfnissen der Passagiere zu widmen; sie wedeln mit goldenen Uhren durch die Gänge und verkünden über die Bordsprechanlage spezielle Rabatte für Toblerone. Zwischendurch versprühen sie irgendein neues Gucci-Parfum, was die ohnehin schon stickige Luft in der Kabine noch schlechter werden lässt. *Wenn Sie sich diese niedrigen Preise nicht entgehen lassen wollen, dann wenden Sie sich bitte an unser Flugpersonal, das alle Ihre Wünsche gern erfüllen wird. Wir wünschen Ihnen einen angenehmen Flug!*

– 71 Tage

Das markenfreie Leben nach dem Feuer wird, um es vorsichtig auszudrücken, eine ziemliche Herausforderung werden. Seit zwei Wochen suche ich schon im Internet nach einem Lieferanten für markenlose Zahnpasta. Eine Firma in Russland beliefert Hotelketten mit unbedruckten Zahnpastatuben, aber das Zeug sieht eher aus wie Hüttenkäse mit Pfefferminzgeschmack. Ich hatte gleich befürchtet, dass Körperpflegeartikel schwer zu ersetzen sein würden. Also entschließe ich mich, stattdessen ein paar Selfmade-Rezepte auszuprobieren; schließlich gab es auch vor Colgate schon Zahnpflege, oder?

Zahnpasta-Rezept für empfindliche Zähne
Pflanzliches Glyzerin, eine halbe Tasse
Porzellanerde (auch Kaolin genannt), eine halbe Tasse
Myrrhentinktur, 35–40 Tropfen (verhindert Zahnfleischentzündungen)
Pfefferminze oder grüne Minze oder Pudin Hara 7–8 Tropfen (frischer Atem)
7–8 Tropfen eines milden Betäubungsmittels (gegen Zahnschmerzen)

Alle Zutaten gründlich vermischen. Eventuell weiteres Glyzerin zugeben, um die richtige Konsistenz zu erreichen. In einer Flasche mit weitem Hals aufbewahren.

Das sollte Juliet eigentlich gefallen: Sie liebt ihre Kiste Biogemüse, die der Direktvermarkter jede Woche ins Haus bringt, und sie gibt manchmal ein Vermögen aus für teure chemiefreie Kosmetika von Aveda und anderen Herstellern. Kurz nachdem ich das Zahnpasta-Rezept entdeckt habe, kommt sie nach Hause, und ich erzähle ihr aufgeregt, dass wir auf selbst hergstellte organische Kosmetika umsteigen.

»Angesichts der Tatsache, dass du es hasst, zu kochen oder überhaupt irgendetwas in der Küche zu machen, kann ich mir nur schwer vorstellen, dass du deine eigene Zahnpasta anrühren willst, Neil. Treibst du es nicht ein bisschen zu weit?«

»Marke ist Marke. Die Colgate muss weg. Und überhaupt enthalten die meisten dieser Markenzahncremes Chemikalien und Zusatzstoffe, Saccharin und Natriumsulfat-Dingsbums. Im Grunde genommen das reine Gift.«

»Deine Colgate muss vielleicht weg, meine bleibt. Und überhaupt ist Colgate kein Statussymbol, keine Trendmarke. Warum machst du es dir so schwer?«

»Ganz so einfach ist es eben nicht.«

»In Ordnung, gut, es sind ja schließlich deine Zähne, die du aufs Spiel setzt.«

– 65 Tage

Ich humple zur Therapie, das völlige Fehlen eines Fußbetts in meinen markenlosen Billigturnschuhen hat meine Füße ziemlich mitgenommen.

»Warum glauben Sie, dass Sie so viele Marken sammeln, Neil?«, fragt Carol. »Haben Sie je das Gefühl, jetzt genug zu haben?«

»Es kommt mir wie eine Sucht vor. Oft zieht es mich auf dem Weg zu einem Meeting in ein Geschäft hinein; ich erwache wie aus einer Betäubung und stehe in einem Laden, inmitten von Dingen, die ich unbedingt haben muss. Ich habe das

Gefühl, dass ich mein Glückskonto aufstocke, wenn ich mir Dinge kaufe. Bloß hält das Glück nie lange vor.«

»Sie kompensieren Ihre Ängste, indem Sie viele Dinge horten, die Sie glücklich machen sollen. Doch Sie nehmen sich nie die Zeit zur Bestandsaufnahme Ihres Glücks. Das pausenlose Streben danach ist der sicherste Weg in eine Depression.«

»Wünschen wir uns nicht alle Glück? Okay, ich gebe zu, dass ich vielleicht an den falschen Stellen danach gesucht habe. Aber es ist doch ganz sicher nichts falsch daran, danach Ausschau zu halten?«

»Das Glück, nach dem Sie suchen, kann nicht von Dauer sein. Sie müssen sich damit abfinden, dass es für uns Menschen kein permanentes Glück gibt. In jedem Leben gibt es Höhen und Tiefen, doch es ist der Bereich in der Mitte dieser beiden Extreme, der unser tägliches Dasein beschreibt. Das Beste, was wir uns erhoffen können, ist, einen Zustand der Zufriedenheit zu erreichen. Sie verbringen zu viel Zeit damit, sich auf den Zuckerguss zu konzentrieren; vielleicht sollten Sie Ihre Aufmerksamkeit ein wenig mehr dem Großteil des Kuchens zuwenden.«

– 62 Tage

Nachdem ich in meinem Blog über meine Fußprobleme gejammert habe, hat ein anonymer Leser Mitleid und schickt mir ein Paar gepolsterter Einlegesohlen ins Büro. Ich wünschte nur, er oder sie hätte auch eine Tube Zahnpasta beigelegt. Mein selbstgemachter Versuch ist so grobkörnig, dass mein Zahnfleisch wehtut, und außerdem habe ich den Eindruck, dass meine Zähne nicht mehr so weiß sind wie vorher.

Vielleicht war es ziemlich naiv zu erwarten, dass die Märkte hier in der Umgebung anständige Alternativen zu den Boutiquen bieten würden. Heute habe ich drei Märkte in der Londoner Innenstadt abgeklappert – Leather Lane, Chapel Market und Strutton Ground –, und keiner davon taugte besonders viel. Die Lebensmittelstände mögen eine Alternative zum Supermarkt bieten, allerdings lassen die einheitlich geformten Äpfel und die leuchtend roten Tomaten den Verdacht entstehen, dass all diese Erzeugnisse gentechnisch optimiert wurden. Als ich einen Standbesitzer fragte, wo seine Äpfel herkommen, zuckte er nur mit den Schultern und sagte: »Aus dem Lager.« Das ist nicht ganz das gleiche Einkaufserlebnis wie bei Selfridges oder selbst bei Tesco.

Auf den Märkten kann man jede Menge Kleidung kaufen, aber es sind keineswegs die markenlosen einfachen Qualitätsartikel, wie ich es mir vorgestellt hatte. Bei dem meisten, was hier verkauft wird, handelt es sich um a) echte Markenware, die irgendwo von einem Lastwagen gefallen ist, b) gefälschte Markenprodukte, die in irgendwelchen Sweatshops mit einem schlechten Auge für Details gefertigt wurden (Boxershorts von »Kalvon Cline«, Taschen von »Louise Vittone«), oder c) markenfreie Kleidungsstücke, die aus fadenscheinigem, nicht atmungsaktivem und kratzigem Viskose- oder Polyesterstoff bestehen. Kein Wunder, dass diese Märkte aussterben. Meine Jäger- und Sammlerinstinkte bleiben unbefriedigt, meine Beute beläuft sich auf gerade einmal vier Unterhemden, einen Brokkoli und einen organischen Deostein von einem Stand für Bioprodukte.

– 54 Tage

Die einfachen Plastiktüten, die ich im Tante-Emma-Laden an der Ecke erhalte, scheinen das perfekte Anti-Marken-Statement zu sein, und ich verabschiede mich endgültig von meinem North-Face-Rucksack. Doch die Tüten sind extrem dünn und neigen dazu, in den ungünstigsten Momenten zu reißen. Als ich zu meiner Therapiestunde erscheine, stelle ich fest, dass die Tasche ein Loch hat und dass irgendwo in der U-Bahn mein Diktafon und mein Notizblock herumliegen müssen. Am stabilsten waren immer die Tragetaschen von John Lewis. Ich vermisse sie. »Vielleicht sollten Sie das mit dem Leben ohne Marken etwas langsamer angehen lassen, Neil«, schlägt Carol vor. »Gehen Sie einen Schritt nach dem anderen.«

– 51 Tage

Je mehr ich darüber nachdenke, umso klarer wird mir, dass Marken mir dabei helfen, ein anderes Selbstgefühl zu bekommen. Für ein Meeting, bei dem ich Eindruck machen will, würde ich völlig andere Labels tragen als auf einer Party oder bei einem Besuch bei Juliets Eltern. Die meisten Menschen tragen zu unterschiedlichen Anlässen unterschiedliche Kleidung. In jeder der drei genannten Situationen könnte ich ein Poloshirt des gleichen Zuschnitts und der gleichen Farbe tragen – und doch wäre ich mit einem jeweils anderen Logo auf der Brust jedes Mal eine andere Person. Ich frage mich, ob Jean René Lacoste, als er das Krokodilmotiv auf seiner Tenniskleidung einführte, sich vorstellen konnte, dass die Lebenseinstellung eines Menschen durch ein paar Quadratzentimeter Stickwerk und grafisches Design auf den Punkt gebracht werden kann?

LACOSTE

Markenbotschaft: Glamour in Sport und Freizeit; europäische Herkunft

Soziale Bedeutung: Verbeugung der über Dreißigjährigen vor der Blütezeit des britischen Fußball-Rowdytums

Klischee: nordenglischer »Scally« – grob und ungehobelt; Trendsetter aus dem Süden; kontinentaleuropäischer »Cheese Ball« – jemand, der retro ist, ohne es zu wissen

RALPH LAUREN

Markenbotschaft: amerikanische Herkunft, Hochhalten der Tradition, klar umrissener Lebensstil

Soziale Bedeutung: Aufstiegshoffnung oder Behauptung einer Zugehörigkeit zur High Society

Klischee: amerikanischer »Jock« – Sportskanone mit begrenzten intellektuellen Fähigkeiten; englischer »Chav« – eben ein Prolet; ironische Anspielung darauf

BURBERRY

Markenbotschaft: englische Herkunft; Jagd und andere Freizeitbeschäftigungen der Oberschicht

Soziale Bedeutung: wie Ralph Lauren, mit einem schalen Beigeschmack von *Cool Britannia*

Klischee: Hooligan aus den Sozialsiedlungen; Fußballerfrau; Golfer im mittleren Alter

YSL

Markenbotschaft: klassischer europäischer Glamour

Soziale Bedeutung: Verehrung der altmodischen Werte wie Schönheit und gesellschaftlicher Glanz

Klischee: reiche Großmütter; Arbeiterklasse-Eltern, die reich sein wollen

NIKE

Markenbotschaft: körperliche Höchstleistung quer durch alle Kulturen

Soziale Bedeutung: Glaube an Sport und Freizeit als (amerikanischer) Way of Life
Klischee: Möchtegern-Gangsta; Teenager mit Kapuzenpullis; Fitness-Junkies

ADIDAS
Markenbotschaft: siehe Nike
Soziale Bedeutung: siehe Nike, allerdings eher weiß und europäisch
Klischee: Sportenthusiast; Einsteiger-Modefan

FRED PERRY
Markenbotschaft: englische Sporttradition, aber modernisiert
Soziale Bedeutung: nicht cool genug, um Lacoste zu tragen
Klischee: alternder Mod; verkrampfter Versuch, in zu sein

CALVIN KLEIN
Markenbotschaft: der Geist des amerikanischen Erfolgs der Neunzigerjahre
Soziale Bedeutung: Mode für Leute, die nichts von Mode verstehen
Klischee: uneinheitlich, aber in erster Linie unmodisch

DIESEL
Markenbotschaft: die Extravaganz der Jugend
Soziale Bedeutung: nicht ganz so extravagant wie versprochen
Klischee: »Eurokitsch«-Teenager; Mütter, die wieder jung sein wollen

HACKETT
Markenbotschaft: typische »John Bull«-Angelsachsen
Soziale Bedeutung: mehr oder weniger offene Fremdenfeindlichkeit und Klassenbewusstsein
Klischee: Komasäufer aus der Unter- und Oberschicht

HUGO BOSS

Markenbotschaft: europäisches Statussymbol der Achtziger-jahre

Soziale Bedeutung: schreckliche Erinnerung an die schlimmsten Entgleisungen der Achtzigerjahre

Klischee: Vorstandshengste; Leute, die Marken zwiespältig gegenüberstehen und nach dem Preis kaufen

Spiegelt nun die Marke ihren Träger oder der Träger die Marke? Carol erinnert mich immer wieder daran, dass zu meinem Markenentzug auch gehören muss, andere Menschen nicht mehr auf den ersten Blick nach den Labels zu beurteilen, die sie tragen. Ich glaube, das könnte am schwersten werden.

– 48 Tage

Die englische Soziologin Rachel Bowlby beschreibt den Schaufensterbummel als »das grundlegende psychische Drama des 20. Jahrhunderts, es fängt mit dem Stöbern an und endet mit dem Kauf«.[24] Ein solcher Bummel weckt unseren Hunger auf ein erfüllenderes und dynamischeres Leben; durch das Betrachten der Produkte schaffen wir neue Bedürfnisse, die das nächste Mal, wenn wir einen Konsumgegenstand kaufen, befriedigt werden müssen. Ich kann für mich selbst sagen, dass ich unglaublich viel Zeit in Geschäften, besonders in Kaufhäusern, verbrachte, um etwas, irgendetwas zu finden, das mein Selbstwertgefühl steigern würde. Während ich durch den wohlgeordneten Luxus der Boutiquen streifte, spielte ich in meinem Kopf Besitzfantasien durch. Sah ich einen Mantel in der Auslage, dann fragte ich eine Verkäuferin, ob ich ihn mir »ansehen« könnte. Ich stand vor dem Spiegel, trug das Ding zum ersten Mal und stellte mir vor, welcher Anzug dazu passen würde, in welchen gesellschaftlichen Situationen er angemessen wäre und welchen Eindruck ich auf andere machen würde, wenn ich

144

ihn anhatte. Da jedoch ein Schaufensterbummel etwas völlig anderes ist als richtiges Shoppen, vertagte ich in solchen Fällen den Kauf auf ein anderes Mal. Es ist nicht das Besitzen selber oder das Tragen des Mantels, das mich erregt, sondern die Vorfreude auf das Besitzen, eine gefühlslastige Angelegenheit, die wenig mit Notwendigkeit zu tun hat. Sie beruht ausschließlich auf Verlangen und Fantasie.

»Professionelle« Schaufensterbummler besuchen gern Konsumtempel wie Selfridges, in denen man Stunden damit zubringen kann, die opulenten Bestände zu durchstöbern, Pausen in den Bars und Restaurants einzulegen, sich eine halbstündige Rückenmassage oder Gesichtsmaske zu gönnen; es ist ein regelrechter Tagesausflug. Vor der Industriellen Revolution sah das durchschnittliche Einkaufserlebnis etwas anders aus. Im Kaufladen, der von den örtlichen Herstellern beliefert wurde, bediente der Besitzer die Kunden. Die Waren wurden normalerweise hinter der Theke in Schachteln und Schränken aufbewahrt, und der Käufer ließ sich die Sachen zeigen, bevor er sie erwarb. Das Wichtigste aber war, dass Kunden das Geschäft nur aus Notwendigkeit besuchten, wenn sie ihre Vorräte erneuern mussten. Moderne Kaufhäuser sorgen dafür, dass der Lärm und das Gedränge der Außenwelt draußen bleiben. In ihnen herrscht Ordnung. Als öffentliche Räume bieten sie ein Gemeinschaftsgefühl: Geschäft, Stadthalle und Klubraum, alles unter einem Dach. Einkaufen ist heute eine Freizeitbeschäftigung und als gesunde und moralische Aktivität anerkannt. Ein völlig normaler Teil des modernen Lebens.

Es steht außer Zweifel, dass Shopping, besonders wenn es um nutzlose Dinge geht, enorm viel Spaß macht. Auf meinem Nachhauseweg von der Bibliothek gehe ich in ein Schuhgeschäft und sehe zu, wie sich die Freude im Gesicht der Kundinnen ausbreitet, während sie neue Schuhe anprobieren und für sich selbst im Spiegel posieren. Schick gestylte Verkäuferinnen schweben durch die Gänge, stets mit einem Ausdruck leichter Missbilligung im Gesicht, der sich im Moment des Kaufes in Anerkennung verwandelt. Technisch klingende Tanzmusik pulsiert aus den Lautsprechern. Die Innenausstattung und das helle Licht blenden die Augen. Alles zusammen verbindet sich zu einer Art übersteigerter Realität, die die Sinne bestürmt – wie ein schicker Nachtklub, der seine strengen Bekleidungsvorschriften für einen Moment gelockert hat, um dich, den gewöhnlichen Sterblichen, einzulassen, allerdings nur, wenn du versprichst, dich beim nächsten Mal mehr anzustrengen. Kein Wunder, dass die Menschen es lieben einzukaufen. Wo sonst kann man einen Blick auf eine glamourösere und liebenswertere Version seiner selbst erhaschen?

– 47 Tage

Vielleicht können Läden mit ausgesonderter Armeebekleidung mein Projekt noch vor dem totalen Kollaps retten. Dort finde ich Straßen- und Laufschuhe, die wichtigsten Kleidungsstücke sowie Sportklamotten, alles labellos, stabil und für einen Bruchteil des Preises von Markenartikeln. Marinemantel von Ralph Lauren? 475 Pfund. Ausgesonderter Marinemantel aus Armeebeständen? 50 Pfund für Sie, mein Herr. Neue Ideen sind in der Welt der Mode so rar, dass Army-Style immer geht. Den Streitkräften Ihrer Majestät sei Lob und Dank. Mit neuem Enthusiasmus verbringe ich den Rest des Tages, indem ich einen Streifzug durch Londons Wohlfahrtsläden unternehme, in denen ich wesentlich mehr Glück habe als auf den Märkten. Ich erstehe ein Paar undefinierbare Jeans, mehrere T-Shirts und eine Jacke, die mit ein paar Änderungen, einer gründlichen 60-Grad-Wäsche und einer Behandlung mit dem Remington Fusselrasierer perfekte Ergänzungen meiner neuen Garderobe sein werden. So wie ich einst in ein Selfridges-Kaufhaus ging, um mich in einen freundlichen weltläufigen Jet-Setter zu verwandeln, schlendere ich nun mit den Ambitionen eines autodidaktischen Stylisten und Schneiders von einem Oxfam-Laden zum nächsten. Ich bin eindeutig weder das eine noch das andere.

Die belgische Brauerei Stella Artois hat verkündet, dass ihr Fassbier ab sofort in verzierten Kelchen ausgeschenkt werden soll. Das recht feminin wirkende Glas wird in Marketingkreisen als Versuch gewertet, die Quartalssäufer davon abzuhalten, das Bier zu trinken.

Das sieht nach einem kommerziellen Selbstmord der Marke aus, deren Kernmarkt in England die Bevölkerungssegmente C2 und D umfasst (das ist eine höfliche Umschreibung für ungelernte Hilfsarbeiter aus der Unterschicht). Es ist ein klassischer Fall von *Brand Hijacking*: Die »falsche« Gruppe von Konsumenten nutzt ein Produkt, was den wahrgenommenen Wert der Marke sinken lässt.

Die Marketingstrategie von Stella Artois basiert schon seit Jahren darauf, die Qualität des Produkts zu betonen, mit dem berühmten Slogan, das Bier sei »beruhigend teuer« *(»reassuringly expensive«)*. Man wirbt mit liebevoll gedrehten Mini-Filmen, die zeigen, was gewöhnliche Leute alles auf sich zu nehmen bereit sind, um das magische Bier zu trinken. Die Spots laufen vor allem in Kinos, weil Cineasten als sozial recht mobil gelten. In der Realität jedoch wird das Bier allgemein *wife beater* (Frauenprügler) genannt, weil es eins der billigsten und gleichzeitig eins der stärksten Lagerbiere auf dem Markt ist, was es besonders beliebt macht bei Leuten, die nach dem Preis kaufen und nicht nach der Qualität (auch bekannt als »krakeelende Arme«).

Burberry nahm vor einiger Zeit seine karierten Baseballmützen vom Markt, um zu verhindern, dass die Marke weiterhin in den Sozialbausiedlungen des Landes getragen wird. So viel zum Thema klassenlose Gesellschaft.

Ich sitze vor einem Café und sehe zwei Frauen mit der exakt
gleichen Louis-Vuitton-Handtasche am Arm auf der Straße
aneinander vorbeigehen. Die eine Frau dürfte Ende vierzig
sein, sie trägt ein teuer aussehendes Businesskostüm, dazu Per-
lenhalskette. Sie arbeitet zweifellos irgendwo in einem Büro.
Die andere Frau ist Anfang zwanzig und steckt in einem aus-
gebeulten Nike-Trainingsanzug, vor sich her schiebt sie einen
ziemlich wackligen Kinderwagen inklusive schreiendem Kind.
Beide Taschen sehen echt aus, doch angesichts der restlichen
Aufmachung der jungen Mutter kann ihre ebenso gut eine billige Kopie sein, die sie auf einem Markt erworben hat. Für einen Sekundenbruchteil treffen sich die Blicke der zwei Frauen
– und sie scheinen ihren gleichen Handtaschengeschmack zu
registrieren.

Beide besitzen diese Tasche, weil sie ihnen gefällt, doch ich
vermute, dass die Motivation für diesen Kauf tiefere Gründe
hat als schlichte Ästhetik. Die Geschäftsfrau scheint erfolgreich
zu sein, zumindest materiell und beruflich, und sie trägt die
Marke, um ihren sozialen Status und ihren guten Geschmack
zu unterstreichen. Die junge Mutter, die offenbar weiter unten
auf der sozialen Leiter lebt, hat sich für Vuitton entschieden,
weil sie damit zum Ausdruck bringen kann, wie sie gern wäre –
elegant, glamourös, kultiviert.

Hier haben wir ein Beispiel für Veblens Gesetz des Geltungskonsums: Die unteren Schichten kopieren den Lebensstil der
höheren Klassen. Die Businessfrau wird sich, wenn sie zu viele
junge Mütter aus der Arbeiterklasse sieht, die die gleiche Hand-
tasche herumtragen wie sie, zweifellos eine neue kaufen. Und
so geht der Zyklus der Mode weiter. Einige Gesellschaftstheoretiker behaupten, dass Markenkonsum soziale Mobilität schafft,
dass Einsteiger-Statussymbole ihrem Besitzer einen Schritt
nach oben auf der gesellschaftlichen Leiter ermöglichen. Ein
Arbeiter, der sich auf Raten einen Apple-Computer kauft, kann
in einem Online-Forum mit einer Person aus der Oberschicht

chatten, die das gleiche Gerät mit Geld aus ihrem Treuhand-vermögen gekauft hat. Wie der Computer bezahlt wurde, ist irrelevant: Beide sind vereint durch die Werte der Marke.

Mir erscheint es allerdings ziemlich unwahrscheinlich, dass meine beiden Taschendamen freiwillig Zeit miteinander ver-bringen würden, vereint allein durch ihre französische Desig-nertasche. Ich kann mir nicht vorstellen, dass die Geschäftsfrau auf eine Tasse Tee in die Sozialwohnung der jungen Mutter kommen würde. Die Annahme, dass wir uns mit Markenarti-keln jede gewünschte Identität kaufen können, ist falsch. Die Frau aus der Arbeiterklasse, die sich ihren Designertraum kauft, *fühlt* sich vielleicht wie eine Million Dollar, wenn sie die Hand-tasche am Arm hängen hat. Aber sie *hat* keine Million Dollar. Und sie ist in der Gesellschaft der Leute, die eine Million Dol-lar haben, nicht willkommen.

Ich selbst bin in der Vergangenheit unzählige Male auf die-sen Trick hereingefallen. Ich erinnere mich, dass ich mir ziem-lich blöd vorkam, als ich bei Gucci in der Schlange stand, um einen Schlüsselanhänger für 50 Pfund zu kaufen (mehr konnte ich mir nicht leisten), während das Pärchen vor mir so ganz ne-benbei mehrere Tausend Pfund für Schuhe ausgab. Soziale Auf-steiger wie ich sind für die Oberschicht ein Witz. Arbeiterfamil-ien, die ihre Sprösslinge auf Namen wie Chanel taufen, werden besonders gern bespöttelt.

Der schon fast zu Tode zitierte Oscar Wilde hat einmal ge-stichelt, dass wir uns alle in der Gosse befinden, dass aber ei-nige von uns Sterne betrachten. In Wirklichkeit betrachten wir eine gigantische Kreditkarten-Abrechnung und einen Haufen gebrochener Versprechungen. Wir bezahlen dafür, von den Hö-hergestellten akzeptiert zu werden. Wir suchen Einzigartigkeit in Massenproduktionsgütern. Das ist nicht soziale Mobilität, das ist das Marken-Märchenland.

In der *Mail on Sunday* erscheint ein Artikel des allseits verehrten *GQ*-Herausgebers und Stilkolumnisten Dylan Jones, den ich als wunderbar verrückte Lektüre empfehlen kann:

Es ist heutzutage für jedermann leicht, sich in die Welt des Stils einzukaufen, dass es für die Vorreiter neuer Modetrends von Jahr zu Jahr schwieriger wird, einen Schritt voraus zu bleiben ... Sind Sie es nicht langsam müde, sich beständig darum sorgen zu müssen, ob Ihr Anzug noch »in« ist, Ihre Leopardenfellstiefel mit Kubaabsatz noch nicht »out« sind (sie sind es, nebenbei gesagt)? ... Ich habe einen Vorschlag: Wie wäre es, wenn wir alle große Schilder auf der Außenseite unserer Bekleidung hätten, die jedem mitteilen, wie viel das Zeug gekostet hat? So könnte ich während eines Businessmeetings meine Jacke so ausziehen, dass jeder im Raum das Etikett an meinem Ärmel sieht – »340« würde darauf stehen, klar und deutlich. So könnte ich auch in ein Restaurant mit einem Mantel gehen, auf dem quer über dem Rücken »2400« zu lesen ist, an meinen Schuhen könnte ein Schild mit »300« angebracht sein. Taktlos? Vielleicht. Ungehobelt? Wahrscheinlich. *Nouveau riche?* Es ist der einzige Weg, Baby.[25]

Diese Art von Statusangst kenne ich nur zu gut, auch wenn ich nie den Drang verspürte, Preisetiketten auf meine Kleidung zu nähen – aber zumindest sagt Jones offen und ehrlich, worum es geht. Ich stelle mir mein neues Leben ohne diese ständigen Ängste vor, und ich empfinde eine große Erleichterung.

Es ist erstaunlich, wie stark Werbung mein Leben durchdringt. Doch da sie Teil der urbanen Welt ist, kommt es einem normal vor, tagein, tagaus von Plakaten oder Werbefernsehen umgeben zu sein. Kaum jemand scheint diese Normalität anzuzweifeln, sodass ich mich oft frage, ob meine zunehmende Abneigung gegen Anzeigen ein Symptom für eine beginnende Paranoia ist. Doch die Fakten, die ich in der Bibliothek finde, lügen nicht.

Durchschnittliche Anzahl von Werbebotschaften, der wir pro Tag ausgesetzt sind: 3000[26]
Durchschnittliche Anzahl von Werbebotschaften, denen man in fünfundsechzig Lebensjahren ausgesetzt ist: zwei Millionen[27]
Gezählte Menge von Plakaten, die an Amerikas Straßen stehen: 500 000[28]
Durchschnittliche Anzahl von Markennamen, die ein Zehnjähriger im Kopf hat: 400[29]
Weltweite Ausgaben für Werbung im Jahr 2006: 427 Milliarden Dollar[30]

Der amerikanische Gesellschaftstheoretiker Christopher Lasch bezeichnete Werbung als einen Spiegel, in den zu schauen wir gezwungen sind, um uns darin mit den erfolgreicheren Lebensalternativen zu vergleichen: »Alle von uns, Schauspieler ebenso wie Zuschauer, sind von Spiegeln umgeben. In ihnen suchen wir nach einer Bestätigung unserer Fähigkeit, andere in unseren Bann zu schlagen und zu beeindrucken, und wir suchen ängstlich nach einem Makel, der von der Erscheinung, die wir ausstrahlen möchten, ablenken könnte.«[31] Der Trick der Werbung besteht darin, dem Verbraucher einen Blick auf ein neues Ich zu gewähren, das gerade außerhalb seiner Reichweite liegt, und ihn zu ermutigen, sich zu strecken, gerade ein bisschen über seine Möglichkeiten hinaus. Letzten Endes schafft unser wirkliches Ich es nie, unser Wunsch-Ich einzuholen, weil wir so gnadenlos mit Idealen konfrontiert werden, die unmöglich zu erreichen sind.

Wenn man Gerüchten glauben darf, die im Internet kursieren, dann werden bald riesige Spiegel vom Weltall aus auf uns herabblicken, denn die US-Regierung überlegt sich, eine Werbeplattform mit einer Meile Durchmesser in eine erdnahe Umlaufbahn zu schießen. Doch Werbung im Weltraum ist gar kein völlig neues Phänomen. Pizza Hut, eine Fastfood-Kette, platzierte im Jahr 2001 ihr Logo auf einer Rakete, die Bauteile zur internationalen Raumstation ISS transportierte. Kodak ließ eine Werbetafel an ebendieser Station anbringen.

– 37 Tage

»Wenn wir den Mechanismus und die Motive des Gruppendenkens verstehen, dann können wir die Massen nach unserem Willen und ohne ihr Wissen kontrollieren und reglementieren.«[32] Edward Bernays schrieb diesen Satz im Jahr 1928. Die Techniken von Werbung und Marketing sind seitdem um ein Vielfaches weiterentwickelt worden.

– 36 Tage

Die Samstagnachmittage sind die Hölle. Ohne das Shopping fühle ich mich nervös, zappelig und überflüssig, wie jemand, der von der Armee ins Zivilleben zurückkehrt – nur ist das Schlachtfeld, nach dem ich mich sehne, das Einkaufszentrum. Es gibt nur eine begrenzte Anzahl von Kunstgalerien, die man besuchen kann. Nur eine begrenzte Anzahl von Routen für Spaziergänge. Zeig mir, wo das Leben pulsiert, zeig mir etwas, das meinen Blick auf sich zieht, das meinen Puls beschleunigt, mich mit Begierde erfüllt und meine Brieftasche vergessen lässt. Ich will es, jetzt.

Ways of Seeing wird zu meiner Bibel. Dieses Buch von John Berger ist das einzige, das mir bei meinem Markenentzug hilft. Bald werde ich in der Lage sein, Passagen aus diesem Buch zu zitieren wie ein Puritaner.

Glamour ist das Glück, beneidet zu werden. Beneidet zu werden ist eine einsame Form der Selbstvergewisserung. Sie hängt davon ab, die eigene Erfahrung *nicht* mit denen zu teilen, die dich beneiden. Man betrachtet dich mit Interesse, aber du selbst zeigst kein Interesse – wenn du es tust, dann wirst du weniger beneidenswert … Die Macht glamouröser Menschen liegt in dem Glück, das man bei ihnen vermutet, so wie die Macht des Bürokraten in der Autorität liegt, die er zu haben scheint. Das erklärt auch den abwesenden, unfokussierten Blick, den man auf so vielen Glamourfotos sehen kann: Die Menschen, die darauf zu sehen sind, sind jenseits von Neid.

– 27 Tage

Ich gehe die Bond Street entlang. Es ist eine meiner letzten Gelegenheiten, einen Schaufensterbummel ohne schlechtes Gewissen zu absolvieren. Ein nagelneuer Bentley, ein verchromtes Ungeheuer von der Größe eines Panzers, kommt quietschend neben mir am Straßenrand zum Stehen. Ein geschmackvoll gekleideter Mann entsteigt der Fahrertür, um die vierzig, gegeltes Haar, dunkle Sonnenbräune und Maßanzug. Er schreitet um das Auto herum und öffnet die Beifahrertür, aus der zwei elegant beschuhte Füße und ellenlange Beine sichtbar werden, gefolgt von der möglicherweise schönsten Frau, die ich je gesehen habe – perfekt frisierte Haare, hier und da blitzt dezenter Diamantschmuck auf. Der Herr nimmt ihre Hand, gemeinsam eilen sie in den Louis-Vuitton-Laden. Ich dagegen bleibe stehen und schaue ihnen andächtig hinterher.

Ein Teil von mir will dieser Typ sein. Ein Teil von mir denkt, ich *sollte* dieser Typ sein. Ich erinnere mich genau, dass der Direktor unseres Gymnasiums sagte, ich hätte die Fähigkeit, dieser Typ zu sein. Wenn ich nur hart genug arbeiten würde, dann könne ich jedes Ziel erreichen, das ich mir vorgenommen habe. Nun habe ich tatsächlich hart gearbeitet, seit ich die Schule verlassen habe, härter, als ich eigentlich wollte, und doch bin ich nicht der smarte Bursche, der diesen Bentley fährt. Irgendwie hatte ich erwartet, dass der Reichtum zu mir kommen würde, ebenso wie manche Leute still erhoffen, dass es für sie einen Weg gibt, ewig zu leben. Natürlich weiß ich, dass das Auto, der Maßanzug und die schmückende Frau keine Garantie für ein glückliches und erfülltes Leben sind, aber ich hätte sie trotzdem gern, nur für alle Fälle.

Später in der Therapie gestehe ich Carol, dass ich oft an einem Gefühl der Enttäuschung leide: Enttäuschung, dass die Welt mir nicht diese Art von »Erfolg« gewährt, auch Enttäuschung über mich selbst, weil ich solch oberflächliche Ziele habe. Schließlich ist mein Schicksal, verglichen mit dem der meisten Menschen auf der Welt, durchaus annehmbar.

»Haben Sie schon aufgehört, Markenartikel zu kaufen?«, fragt Carol.

»Fast. Einzig bei Nahrungsmitteln und Kosmetika bin ich noch nicht davon los. Aber es ist sinnlos, teure Klamotten zu kaufen, wenn sie in einem Monat verbrannt werden. Ich ziehe aber immer noch los und schaue mich um. Ich vermisse das Shopping sehr. Es bietet mir Visionen der Person, die ich gern wäre.«

»Aber Sie reden von hohlen und oberflächlichen Werten. Wer ist dieser Mensch, der Sie gern wären? Das müssen wir herausfinden. Ich gehe nicht davon aus, dass Sie *wirklich* diese Person sein wollen, die an Marken glaubt.«

»Darum bin ich ja so wütend und so desillusioniert. Ich bekam diese materialistischen Werte eingetrichtert, seit ich ganz

154

klein bin, und es ist verdammt schwer, mich ständig zu vergewissern, dass sie falsch sind.«

»Sie wurden einer Gehirnwäsche unterzogen, damit Sie etwas für bare Münze nehmen, von dem ein Teil von Ihnen weiß, dass es nicht notwendigerweise stimmt. Gehirnwäsche ist ein starkes Wort, aber ich glaube tatsächlich, dass wir alle das in einem gewissen Maße erleben. Ich denke, dass Sie eine Menge anderes zu bieten haben, aber Sie müssen sich erst selbst davon überzeugen. Sie müssen lernen, sich selbst zu lieben.«

– 24 Tage

Das Internet zeigt Wirkung – mein Blog erscheint jetzt auf allen möglichen Webseiten (werbefreundliche wie konsumkritische sind darunter), auch in Blogs, in denen über die anderer Menschen berichtet wird. Die Nachricht von meinem Projekt kursiert inzwischen ebenso in der kleinen Welt der Londoner Medien-Community. Als ich eine Werbeagentur besuche, um bei einer Anzeigenkampagne für Ray-Ban-Sonnenbrillen beratend tätig zu sein, fragt mich einer der Manager unvermittelt, ob ich das Kichererbsenpüree, das von Tesco vertrieben wird, für eine Marke halte. Ein lang vergessener Schulfreund kontaktiert mich, um festzustellen, ob ich der Neil Boorman bin, der vorhat, all seine Sachen zu verbrennen. Als ich dies bejahe, reagiert er wie die meisten anderen Leute, nämlich ungläubig: »Ausgerechnet du!« Ich bin jetzt »der Kerl, der seine ganzen Sachen verbrennen will«.

Ich fange damit an, alte Klamotten-Favoriten aus den hintersten Ecken des Kleiderschranks hervorzuziehen und sie ein letztes Mal zu tragen – eine klägliche Abschiedsgeste. Ebenso versuche ich, bewusst Markennahrungsmittel zu genießen, die ich vielleicht nie wieder schmecken, Geschäfte zu betreten, in die ich vermutlich keinen Fuß mehr setzen werde. Heute nahm ich mir einen Adidas-Laden vor, meine Füße steckten in guten alten Stan-Smith-Turnschuhen, in meinen Mund stopfte ich Pringles Chips. Abends schaute ich bei Freunden Fernsehen, eine McDonald's-Werbung veranlasste mich dazu, mich früh zu verabschieden und einen letzten Abstecher in einen Fastfood-Tempel zu machen, obwohl ich als Teilzeitvegetarier seit fast fünf Jahren kein Burger-Restaurant mehr von innen gesehen habe. Egal, ich muss alle verfügbaren Dinge noch einmal kosten, bevor sie zu verbotenen Früchten werden. Meine Gastgeber schauten etwas irritiert, als ich zur Tür eilte und etwas von »100 Prozent reinem Rindfleisch in einem Sesambrötchen« murmelte.

Eine halbe Stunde später mampfe ich mich durch einen Viertelpfünder. Das »Restaurant« ist voll betrunkener Männer in Anzügen, die geschickt mit ihren wabbligen Big Macs hantieren, während sie gegen den Drang ankämpfen, sich zu übergeben. Mehrere ungepflegte schwarze Putzfrauen stärken sich ebenfalls damit, bevor sie irgendwo in den umliegenden Bürogebäuden mit ihrer Nachtschicht beginnen. Die hellen Lichter werden von rot und gelb gefliesten Wänden reflektiert, eine Fettschicht überzieht meinen Gaumen. In diesem Moment sind sie wieder präsent, die Samstagabende meiner Jugend. Meine McDonald's-Filiale war in Bexleyheath, der einzige Ort in Südlondon, zu dem Jugendliche hingehen konnten, nachdem die Einkaufszentren und die Parks abends geschlossen worden waren. An einem bestimmten Tisch in einer Nische habe ich mit zwei Freundinnen Schluss gemacht und für meine GCSE-Prüfung gelernt. Zu meinen glücklichsten Kindheitserinnerungen gehören die Samstagnachmittage, an denen ich mit meinen Eltern dort war und einen einfachen Hamburger und eine kleine Portion Pommes aß (»Mein Sohn, eines Tages wirst du groß genug sein, einen Big Mac zu essen!«). Meinen zehnten Geburtstag feierte ich bei McDonald's – ich bekam die Fritteusen, den Kühlschrank und alles andere gezeigt. Mir wird klar, dass multinationale Marken wie diese zu den Erinnerungsbausteinen in meinem Leben gehören.

Doch keine Nostalgie ist dazu in der Lage, den schauderhaften Nachgeschmack von erkaltetem Fett und künstlichen Aromastoffen in meinem Mund zu verdrängen. Dieses Erlebnis werde ich in meinem neuen Dasein ganz sicher nicht vermissen. Ich gehe durch die Tür von McDonald's und hoffe, dass niemand beobachtet, wie ich diesen Ort verlasse – nicht wegen irgendwelcher Statusängste, sondern aufgrund einer Paranoia, die sich seit einiger Zeit zunehmend in meinen Gedanken breit macht. 99,9 Prozent meiner Mitmenschen haben keine Ahnung von meinem Projekt oder auch keinerlei Interesse daran – und doch werde ich immer häufiger nervös, wenn ich in der Nähe dieser großen Marken bin, aus Angst, dass mich jemand erwischt.

– 22 Tage

Ich stolpere zufällig über eine Studie, die zu beweisen scheint, dass ich durchaus nicht als Einziger von Marken besessen bin.[33] Junge Leute sind in der Lage, die Labels anderer mit unglaublicher Präzision zu »lesen«. Vierzig Menschen wurden in Liverpool gebeten, eine Auswahl der Gegenstände zu fotografieren, die am besten ihre Persönlichkeit widerspiegeln würden. Wie in der Studie nachzulesen ist, »wählten Teenager nicht nur eine größere Anzahl von Markenprodukten aus, als es etwa Erwachsene taten, sie konnten sich auch besser ausdrücken, wussten mehr und waren engagierter, wenn sie über Marken redeten«. Teenager nutzen die Symbolik ihrer Lieblingsmarken, um ihre eigene Identität zu konstruieren; die gleichen Marken zu verwenden wie Leute in ihrer Peergroup gibt ihnen ein Gefühl der Zugehörigkeit. Besonders Handys sind ein wichtiges Zeichen der Akzeptanz in sozialen Gruppen, jede hat ihre eigenen Coverfarben, Klingeltöne und aufgeklebten Schmuck, um ihre Individualität zu demonstrieren.

Gehöre ich zu einer Generation, die wie noch keine vor ihr Marken ausgesetzt ist, oder bin ich einfach in meinem Reifeprozess nicht über den Stand eines Achtzehnjährigen hinausgekommen? Ich habe das Gefühl, es ist ein wenig von beidem.

Im zweiten Teil der Studie zeigte man den Teilnehmern die Fotos von den Besitztümern der anderen und bat sie, die Person zu beschreiben, der sie diese Marken zuordnen würden. Ein Foto enthielt ein Paar Gazelle-Turnschuhe von Adidas, Shock-Waves-Haargel, Lynx Deo und ein Sweatshirt von Reebok. Wenig überraschend charakterisierte die Gruppe den Besitzer als »offen, einem Flirt nicht abgeneigt, energisch, aktiv, jung, Single und auf sein Image bedacht«.

Ich erinnere mich, wie beruhigend ich diesen VW-Werbeslogan aus den Achtzigerjahren fand: »Wenn doch nur alles so zuverlässig wäre wie ein Volkswagen.« Wenn doch nur jede Person in meinem Leben so zuverlässig wäre wie meine Adidas-Turnschuhe. Marken scheinen tatsächlich eine Art Schutz vor den Unwägbarkeiten des modernen Lebens zu bieten. Egal, wo man sich auf der Welt befindet, eine Dose Cola sieht gleich aus, schmeckt gleich und erfüllt die gleiche Funktion. Heute wird gern über die Gleichmacherei der populären Kultur gejammert, doch andererseits bieten Marken Stabilität in einer sich ständig verändernden Welt, und diese Gewissheit ist ein entscheidender Teil ihres Wertes, sowohl für den Labelproduzenten als auch für uns als Kunden.

Doch die Uniformität einer Marke ist nur das Fundament ihrer Bedeutung. Sobald wir mit ihr in Interaktion treten, wird sie zu einem Teil unseres Lebensdrehbuchs. Beim Geruch einer Sonnenlotion von Piz Buin erinnere ich mich an heiße Urlaubstage, die ich mit meinen Eltern in Spanien am Swimmingpool verbrachte. Der Geschmack von Marmite bringt mich zurück ins Haus meines besten Freundes, in dem wir uns nach der Schule mit endlosen Mengen von Toast vollstopften. Die Werbeindustrie nennt diese Art von Produkten *Family Brands*, Dinge, die wir unser ganzes Leben lang kaufen, um uns in glücklichere Zeiten zurückversetzen zu lassen. Solche tiefen Verbindungen entstehen meistens während unserer prägenden Jahre; sie sorgen dafür, dass wir für den Rest unseres Daseins gewissen Labels treu bleiben. Kein Wunder also, dass eine Marke mit einer konsistenten und beruhigenden Botschaft manchmal die weniger verlässlichen Beziehungen zu anderen Menschen ersetzt.

Meine eigene Markensammlung gab mir nicht nur Sicherheit, sie wurde geradezu zum Symbol meiner Autonomie. Ich fühlte mich selbstsicher, weil ich wusste, dass ich diese Dinge gesucht und gefunden hatte, es waren unwiderlegbare Beweise für die Ziele, die ich mir selbst gesetzt und später erreicht hatte. Wir werden definiert durch unsere Handlungen, und meine bestanden aus dem Abhaken von Objekten auf meiner beständig aktualisierten Einkaufsliste. Überreguliert und verwaltet, wie wir sind, sieht es manchmal so aus, als sei die Entscheidung des Konsumenten einer der letzten autonomen Akte, die uns noch bleiben. Ist das der Grund dafür, dass Gruppen von Menschen heute oft als Konsumenten beschrieben werden? Die amerikanische Publizistin Rosalind Minsky schreibt in ihrem Buch *Consuming Goods*: »Shopping bietet eine Form der Macht, die viele Menschen in anderen Lebensbereichen nicht mehr zu haben glauben und die bei manchen die Funktion einer Abwehr gegen Gefühle von kulturell oder psychisch verursachter Leere und Bedeutungslosigkeit bekommen kann.«[34] Der Kunde ist König.

Wenn ich ein Werkzeug der richtigen Marke in der Hand halte, fühle ich mich eher in der Lage, Ziele zu erreichen. Ein guter Handwerker gibt nie seinem Werkzeug die Schuld, aber der Handwerker, von dem hier die Rede ist, ist kaum je ohne die Werkzeuge der »Profis« am Werk. So wird, ein uralter Trick, das Profiwerkzeug unverzichtbar für jede beliebige Aufgabe. Meine eigenen Heimwerkerfähigkeiten wurden etwas weniger erbärmlich, als ich mir den teuersten Schlagbohrer aus dem Sortiment des Baumarkts gekauft hatte. So kam es mir jedenfalls vor.

– 20 Tage

Die Geier beginnen zu kreisen. Opportunistische Freunde, die wissen, welche Schätze sich in meinem Kleiderschrank verbergen, fangen an, mich zu fragen, ob sie ein paar Stücke vor dem Feuer retten können. Sie wollen ihnen ein gutes Zuhause geben, wenn Sie wissen, was ich meine. Rana, ein Freund in der Werbebranche, vermittelt mir kurzfristig einen Job für Sony PlayStation. Mein üblicher Kommentar dazu: »Wenn ich dir auch einmal einen Gefallen tun kann, lass es mich wissen.«

»Das könntest du tatsächlich …«, antwortet er zu meiner Überraschung. »Kann ich deine Helmut-Lang-Jacke haben? Du würdest sie sowieso verbrennen. Als Dank für all die Aufträge, die ich dir verschafft habe.«

Die Jacke, um die es geht, ist vielleicht eines meiner liebsten Stücke, eine Bomberjacke aus blassblauer Seide. Sie erntet jedes Mal Komplimente, wenn ich mit ihr ausgehe, und sie ist offensichtlich auch Rana ins Auge gefallen. Ich starre ein paar Sekunden lang ins Leere und spiele das Szenario in meinem Kopf durch. Sie muss verbrannt werden, warum ihr also nicht ein gutes Heim verschaffen? Aber es ist eine 400-Pfund-Jacke, ich habe mich fast ruiniert, als ich sie kaufte.

»Na schön«, sagte ich mit heiserer Stimme. »Ich bringe sie dir morgen vorbei.«

– 19 Tage

Das ist die Stunde der Wahrheit. Ich stopfe meine Bomberjacke in eine Sainsbury's-Plastiktüte und marschiere zu Rana ins Büro. Er begrüßt mich in einem Konferenzraum mit langem Tisch und Stühlen, ein Raum, der für viel wichtigere Zusammenkünfte als diese hier entworfen wurde. Angesichts der Tatsache, dass meine Hände und mein Rücken schweißnass sind, könnte man allerdings auf die Idee kommen, dies hier sei das wichtigste Treffen meines Lebens. Ich drücke Rana die Einkaufstasche samt Bomberjacke in die Hände. Er sieht ein wenig verwirrt aus – meine Angst steht mir offenbar ins Gesicht geschrieben.

»Ich werde sie nicht hier anprobieren, Neil. Aber tausend Dank, das ist wirklich klasse von dir.«

Immerhin erspart er mir die Qual, ihn in der Jacke zu sehen. Ich stolpere aus dem Büro und fühle mich leichtsinnig, dann dumm, dann betrogen, dann erleichtert. Ja, ich habe diese Jacke geliebt. Ja, ich fühlte mich wie eine Million Dollar, wenn ich sie anhatte. Aber jetzt ist sie weg. Bald wird alles weg sein. Je eher ich mich damit abfinde, umso besser.

– 18 Tage

Noch weniger als drei Wochen. Du lieber Gott, jetzt wird es aber Zeit. Mein Leben markenfrei zu machen wird zu einer Herkulesaufgabe. Alles, was ich besitze, alles, was ich im Alltag benutze, ist eine Marke. Mehr noch: Ich liebe es, mich mit diesem Zeug zu umgeben. Es gibt mir Sinn, es macht mich glücklich. Auf was um alles in der Welt habe ich mich da eingelassen? Im gleichen Maß, wie die Zahl der Tage immer weiter zusammenschrumpft, fühle ich, wie in meinem Magen ein riesiger Knoten der Furcht wächst. Er ist jetzt so groß wie ein Apfel.

To-Do-Liste:

Markenfrei einkaufen
Lebensmittel (Markt, Lieferdienst vom Bauern)
Kleidung (Markt, Internet, Vintage-Läden)
Tasche (Army-Secondhandshops)
Kühlschrank (Gastronomiebedarf)
Herd (Gastronomiebedarf)
Wasserkocher (Army-Secondhandshops)
Festnetztelefon (Vintage-Läden)
Geschirr (Läden von Wohltätigkeitsorganisationen)
Deodorant/Seife/Shampoo/Zahnbürste/Rasierer
(Biomarkt/unabhängige Vollwertläden)

Abwaschmittel/Waschpulver/Bleichmittel/Toilettenpapier
(Biomarkt/unabhängige Vollwertläden)

Vertrag kündigen mit
Orange Mobile
Holmes Place Fitnessstudio
British Telecom
British Gas
London Energy
Churchill-Versicherung

Neue Verträge beantragen für
Telefon
Energieversorgung

Markenfrei machen
Apple Mac-Computer

So groß sind die Umwälzungen in meinem Leben, dass ich mich nicht mehr auf meine Recherchen konzentrieren kann. Also gebe ich die British Library auf, was eigentlich schade ist, denn sie ist einer der wenigen öffentlichen Räume in London, in denen es keine Werbung gibt. Auch kann ich nicht mehr länger als fünf Minuten aufmerksam vor dem Bildschirm sitzen. Und dabei habe ich meinen Apple-Laptop zu dem einzigen Marken-Gegenstand erhoben, der vor den Flammen gerettet werden soll. Ich brauche ihn zum Arbeiten, zur Unterhaltung und als elektronischen Gedächtnisersatz. Er hat mein Leben transformiert, und ich habe ihn praktisch immer in Reichweite. Erst hatte ich mit der Idee gespielt, die Computer in der öffentlichen Bibliothek zu benutzen, doch mir wurde nach einer Weile klar, das würde mich sicherlich endgültig zum Überschnappen bringen.

Ich habe einmal eine Geschichte über den britischen Schriftsteller Will Self gehört, der offenbar ein entschlossener Gegner des Geltungskonsums war. Er bezahlte einen Mechaniker dafür, alle Spuren einer Markenzugehörigkeit von seinem Volvo 760 Kombi zu entfernen. Self war es müde, in Autos herumzufahren, die man als Ausdruck seines Lebensstils interpretieren konnte, darum entschied er sich für den Volvo, weil der dank seiner einzigartigen Farblosigkeit ohne Schwierigkeiten im langweiligen Gesamtbild der Straße verschwinden konnte. Der Mechaniker entfernte alle sichtbaren Erkennungszeichen von der Karosserie, den Fenstern und aus dem Innenraum, wodurch völlige Anonymität sichergestellt war. Da ein Mac alles andere als trostlos und anonym ist, entschließe ich mich, bei ihm alle Zeichen der Markenzugehörigkeit entfernen zu lassen.

– 17 Tage

Durch puren Zufall finde ich im *MacWorld*-Magazin von diesem Monat einen Artikel über durchgeknallte Typen, die ihre Computer mit neuen Gehäusen und Rallyestreifen versehen. Ich nehme mit ihnen Kontakt auf und frage, ob sie sämtliche Spuren des Apple-Logos von Gehäuse, Tastatur und Desktop meines Rechners entfernen könnten. Während ich die E-Mails tippe, bin ich mir der extremen Sinnlosigkeit meiner Anfrage bewusst. Am Ende des Tages haben jedoch drei *Mac Mod Specialists* die Herausforderung angenommen – gegen Geld, versteht sich. Es wird zweifellos mehr kosten, als der Computer wert ist, aber da mein rationales Denken schon seit langem ausgeschaltet ist, akzeptiere ich den Preis, und das *De-Branding* nimmt seinen Lauf.

– 16 Tage

Als erste Vertreterin der etablierten Presse nimmt sich das *Sunday Times Style Magazine* des Themas an. Dort erscheint ein zweiseitiger Artikel mit einem Bild von mir, wie ich mit einem riesigen dümmlichen Grinsen im Gesicht quer über einem Stapel von Dingen liege, die bald verbrannt werden sollen. Der Artikel ist umgeben von Anzeigen für Burberry, Gap, L'Oréal sowie für die »Limited Edition Gold« des Motorola RAZR-Handys, entworfen von Dolce & Gabbana, den Hohepriestern für auffällige Modestatements. Angesichts der Einnahmen, die Zeitungen mit solchen Anzeigen machen, bin ich erstaunt, dass der verantwortliche Redakteur meinen einsamen Ruf gegen die Konsumgesellschaft nicht aus dem Verkehr gezogen hat, bevor das Heft in Druck ging. Vielleicht war er im Urlaub.

Am nächsten Tag wird mein Blog von E-Mails von Lesern der *Sunday Times* überflutet:

Diese erbärmliche Selbstvermarktung, statt all die Sachen der Wohlfahrt zu spenden – das sagt eigentlich alles, was man über Sie wissen muss.
Wenn Sie so gegen Marken sind, warum haben Sie dann einen Buchvertrag abgeschlossen? Oder haben Sie einen unbekannten Bananenverlag gefunden, der das Werk haben wollte?
Ich wünsche Ihnen alles Schlechte. Bei Ihnen kann man wirklich sehen, wie oberflächlich die Welt ist, wenn so etwas auch noch einer Nachricht für wert befunden wird. Auf der anderen Seite können wir nicht alle Schreiberlinge aus der Mittelklasse sein, die sich als Sozialrevolutionäre verkleiden.
Jeder mit nur zwei Gehirnzellen hätte die Objekte verschenkt oder verkauft, das Geld dann einer wohltätigen Organisation seiner Wahl gespendet. Er hätte sich daran erfreut, ohne das Bedürfnis zu haben, das alles auch noch zu veröffentlichen.
Paulie B.

Bitte bitte bitte bitte bitte lesen Sie die Kommentare in Ihrem Blog. Es ist eine großartige Idee. Das mit dem Feuer ist zwar eine sehr symbolträchtige und eindrucksvolle Geste, aber könnten Sie nicht alles verkaufen und das Geld spenden? Und dabei noch die Ozonschicht schonen?
Tom Fennell

Es ist zweifellos ein interessanter Dünkel, der da zum Vorschein kommt, obwohl das »Verbrennen« aus der Sicht der Selbstvermarktung durchaus logisch ist. Zwar vielleicht symbolisch, auf jeden Fall aber aufgesetzt. Nach dem, was ich aus Ihren Einträgen hier im Blog herauslese, scheinen Sie ein ziemlicher Wichser zu sein.
Anonym

Erbärmlich. Sie sind so eingebildet – am besten, Sie werfen sich selbst gleich mit ins Feuer.
Anonym

Was werden Sie mit den Bucheinnahmen machen? Was für eine schrecklich oberflächliche und nutzlose Übung das alles ist. Und ja, natürlich ist der Scheiterhaufen ein Akt von unreifer Idiotie; gute Kleidungsstücke oder Produkte nicht zu spenden oder dem Recycling zuzuführen läuft den positiven Aspekten eines Rückzugs vom Konsumterror direkt zuwider. Es ist ein Akt des egoistischen »Schaut mich an«-Individualismus, und *das* ist die Herausforderung, an der Sie arbeiten müssen, sowohl für sich selbst, als auch für die Gesellschaft. Das ist es, was zählt, nicht, ob Ihre Schuhe ein Etikett tragen oder nicht.
Anonym

An die vernichtenden Einzeiler und die saloppen Todesdrohungen habe ich mich inzwischen gewöhnt, doch die intelligenten Kritikpunkte fangen an, mir unter die Haut zu gehen. Mein »egoistischer Individualismus« ist tatsächlich eine Herausforderung, der ich mich stellen muss – bloß geht dieser Prozess bei mir vor den Augen der Öffentlichkeit vonstatten. Allerdings habe ich diese Situation ganz allein heraufbeschworen.

Was zu meiner Anspannung beiträgt, ist die nicht unerhebliche Frage, wo ich meinen Scheiterhaufen errichten soll – oder nicht errichten darf. Ich hatte mir ursprünglich vorgestellt, das Feuer vor irgendeinem Konsumtempel wie zum Beispiel Selfridges zu entzünden. Die Polizei, die Stadtverwaltung, die Terrorbekämpfung und die Vereinigung der Einzelhändler in der

Oxford Street haben dieser Idee allerdings recht schnell einen Riegel vorgeschoben. Irgendwo in der Innenstadt von London legal mit Feuer zu hantieren scheint völlig ausgeschlossen zu sein, und eine Lokalität nach der anderen erweist sich aufgrund der strengen Gesundheits- und Luftverschmutzungsgesetze als unmöglich. Die meisten kommunalen Verwaltungen schrecken vor dem Akt symbolischer Gewalt zurück, die ein vier Meter hohes Fanal gegen den Konsum vor ihrer Tür nun einmal darstellt. Was man ja auch verstehen kann.

– 15 Tage

Auf der Homepage der BBC erscheint ein langer Artikel über das bevorstehende Feuer, was eine neue Flut von E-Mails auslöst, allerdings kommen sie diesmal aus der ganzen Welt und sind noch viel gemeiner als alles, was ich bisher erhalten habe. Um es mit den überstrapazierten Worten von Malcolm Gladwell zu sagen, dem in England geborenen *The New Yorker*-Journalisten: »Wir haben einen *Tipping Point*, einen Wendepunkt erreicht. Die BBC ruft an, um ein Interview mit mir im Frühstücksfernsehen zu vereinbaren. Der *Guardian* bittet mich, eine Antwort auf das Bombardement meiner Kritiker zu schreiben, und ich habe in den nächsten Tagen Interviewtermine mit nicht weniger als einundzwanzig verschiedenen Radiostationen. Ich habe kaum Zeit, die feindseligen Kommentare zu verdauen, die auch weiterhin meine Mailbox überfluten, obwohl die wirklich bösartigen langsam anfangen, mein dickes Fell zu durchdringen. Ich habe mich oft gefragt, wie es sich anfühlt, ins Zentrum eines Mediensturms zu geraten, besonders dann, wenn so viele öffentliche Anfeindungen damit einhergehen. Jetzt weiß ich es.

7.40 Uhr Ein Taxi holt mich ab (schöner Audi) und bringt mich ins Sendezentrum; im Frühstücksprogramm von BBC1 soll ich interviewt werden. Man deponiert mich in einem Warteraum, es dauert eine halbe Stunde, bis ich dran bin. Ich soll während der einstündigen Sendung die Spannung aufrechterhalten, die ohnehin schon mörderisch hoch ist, und schließlich bin ich noch nie live im Fernsehen aufgetreten. Gerade fange ich an, mich ein wenig zu entspannen, trinke ein wenig Wasser, als das TV-Gerät in dem Warteraum plötzlich zum Leben erwacht und die Sendung anzeigt, in der ich gleich auftreten soll: »Heute bei uns zu Gast: der frühere *EastEnders*-Star Michelle Collins, Michael Stipe von REM und ein Journalist, der *alle* seine Markenartikel verbrennen will.« Lieber Himmel.

8.30 Uhr Noch zehn Minuten. Ich tigere vor dem Studio auf und ab und versuche, mein Frühstück bei mir zu behalten. Michelle Collins scheint noch im Stau zu stecken, also muss ich vielleicht länger in der Sendung bleiben. Oder sie bringen den REM-Typen früher.

8.40 Uhr Ich sitze auf dem Studiosofa und warte auf meinen Auftritt. Das ist meine letzte Chance, mich zu verdrücken. Was würden sie dann tun? Sofort zu den Nachrichten und dem Reisewetter übergehen? Ich würde wahrscheinlich nie mehr im Fernsehen eine Chance bekommen. Wäre meine Würde mir das wert? Plötzlich flackert auf einer großen Leinwand hinter mir eine Projektion meines dämlich dreinblickenden Gesichts auf, die Kameras richten sich auf mich, es geht los.

8.45 Uhr Das Interview ist vorüber. Zum Glück habe ich nicht gestottert, war auch nicht stumm und starr vor lau-

167

ter Aufregung; die Fragen waren locker flockig, wie man in der Branche so sagt. Völlig high vom Adrenalin, gehe ich durch das Studio und renne fast Michael Stipe um, der auf seinen Auftritt wartet. »Hey Mann, gute Sache. Ich hab gestern deinen Blog gelesen, ich finde das eine coole Sache, was du da machst.« Ich bin sprachlos. Er redet weiter: »Gestern habe ich diese Schuhe von Prada gekauft, aber nur, weil sie die bequemsten sind, die ich finden konnte.« Mir steht immer noch der Mund offen, dann sage ich: »Äh, vielen Dank, Michael. Äh, hübsche Jacke, woher hast du die eigentlich?« – »Das willst du nicht wirklich wissen, oder?« Stipe schüttelt mir die Hand und geht aufs Set.

11.30 Uhr Juliet, meine Mutter und ein enger Freund rufen an, um mir zu meinem Auftritt zu gratulieren.

12.00 Uhr Radiointerview mit einem irischen Sender. Das Adrenalin fängt langsam an, meine Urteilsfähigkeit zu beeinflussen, deshalb bin ich dankbar dafür, dass sie mir keine schwierigen Fragen stellen. Solange sie von mir keine realistische Alternative zum Kapitalismus hören wollen, komme ich klar.

13.00 Uhr Radiointerview mit einem neuseeländischen Sender. Es ist unvorstellbar, wie sich dieses Projekt von meinem Wohnzimmer in London aus weltweit ausgebreitet hat.

14.00 Uhr Ich spreche mit den Feuerwehr-, Gesundheits- und Sicherheitsleuten, die mit mir daran arbeiten, einen geeigneten Ort für mein Feuer zu finden. Sie sind nicht gerade begeistert davon, dass ich heute Morgen im Fernsehen die Öffentlichkeit aufgefordert habe, ihren Kram mit mir auf den Scheiterhaufen zu werfen. Das war ein großer Fehler. Darf ich nicht mehr machen.

15.00 Uhr Interview mit dem *Independent on Sunday*, was anstrengender ist als alles zuvor an diesem Tag. Außerdem kann ich langsam meine Stimme nicht mehr hören.

17.00 Uhr Ich treffe mich mit einigen Produzenten von der BBC, die daran interessiert sind, eine Dokumentation über mein Feuer zu machen. Inzwischen laufe ich auf Reserve, eine desorientierende Mischung aus Erschöpfung und Adrenalin, von der ich mir vorstellen kann, dass sie auf Dauer abhängig macht. Bis jetzt ist die BBC der einzige Fernsehsender, der die Geschichte aufgegriffen hat. Hat das damit zu tun, dass sie der einzige englische TV-Sender ohne Werbung ist und die anderen es sich einfach nicht leisten können, ihre Zahlmeister zu verärgern? Wahrscheinlich nicht, aber es ergibt eine hübsche Verschwörungstheorie.

18.00 Uhr Ich stolpere aus dem Meeting auf die Straße, und weil ich mich ein wenig schwach fühle, zünde ich mir eine Marlboro Lights an. Der Rauch brennt in meinen Augen, ich stehe auf dem Gehsteig und reibe mir über die Lider, um mir Erleichterung zu verschaffen. Mein Adrenalinspiegel fällt, und ich mache langsam schlapp. Scheinbar von nirgendwoher taucht plötzlich ein Fahrradfahrer neben mir auf, hält an und brüllt: »Hey, ich hab dich heute Morgen in der Glotze gesehen. Wann verbrennst du dein Zeug?« – »Äh, am 17. September.« Dieser Tag kann nicht mehr verrückter werden. »Ich selber kauf keine Markensachen, wenn ich's verhindern kann. Kennst du schon die Greenfutures-Webseite? Die machen da einen Haufen Sachen, die gut für dich wären.« – »Äh, okay, cool.« Ich bin so sprachlos, dass jeder auf der Straße sehen könnte, wenn er nur wollte, dass ich ins Stottern gerate, zum zweiten Mal an diesem Tag.

20.00 Uhr Ich gehe ins Bett, starre an die Decke und spüre Panik in mir aufsteigen, dass ich ein Monster erschaffen habe, das ich nicht mehr kontrollieren kann. Dann schlafe ich ein.

Die Flut der Online-Beleidigungen hört nicht auf, und mein Blog bricht irgendwann zusammen. Enge Freunde, die die Kommentare gelesen haben, rufen an und sagen: »Lass dich von den Mistkerlen nicht unterkriegen.« Weitere Blogs und Chatrooms stimmen in den Ruf nach meinem Kopf auf einem Silbertablett ein, und das Einzige, was ich tun kann, außer natürlich das Feuer abzusagen, ist, das Internet zu meiden und mich auf die nächstliegende Aufgabe zu konzentrieren. Diese ist nun allerdings wiederum ein Grund zur Besorgnis, denn es gibt keine einzige Londoner Behörde, die bereit ist, grünes Licht für mein Projekt zu geben. In Zeiten eines strikten Umweltschutzes ist in den meisten Stadtteilen Londons nicht einmal mehr am Guy Fawkes Day – alljährlich in Großbritannien am 5. November gefeiert, um an das Scheitern der sogenannten Pulververschwörung von 1605 zu gedenken – das Entzünden von Freudenfeuern erlaubt. Nach den neuen Umweltgesetzen dürfte ich die meisten Dinge auf meiner Liste ohnehin nicht verbrennen, selbst wenn die Sache stattfände: Nur organische Fasern dürfen einem Feuer überantwortet werden. Vielleicht sollte ich mein Buch umbenennen in *Das Lagerfeuer der drei organischen Baumwoll-T-Shirts*. Auch die Tatsache, dass die meisten Menschen mein Vorhaben für einen pseudo-anarchischen Publicity-Gag halten, der dazu aufruft, dem Kapitalismus und dem Leben, so wie wir es kennen, ein sofortiges Ende zu bereiten, dürfte meinem Vorhaben nicht gerade zuträglich sein. Dreizehn Tage bleiben mir, und immer noch ist weit und breit kein Ort in Sicht. Ich habe drei Kilo abgenommen und angefangen, Kette zu rauchen. Abends schlafe ich voller Sorgen ein und morgens wache ich panisch auf. Ein schrecklicher Alptraum kommt immer näher. Ich kann es nicht erwarten, mit meinem neuen Leben anzufangen, Marken hin oder her.

– 9 Tage

Die Lösung des Ortsproblems erscheint in Gestalt eines Harley-Davidson-Fahrers. Ich habe es geschafft, einen motorradbegeisterten Magistratsbeamten zu finden, der die Idee hinter meinem Projekt klasse findet und mir grünes Licht für einen Platz gibt, der exakt mitten in der Stadt liegt, ausgerechnet auch noch gegenüber den Büros von Bloomberg. Wir entscheiden, dass ich den Großteil meiner Kleidung verbrennen und dem Rest mit einem Vorschlaghammer zu Leibe rücken werde, um die Umweltverschmutzungsbeauftragten zu besänftigen. Mit dem Zerschlagen des Fernsehgeräts werde ich mir einen Kindheitstraum erfüllen.

Aber woher bekomme ich einen markenfreien Vorschlaghammer?

– 6 Tage

Der *Guardian* lädt mich ein, auf die Flut der Kritiken zu antworten – online auf seiner Webseite und mit einem Artikel in der gedruckten Ausgabe. Der Artikel wird zweifellos nur weitere Feindseligkeiten auslösen, aber ich muss schließlich meine Position verteidigen. Ich fühle mich fast wie ein Betrüger, als ich den Beitrag auf meinem Apple-Laptop schreibe, der noch nicht markenfrei gemacht ist. Auf dem Bildschirm blinkt enervierend das Apple-Logo.

Ein Scheiterhaufen der Eitelkeiten
Vor sechs Monaten fing ich an, einen Blog zu schreiben mit dem Titel »bonfireofthebrands.com«. Dort kündigte ich an, dass ich jeden Markenartikel in meinem Besitz zerstören würde, weil ich zu der Schlussfolgerung gekommen war, dass ich mich abhängig fühlte, und zwar von den Prestige- und

171

Statusgedanken, die mit Labels verbunden sind. Als früherer Herausgeber von Jugend- und Lifestyle-Magazinen hatte ich Einblick in die Mechanismen von Werbung und Marketing erhalten, und ich fand einige der dort üblichen Praktiken durchaus zuwider. Mehr noch, ich fühlte mich schuldig, weil ich meine Position dazu missbraucht hatte, an der Überhöhung dieser Marken auf geradezu gottähnliche Dimensionen mitzuwirken. Um mich also von dieser Markenabhängigkeit zu befreien und einige der Probleme im Zusammenhang mit Werbung und Konsumdenken aufzuzeigen, schwor ich, all meine Sachen zu verbrennen und markenfrei neu anzufangen. Ich hatte erwartet, dass der *Scheiterhaufen der Marken* die Zustimmung der einen oder anderen Gruppe finden würde, die den täglichen Druck kennt, mehr zu konsumieren, als man eigentlich braucht: Eltern, die ständig von ihren Kindern genervt werden, bestimmte Dinge zu kaufen; Teenager, die unter dem Zwang stehen, sich Gleichaltrigen anzupassen; und natürlich jeder Erwachsene, dessen Kreditkarte einen Beitrag dazu leistet, dass Englands Verbraucherhaushalte mit 200 Milliarden Pfund verschuldet sind. Ich lag damit völlig falsch.

Für viele war ich einer von diesen Londoner Journalisten, der selbst keine materiellen Sorgen hatte, aber über Luxusgüter jammerte, die sich viele Menschen auf der Welt überhaupt nicht leisten können. Warum übergeben Sie das Zeug nicht der Wohlfahrt, anstatt es zu verbrennen, wurde mir vorgehalten. Oder: Warum erfreuen Sie sich nicht an Ihren Besitztümern und halten die Klappe? Ein anonymer Blogger riet mir: »Wenn Sie wirklich und ehrlich ohne Marken leben wollen, dann hauen Sie ab in die schottischen Highlands, verbrennen Sie da Ihren Kram alleine, kommen Sie wieder heim, wenn Sie gelernt haben, ohne einen Arschkratzer von Alessi zurechtzukommen. Leben Sie Ihr markenloses Leben, aber leise.«

Ich denke, die treibende Kraft hinter solchen Reaktionen hat weniger mit Wohltätigkeit zu tun als mit der Bedeutung, die Markenartikel in unserem Leben haben. Wer heutzutage vorsätzlich eine teure Tasche zerstört, muss sich schnell anhören, die sei mit der moralischen und kulturellen Verrohung einer Bücherverbrennung gleichzusetzen. Doch wenn wir die Marketing-Aura wegnehmen, die moderne Labels umgibt, dann ist unsere Verehrung für sie nichts weniger als irrational. Nehmen Sie zwei weiße T-Shirts. Sie sind in Größe, Form und Qualität nahezu identisch, aber eines hat ein Logo auf der Brust. Das einfache T-Shirt kostet fünf Pfund auf einem Markt, die Markenversion im Kaufhaus 50 Pfund. Wenn man sich überlegt, dass beide die gleiche simple Funktion erfüllen, dann wäre es rational, das Hemd vom Marktstand zu erstehen. Doch die Mehrheit von uns würde sich für die Markenoption entscheiden, wenn wir sie uns irgendwie leisten können. Wir würden uns im anderen Fall anscheinend etwas vergeben.

Ein Kommentar auf der BBC-Homepage: »Warum soll man nicht die guten Dinge des Lebens genießen, wenn man sie bezahlen kann? Was ist falsch daran, wenn man die Exklusivität eines Designeranzugs zu schätzen weiß? Er ist vielleicht nicht den Preis wert, der dafür verlangt wird, aber wie viel besser fühlt man sich, wenn man *damit* die Straße entlanggeht? Können Sie dafür einen Wert festlegen?«

Das Markenshirt erfüllt natürlich auch eine weitere Aufgabe: Durch das zur Schau gestellte Logo auf der Brust beweist man sich selbst (und jedem, der hinsieht), dass man eine bestimmte Position erreicht hat. In dieser Hinsicht macht die Marke aus einem Produkt, das eine bestimmte Funktion erfüllt, eines, das Bedeutung transportiert und Wünsche befriedigt. Das ist der Grund, warum wir überteuerte Erzeugnisse kaufen, von iPods bis zu Baked Beans von Heinz, und nicht günstigere Alternativen weniger bekannter Marken bevorzugen. Ich frage mich, ob der öffentliche Zorn ebenso groß wäre, wenn mein Scheiterhaufen nur markenfreie anstatt Brand-Produkte vernichten sollte.

Die Marke ist sowohl Identitätsmerkmal als auch Mittel einer persönlichen Erfüllung. Kein Wunder, dass die Menschen sich in die Defensive gedrängt fühlen, wenn man ihnen sagt, dass das alles ein teurer Schwindel ist. Doch nichts anderes sind diese Labels. Mit den 45 Pfund, die Sie beim Marken-T-Shirt zusätzlich bezahlen, kaufen Sie eine Vorstellung, die nicht existiert, einen schnellen Schuss Glück, der nicht lange vorhält. Ich bin davon überzeugt, die meisten rational denkenden Menschen haben eigentlich begriffen, dass Konsum keine nachhaltige Zufriedenheit erzeugt (trotz unseres Wohlstandes belegen wir beim internationalen Ranking der Zufriedenheit, wie im *New Scientist* zu lesen war, gerade einmal Platz 24 – hinter Ländern wie Nigeria und El Salvador). Sie würden auch zugeben, dass der Preis für diese Markendinge viel zu hoch ist und das Budget unverhältnismäßig belastet. Und wie sieht es mit dem Wissen um die ökologisch-ethischen Produktionsbedingungen aus? Wie mit den Auswirkungen auf die Umwelt? Nichts davon müsste dem durchschnittlichen Verbraucher neu sein. Und doch konsumieren wir Tag für Tag weiter nach Wunsch, nicht nach Bedarf. Ich behaupte einfach, dass dieser »Wunsch« durch die emotionale Markenwerbung manipuliert ist und dass diese Praxis irgendwann in der Zukunft aufhören muss.[35]

– 5 Tage

Als der Artikel erscheint, rufen mich früh am Morgen Freunde an und gratulieren mir, dass er gedruckt wurde – und ich solle mir keine Gedanken über die Nervensägen machen, die meinen Namen auf der Homepage des *Guardian* in den Dreck ziehen. Ich bringe es nicht über mich, nachzusehen, was dort steht. Aber die Kritik muss wirklich hart sein, denn Dana, eine regelmäßige Besucherin meines Blogs, die ich nie persönlich kennengelernt habe, findet meine E-Mail-Adresse heraus und schreibt mir:

Es tut mir einfach leid, dass die Leute Sie fertigmachen.
Ruhm bringt das Beste im Menschen zum Vorschein, aber leider
auch das Schlimmste.
Ich will nur, dass Sie wissen, dass es da draußen Leute
gibt, die Sie zu 100 Prozent unterstützen und anfeuern.
Sie können mir gern eine Mail schreiben, wenn Sie jemanden
zum Reden brauchen.
xxx Dana

Ich muss beinahe weinen. Sowohl Freunde als auch Fremde
stärken mir den Rücken und tun ihr Bestes, die Kritik abzu-
wehren, die ich mir selbst eingebrockt habe.

– 4 Tage

Unter der Vielzahl der Belastungen – die Organisation des Feuers, die endlose Abfolge von Presseinterviews, die andauernde
öffentliche Debatte über meinen Charakter und nicht zuletzt die
bevorstehende Zerstörung meiner geliebten Markenbesitztümer – fange ich langsam an zusammenzubrechen. Öffentliche
Kritik ist eine komische Sache: Nichts wird mir direkt ins Gesicht gesagt, alles findet in den *Message Boards* im Internet und
auf den Leserbriefseiten der Zeitungen statt. Das tägliche Leben
geht seinen gewohnten Gang, doch du hast die ganze Zeit im
Hinterkopf, dass Tausende von wildfremden Menschen hinter
deinem Rücken über dich diskutieren. Ich gehe auf der Straße
an einem Menschen vorbei, und unsere Blicke treffen sich. Hat
er die Geschichte in der Zeitung gelesen oder mich im Fernsehen gesehen? Bildet er sich eine negative Meinung, während
wir aneinander vorbeigehen? Natürlich nicht. Er weiß nicht
einmal, wer ich bin. Ich fange an, eine Paranoia zu entwickeln.
  Mein Freund Daniel spürt meinen bevorstehenden Zusammenbruch und lädt mich ein, in einer ruhigen Gegend der Stadt
eine Tasse Tee mit ihm zu trinken. Es ist eine seltene Oase der

Ruhe, ein Ort, an dem Büroangestellte sich eine Pause von ihrer ruhelosen Schinderei gönnen und wo Chefs mit ihren Sekretärinnen ihren außerehelichen Aktivitäten nachgehen können. Doch Daniels Versuche, mich zu beruhigen, haben den gegenteiligen Effekt. »Junge, hast du heute die Kommentare auf der *Guardian*-Webseite gelesen?«

»Nein, ich kann es nicht ertragen, sie mir anzusehen. Aber wahrscheinlich ist es immer dasselbe Zeug ... Du Jammergestalt aus der Mittelklasse, gib es doch der Wohlfahrt, sei dankbar für das, was du hast ... Ich sollte mich eigentlich langsam daran gewöhnt haben.«

»Na ja, es ist auch besser, wenn du es dir nicht anschaust. Hast du schon mal daran gedacht, ihrem Rat zu folgen? Warum kannst du sie nicht alle in letzter Minute noch mit einer großen Geste auf deine Seite ziehen, jemanden von Oxfam damit überraschen, dass du den ganzen Krempel spendest?«

Inzwischen bin ich ziemlich durcheinander, meine Nerven sind sehr angespannt.

»Aber das ist doch kein Wohltätigkeits-Event, es ist ein Akt des Protests. Warum sollte ich nachgeben?«

»Weil du sonst zum Staatsfeind Nummer eins wirst. Wenn du mir nicht glaubst, klicke mal auf die Kommentarseite des *Guardian*.«

Soll ich doch lieber kneifen? Über mein Handy telefoniere ich hektisch mit allen Beteiligten meines Projekts. »Ich wanke nicht«, erkläre ich den meisten auf Mailbox, »ich reagiere nur auf die öffentliche Feindseligkeit.« Während ich auf deren Reaktionen warte, gehe ich nach Hause, um die Kommentare auf der *Guardian*-Homepage zu lesen. Es ist wirklich schrecklich; auf jeden positiven Kommentar kommen zehn negative. Die Diskussion dreht sich nicht mehr um den Sinn oder Unsinn dieses Events, sondern um Fragen meines Wesens.

Meine Agentin ruft mich zurück. »Um Gottes willen, Neil, ignorieren Sie diese Scheiße und bleiben Sie stark. Es wird wunderbar werden.« Sie verspricht, dass sie mich bis zum Feuer jeden Tag anrufen wird, um sich nach meiner geistigen Stabilität zu erkundigen. Gott segne sie.

Heute ist meine letzte Therapiesitzung vor dem Feuer. Verzweifelt versuche ich Fassung zu bewahren, doch der Druck ist zu groß geworden. Ich bin davon überzeugt, dass die Veranstaltung von einem wütenden, auf Lynchjustiz versessenen Mob unterbrochen wird oder dass Fotografen versuchen werden, mich auf der Straße mit irgendeinem Markenartikel zu erwischen. Angst und Anspannung sind kaum noch zu ertragen.

»Sie haben sich wissentlich dieser unmöglichen Aufgabe gestellt«, sagt Carol. »Es wundert mich nicht, dass Sie jetzt Bedenken haben. Sie dürfen nicht zu streng mit sich sein.«

»Ich kann den 18. September nicht mehr erwarten.«

»Wie auch immer, nur sollten Sie sich darüber im Klaren sein, dass Sie sich nicht über Nacht in eine markenfreie Person verwandeln werden.«

»Ich habe noch gar keine Zeit gehabt, über die Sachen nachzudenken, die ich verbrennen werde. Alles dreht sich bei mir um die Kritik, die auf mich niederprasselt. Leute schreiben lange Hasstiraden, als ob sie geradezu von dieser Sache besessen wären.«

»Sie haben sich exponiert, und damit geht das Risiko einher, kritisiert zu werden. Bleiben Sie stark, das ist das Beste, was Sie jetzt tun können. Wissen Sie, jemand, der sich die Zeit nimmt, auf einer Webseite einen langen und verletzenden Aufsatz zu schreiben, hat ein mentales Problem. Wenn diese Person nichts Besseres zu tun hat, als einen völlig fremden Menschen anzugreifen, dann hat sie persönliche Schwierigkeiten, mit denen sie sich einmal auseinandersetzen sollte. Leute, die anonyme Briefe schreiben, sind von Neid zerfressen und zwangsgesteuert. Es ist wie Masturbation aus Frust … Sie müssen sich einen Schutzschirm errichten, damit Sie nichts davon abbekommen.«

Ich starre einige Minuten lang vor mich hin.

»Abgesehen von der Kritik, was denken Sie jetzt über Ihren Versuch, markenfrei zu werden?«

»Ich habe das Gefühl, dass ich mich von meinem persönlichen Besitz löse. Mit Sicherheit werde ich diese Sachen schrecklich vermissen, wenn sie weg sind. Aber auf seltsame Weise freue ich mich auch auf ein neues Leben ganz ohne Statusängste. Manchmal habe ich Bedenken, dass ich eine irrationale Wut auf diese Unternehmen entwickeln könnte, eine Art Vorwurf, dass sie mich zu einem zwanghaften Markenjunkie manipuliert haben.«

»Machen Sie nicht den Fehler zu denken, dass diese Konsumwünsche nur in Ihnen allein geweckt worden sind; die haben wir alle. Die Werbung verstärkt diese Gefühle nur. Sie brauchen sich nur Kinder anzuschauen, die eine Schuluniform tragen müssen: Auch die werden immer versuchen, irgendwelche Veränderungen daran vorzunehmen, weil sie individuell und einzigartig sein wollen, genau wie wir Erwachsenen auch. Jeder will seine langweilige Uniform in etwas Persönliches verwandeln. Sie selbst wurden irgendwann durch Werbung verführt. Sie glaubten, dass der Besitz dieser Marken Sie besonders und anders machen, aus der anonymen Masse herausheben würde. Aber Sie können auch ohne diese Dinge einzigartig sein. Das heißt aber nicht, dass Sie aufhören müssen, Ihre Zähne mit Colgate zu putzen oder eine Flasche Wasser zu trinken, wenn Sie Durst haben.«

»Aber ich will hier etwas beweisen, also muss ich es auch zu Ende führen.«

»Sagen Sie, glauben Sie wirklich, dass die Leute Sie danach beurteilen werden, welche Schuhmarke Sie tragen?«

»Ich würde es jedenfalls tun. Vielleicht heute nicht mehr so extrem, aber ich habe das immer so gemacht. Wenn ich mich anziehe, dann denke ich darüber nach, wen ich heute treffen werde, und oft ziehe ich dann Kleidungsstücke an, von denen ich glaube, dass sie diese Menschen beeindrucken werden.«

»Hat das mit persönlichem Geschmack zu tun oder mit dem Wert einer Marke?«

»Ich glaube, es hat ein wenig mit beidem zu tun.«

»Stellen Sie sich vor, Ihre Partnerin käme nach Hause und hätte etwas von einer falschen Marke gekauft, würde sie dadurch in Ihrer Achtung sinken?«

»Ich würde sie nicht weniger lieben, aber ich würde ihr sagen, dass sie ihre Standards vernachlässigt, wenn sie sich für die falschen Sachen entscheidet.«

»Angenommen, Sie sagen ihr, dass das Produkt Ihnen nicht gefällt, doch dann erklärt sie Ihnen, dass es von einer Marke hergestellt wird, die Sie mögen; was würden Sie dann denken?«

»Wahrscheinlich würde ich es weniger schlecht finden. Ich weiß, es ist armselig.«

»Wir müssen Sie aus dieser Falle herausbekommen, Neil. Vielleicht projizieren Sie Ihre eigene Unsicherheit auf andere Menschen. Verbrennen Sie zuerst einmal Ihre Sachen, dann wenden wir uns hinterher diesem Problem zu. Es ist ein Teufelskreis: Sie sind unsicher, also denken Sie, dass Sie gut aussehen müssen, um das zu kompensieren. Aber trotz aller Markenkleidung stellen sich trotzdem Zweifel ein, ob Sie auch wirklich so gut aussehen, wie Sie es sich erhoffen. Dieses Gedankenkarussell ist tief in Ihnen verinnerlicht, und Sie müssen es durchbrechen.«

– 2 Tage

Die Leute, die ich anheuerte, um das Event durchzuführen, haben sich das Kleingedruckte der Haftpflichtversicherung ihrer Firma durchgelesen und festgestellt, dass sie verantwortlich gemacht werden können, wenn das Feuer außer Kontrolle gerät und die Londoner Innenstadt bis auf die Grundmauern niederbrennt. Aus diesem Grund haben sie sich entschieden, das Projekt aufzugeben. Hektisch versuche ich nun selber Autos aufzutreiben, Lieferungen von markenfreien Mineralwasserflaschen anzunehmen sowie auf eigene Faust Vorschlaghämmer und ein Megafon zu organisieren. Zum Glück springt das Pyrotechnik-Unternehmen, das für das Feuer selber zuständig ist, nicht auch noch ab. Durch die zusätzliche Verantwortung habe ich keine

Zeit, mich mit der Tatsache auseinanderzusetzen, dass ich in drei Tagen die meisten meiner weltlichen Besitztümer zerstört haben werde. Wenn ich jetzt darüber nachdenke, ist es mir eigentlich egal. In diesem Sinn scheint der kathartische Effekt des Projekts tatsächlich zu funktionieren: Während ich noch vor ein paar Monaten emotional an meine Marken gebunden war und oft das Bedürfnis hatte, eine Shopping-Tour zu unternehmen, um noch mehr zu kaufen, habe ich jetzt das Gefühl, dass ich mich von den Dingen gelöst habe. Letzten Endes sind es ja nur Dinge. Ich kann ohne sie leben.

Dessen ungeachtet vergeht der Nachmittag, den ich damit verbringe, all meine Markenartikel zusammenzusuchen, nicht ohne kurze Momente der Panik, der Reue und der Nostalgie. Mir fallen Tüten mit Kleidungsstücken in die Hände, von denen ich völlig vergessen hatte, dass ich sie besaß; einige von ihnen sind noch ungetragen und mit Preisschildern versehen (die klassischen Symptome des Kaufsüchtigen). Die Versuchung, einige Dinge auf die Seite zu schaffen und »sicher aufzubewahren«, ist riesengroß. Mehrere Leute haben mir vorgeschlagen, ich könne doch ein paar Anzüge vor dem Feuer retten, um sie einzig in meinen eigenen vier Wänden zu tragen, und im Moment sieht das wie keine schlechte Idee aus. Während Juliet und ich schwarze Müllsäcke mit staubigen Klamotten und Sachen füllen, ertappe ich mich dabei, einen Ralph-Lauren-Pullover und eine seltene Lacoste-Jacke aus den Achtzigerjahren in eine Schublade zu stecken, um sie sicher aufzubewahren. Juliet findet die beiden Teile später und steckt sie da hinein, wo sie hingehören – in einen der Müllsäcke. Erwischt.

– 1 Tag

Meine Wohnung sieht aus wie nach einem Einbruch, bei dem die Diebe gestört wurden und unter Zurücklassung des bereits in große Tüten gestopften Diebesguts fliehen mussten. Müllbeutel bedecken den gesamten Fußboden, prall gefüllt mit meinen geliebten Markenartikeln. Schränke und Regale, in denen die besonderen Stücke einst stolz zur Schau gestellt wurden, sehen völlig verloren aus. Es erscheint wenig sinnvoll, den Tisch zu behalten, auf dem einst meine Stereoanlage thronte, deren elegantes Design, insbesondere die vergoldeten Kabel, ein garantiertes Gesprächsthema war, wenn wir Gäste zum Essen hatten. Ich habe das Bedürfnis, in den Müllbeuteln herumzuwühlen, um einige meiner sehr geliebten Besitztümer noch ein letztes Mal zu berühren und zu befühlen. Doch Juliet verschnürt die Säcke, damit ich gar nicht erst auf dumme Gedanken komme. In all den zurückliegenden Monaten hat sie mein verrücktes Projekt nicht ein einziges Mal infrage gestellt (obwohl ich sicher bin, dass sie ernstliche Bedenken hat). Stattdessen war sie der Fels in der Brandung meiner ganzen theatralischen Neurosen. Was kann man mehr von einem Partner verlangen?

Meine Lieblingsklamotten erhalten eine vierundzwanzigstündige Gnadenfrist, bevor sie in den Müllsack wandern, denn ich brauche etwas, das ich bei meinem letzten Ausgang als Markenmensch tragen kann. Zum letzten Mal ziehe ich Lee-Jeans, Helmut-Lang-Schuhe, ein Poloshirt von Ralph Lauren und einen Christian-Dior-Regenmantel an (alles in Schwarz, das sieht schön gefährlich aus – à la Johnny Cash). Das Wetter ist schlecht, mit scharfem Wind und einem leichten Nieselregen, trotzdem entschließe ich mich, den Weg in die Bar in Soho zu Fuß zurückzulegen, eine Chance, die Kleider ein letztes Mal zu genießen. Ich fühle mich zweifellos besser, wenn ich diese Sachen trage; die Schuhe verursachen ein männliches Klappern auf dem Boden, und ich bin sicher, dass sie mich mit mehr Selbstbewusstsein laufen lassen. Niemand kann wissen, dass es Helmut-Lang-Schuhe sind, außer wenn er mich fragt. Aber darum geht es nicht – ich weiß es, und das genügt. Von Zeit zu Zeit bläht sich der Dior-Regenmantel im Wind wie der Umhang eines Superhelden auf, doch mit dem hochgeschlagenen Kragen bin ich durch eine Schicht aus Luxus vor den Elementen geschützt. Es erinnert mich an eine Werbung für Ready Brek Instant-Haferflocken aus den Achtzigerjahren. Kinder, die morgens warme Haferflocken aßen, gingen anschließend mit einem radioaktiven Strahlenkranz rings um ihren Körper in die Schule. Das ist das Gefühl, das mir diese Marken heute geben. Sowohl mein Körper als auch mein Geist sind in den schützenden Glanz des Luxus getaucht, der mich vor der harschen und kalten Realität abschirmt, die außerhalb meines Kraftfeldes liegt. In Tom Wolfes Roman *Fegefeuer der Eitelkeiten* umgibt sich Sherman McCoy mit teuren Objekten, um sich von den Schrecknissen der Außenwelt zu isolieren. Innerhalb dieses Kokons ist er der *Master of the Universe*.

Als ich in der Bar ankomme, fühle mich selbstbewusst, gestützt von meinen Designerkrücken. Ein Freund stellt mich seiner neuen Partnerin vor.

»Sind Sie der Typ, der seine ganzen Sachen verfeuern will?«

»Ja, genau.«

»Für mich sehen Sie nicht sehr markenfrei aus.«

»Ich habe die Dinge ja noch nicht verbrannt. Das geschieht erst morgen.«

»Warum spenden Sie nicht alles für einen guten Zweck?«

»Äh, oh, entschuldigen Sie mich, ich muss mir gerade mal einen Drink holen.«

Dieses Szenario wiederholt sich im Lauf der nächsten zwei Stunden mehrere Male. Ich stehe am Tresen, von Kopf bis Fuß in Designerklamotten gehüllt, trinke eine Cola, ziehe an einer Marlboro Lights und warte darauf, dass etwas Magisches passiert. Ich lasse meine übliche Smalltalk-Routine ablaufen, mache Leuten Komplimente über ihre Kleidung und frage, woher sie sie haben. Ein Mädchen hat einen Cacharel-Schal. Ein anderes hält eine Handtasche von Marc Jacobs in seinen Händen. In meinem vorigen Leben wäre ich wirklich interessiert gewesen und hätte mir dabei unablässig Urteile über diese Menschen gebildet. Jetzt lasse ich einfach mein automatisches Konversationsprogramm ablaufen, weil mir kein anderes Gesprächsthema einfällt. Jemand erwidert mein Kompliment und fragt mich, wo ich denn den Regenmantel gekauft habe. Vor sechs Monaten hätte ich ihm mit schlecht verhülltem Stolz geantwortet. Jetzt ist es mir einfach nur peinlich. Wen kümmert es, von wem dieser Mantel ist?

Schnell fange ich an, mich zu langweilen. Früh verlasse ich die Bar, und auf dem Heimweg wird mir bewusst, dass der Angstknoten in meiner Magengrube inzwischen Melonengröße hat. Am Ende meines Fußmarsches bin ich so fertig, beinahe benommen, als hätte ich Entzugssymptome von einer Psychodroge. Vielleicht waren diese Marken meine Pillen für eine alternative Realität, vielleicht lerne ich jetzt endlich die wirkliche Welt um mich herum kennen. Im Film *THX 1138* müssen die Bewohner der Zukunftswelt eine streng kontrollierte Medikation einhalten, damit ihr Wohlbefinden auf einem immer gleichen Niveau bleibt. Wenn ihr Glücksgefühl nachlässt und sie anfangen, ihre Situation zu hinterfragen, werden sie von einer Computerstimme genötigt, mehr zu schlucken: NEHMEN SIE JETZT ZWEI PILLEN UND IN ZEHN MINUTEN NOCHMALS VIER STÜCK. KEINE ANGST, HILFE IST UNTERWEGS.

TEIL III
Der Tag des Feuers

17. September 2006

Der Tag der Abrechnung. Ich wache um sechs Uhr früh auf, sitze aufrecht im Bett mit einem Blick, der, ich bin mir sicher, beginnenden Wahnsinn verrät. Ein Übertragungswagen der BBC wartet vor der Tür, um mich für *World Service* zu interviewen. Es ist das zwanzigste Interview in zwei Wochen. Ich rassele die üblichen *Sound Bites* herunter ... markensüchtig ... sie stärken mein Selbstwertgefühl ... ohne sie bin ich verloren ... muss etwas ändern ... kathartisches Erlebnis und so weiter. Bringen wir's einfach hinter uns.

Ich habe eine Stunde Zeit, die Rede zu schreiben, die ich vor dem Entzünden des Feuers halten will. Ein Megafon liegt bereit, es hat ein angemessen militärisches Aussehen (ein Adastra 952, vermutlich der letzte Markenartikel, den ich gekauft habe). Was bleibt, sind immer noch endlose Berge von Sachen, die eingepackt werden müssen, bevor um die Mittagszeit herum der Lieferwagen ankommt. Aus irgendeinem Grund habe ich meine teuersten Kleidungsstücke bis zuletzt im Schrank gelassen, und als es nun so weit ist, sie in Säcke zu stecken, habe ich nicht viel Lust dazu. Unter diesen Sachen sind eine schöne seidene Bomberjacke von Raf Simons, ein Anzug von Vivienne Westwood, einige Hemden, die in der Savile Row von Kilgor maßgeschneidert wurden. Die Versuchung, sie zu verstecken, ist groß, und ich ertappe mich dabei, dass ich mich nach einem sicheren Ort umsehe. Aber es hätte keinen Zweck – ich könnte sie nur inkognito am anderen Ende der Welt tragen.

Am Mittag ist alles in Müllsäcke verpackt, die jetzt in sämtlichen Zimmern herumstehen. Ein Freund von mir, der im Marketing arbeitet, hat einmal, als eine Art Scherz, eine Edition gefälschter Louis-Vuitton-Müllsäcke produzieren lassen. Das wäre eine angemessene Verpackung gewesen, um darin meinen Besitz abzutransportieren, aber leider hatte ich keine davon aufgehoben. Ich ziehe meinen Sharp LCD-Fernseher und den Sony DVD-Player aus der Steckdose heraus (mit 5.1-Surround Sound, den ich nie richtig eingestellt habe), und plötzlich dämmert mir die schreckliche Wahrheit. Juliet sieht leicht panisch aus. Sosehr wir beide uns immer über die schlechte Qualität des Programms beschwert und uns geschworen haben, weniger fernzusehen – wir werden das Gerät schrecklich vermissen. Auch schaut der Raum entsetzlich leer ohne diesen Flachbildschirm aus.

Was folgt, sind ohne jeden Zweifel die unwirklichsten sechs Stunden meines bisherigen Daseins. Mein Freund Tim kommt, schwitzend und verkatert vom Vorabend, um beim Einladen meiner Sachen in den Lieferwagen zu helfen. Ich bin erschüttert, dass das Ergebnis eines ganzen Lebens voller Kaufräusche problemlos in einen Ford Transit passt. Wir treffen schließlich am Ort des Geschehens ein, am Finsbury Square, und laden das Zeug aus. (»Vorsicht!«, sage ich zu Tim, als er den Fernseher aus dem Transporter fallen lässt; er schaut mich an, als wolle er mich fragen: »Warum denn das?«) Nachdem die schwere Arbeit getan ist, macht sich Tim wieder auf den Weg nach Hause, um weiter seinen Kater zu pflegen, und ich stehe eine halbe Stunde lang allein in der Mitte eines öffentlichen Platzes, während mein gesamtes Markenleben um mich herum verstreut liegt. Ein Mann geht mit einem Hund vorbei, sein Gesichtsausdruck zeigt Verwirrung. Ich zünde mir eine Zigarette aus einer bis dahin noch ungeöffneten Schachtel mit Marlboro Lights an und nehme jeden Zug intensiv wahr. Das ist mein letzter Tag als Raucher, und ich bin entschlossen, diese zwanzig Zigaretten bis zur allerletzten zu genießen.

Das Team von Fantastic Fireworks, dem Pyrotechnik-Unternehmen, taucht auf und fängt an, das Feuergerüst aufzubauen. Ros, die verantwortliche Dame, hat einen unglaublich beruhigenden Einfluss auf das ganze Prozedere. Ich hatte befürchtet, dass alles mit sehr viel Anspannung – vor allem meiner eigenen – vonstatten gehen würde. »Es hat gar keinen Zweck, sich wegen dieser Dinge Stress zu machen, Neil, deshalb geschehen sie kein bisschen leichter«, sagt Ros. Später finde ich heraus, dass sie aus Cornwall stammt und einst ein Hippie-Mädchen war. Juliet und mein Freund David erscheinen, um zu helfen, und wir fangen damit an, die Sachen auszupacken.

Der Plan war, auf dem Rasen des Finsbury Square eine Replik unseres Wohnzimmers zu arrangieren. Aber es sieht dann doch eher so aus wie ein Flohmarktstand. Nicht zum letzten Mal an diesem Tag frage ich mich, ob mein Zeug *gut genug* ist zum Verbrennen.

Die Zeit vergeht in schwindelerregendem Tempo, sie hält nur kurz inne, wenn Passanten stehen bleiben, um zu fragen, was um Himmels willen wir hier machen. »Ich verbrenne alle meine Sachen, und zwar aus Protest gegen den Konsumterror, den Marken zu verantworten haben«, gebe ich zu verstehen. »Warum wollen Sie das tun?«, werde ich gefragt. »Was für eine Verschwendung.« Um sechs Uhr abends ist das Feuergerüst errichtet, ein vier Meter hoher Drahtkegel, um den ein dickes, mit Paraffin getränktes Seil gewunden ist. Wir befestigen einige ausgewählte Markenartikel daran, damit es besser aussieht. Eine Menschenmenge beginnt sich um den Platz herum zu versammeln. Mein Gott, es wird wirklich passieren. Es ist enervierend, den materiellen Inhalt seines Lebens in der Öffentlichkeit ausgebreitet zu sehen, und meine alten Statusängste kommen wieder hoch. Ich frage mich, was diese Passanten von meinem Lebenswerk als Verbraucher denken. Inmitten der Menschenmenge kann ich enge Freunde und Verwandte ausmachen. Sie alle sind hier, um zuzuschauen und mir Glück zu wünschen. Carol steht auf Abruf bereit, falls ich zusammenbreche, und sogar Fremde, die regelmäßig Kommentare in meinem Blog hinterließen, sind da und geben sich mir zu erkennen.

Jemand in der Menge zeigt auf den Stapel Sachen und ruft: »Ist das alles?«

»Wie meinen Sie das?«

»Na ja, ich dachte, es würde mehr sein.«

»Tut mir leid, wenn ich Sie enttäusche, ich werde mich beim nächsten Mal mehr anstrengen.«

Gegen 18.45 Uhr ist alles so weit. Die Sicherheitsleute sind angekommen, sie sehen angemessen muskulös aus. Mein Vize-Feuerteufel Alan ist da, gerade noch rechtzeitig hat er sich aus dem Bett gewälzt und es geschafft, seinen Overall anzuziehen. Die Pyrotechniker stehen mit riesigen Flammenwerfern bereit.

Der wütende Mob, den ich erwartet habe, ist ausgeblieben. Diese Leute haben sich wahrscheinlich entschieden, stattdessen lieber einkaufen zu gehen. Eine Menge von etwa dreihundert Menschen hat sich derweil versammelt, es liegt eine fast greifbare Spannung in der Luft. Alle Augen ruhen auf mir, während ich kettenrauchend am Rand der Szene stehe. Der Erwartungsdruck wird unangenehm. Es ist Zeit, dass es endlich passiert.

Ich schreite hinüber zu den Sachen und nehme das Megafon in die Hand, um meine Rede zu halten. Adrenalin strömt durch meinen Körper und ertränkt jeden Rest von Zweifel oder Angst mit purer Energie, und von diesem Moment an nehme ich alles nur noch verschwommen wahr.

»Danke, dass Sie gekommen sind. Ich würde Ihnen gern kurz erklären, warum ich das hier mache. Ich gehöre zu einer Generation, der seit dem Tag ihrer Geburt etwas verkauft wurde. Und was Sie heute sehen, ist das Resultat – ein Mensch, der von Marken abhängig ist. Jede der 3000 Werbebotschaften, mit denen ich Tag für Tag konfrontiert wurde, versprach mir, dass mein Leben reicher sein würde, wenn ich mein Geld für bestimmte Produkte ausgebe.

O2 – Can do; Nike – Just do it; L'Oréal – Weil Sie es sich wert sind.

Ich habe diese Dinge gekauft und geglaubt, dass sie mich erfolgreich, liebenswert und sexy machen würden. Wie Sie sehen, hat es nicht funktioniert.

Wenn wir für ein Markenprodukt bezahlen, bezahlen wir für ein Luftschloss – und, Mann, das bezahlen wir teuer. Sehen Sie dieses Poloshirt von Ralph Lauren? Das hat mich 65 Pfund gekostet. Dieses markenfreie Exemplar hier habe ich gestern auf einem Markt für drei Pfund bekommen.

All diese Marken sind nichts weiter als ein teurer Betrug. Die Haushalte in Großbritannien sind wegen dieser Dinge mit 200 Milliarden Pfund überschuldet. Wir sind vielleicht eines der reichsten Länder der Erde, aber emotional gehören wir zu den ärmsten. Im internationalen Ranking der Zufriedenheit belegen wir hinter El Salvador Platz 24.

Mit dem morgigen Tag werde ich versuchen, mein Glück woanders zu finden als in einem Kaufhaus.

Und heute werde ich mich ein für alle Mal von der Sucht nach diesen Marken befreien. *Bloß weg mit ihnen!*«

Die Menge jubelt, und ich verspüre einen starken Energiestoß. Die Flammenwerfer erwachen fauchend zum Leben, und mein Scheiterhaufen fängt mit einer Wildheit Feuer, die jeden, mich eingeschlossen, überrascht. Ein Techniker läuft professionell um das Gerüst herum und setzt den Fuß des Kegels in Brand. Sekunden später steht es völlig in Flammen. Ein kleines Kind in der Menge beginnt zu weinen, und die Menschen schnappen angesichts der Hitze kollektiv nach Luft. Ich greife mir ein paar Kleidungsstücke und renne in Richtung des Feuers. Die Hitze ist so unglaublich, dass ich wieder ein paar Schritte zurückweichen muss. Ohne zu Zögern nehmen Alan und ich weitere Luxusklamotten auf und werfen sie in hohem Bogen in die Flammen, in denen sie sich sofort in Rauch zu verwandeln scheinen. Die Menge bejubelt jeden neuen Wurf. Nach einigen Minuten bin ich erschöpft.

Ich gehe wieder zum Megafon.

»Wegen der geltenden Gesundheits- und Sicherheitsgesetze kann ich nicht alle Sachen verbrennen, die Sie hier heute sehen. Deshalb werde ich den Rest mit einem Vorschlaghammer bearbeiten. Los geht's!«

Den Hammer in die Hand schwinge ich ihn gegen den LCD-Fernseher. Alan zerschmettert einen Technics-Plattenspieler. Wieder schnappt die Menge nach Luft, doch diesmal ist es ein Gefühl des Entsetzens. Die Flammen hatten etwas Hypnotisches, doch ein Vorschlaghammer bedeutet rohe Gewalt. Wir zertrümmern Möbel und Elektrogeräte. Ein BBC-Reporter und ein Kameramann tauchen mitten in dem Gemetzel auf und fragen, wie ich mich in diesem Moment fühle. »Äh, ich weiß nicht, ziemlich gut, denke ich.« – »Los, nimm den Dyson«, ruft jemand aus der Menge. Ich drehe mich von der Fernsehcrew weg und schwinge den Hammer wild gegen den Staubsauger. Es fühlt sich gut an.

Der größte Teil meiner Möbel und Geräte ist kurz und klein geschlagen, aber es sind noch eine Menge Kleidungsstücke und

Schuhe übrig. Ich gehe wieder zum Megafon, danke den Leuten, dass sie gekommen sind, und sage, dass, wer den Rest haben will, kommen und ihn sich holen kann. Die Menschen stürmen die Barrikaden, bald setzt ein größeres Handgemenge ein. Ich schaue müde und benommen zu, wie sich Frauen und Männer an mir vorbeidrängeln, um an meine Sachen zu kommen. Ein Vater sagt zu seinem Jungen: »Nicht ablenken lassen, Junge, nicht ablenken lassen, hol dir das Fahrrad!« Zeitungsreporter stellen mir Fragen, ich bemühe mich nach Kräften, zusammenhängend zu antworten. Eine Wolke von Designerasche steigt aus dem nun gelöschten Feuer in die Luft, während Kinder wild in den Trümmern herumwühlen, um etwas zu finden, das sie mit nach Hause nehmen können. »Ich frage mich, ob sich irgendetwas davon bei eBay verkaufen lässt«, höre ich einen Mann sagen.

Da das kostenlose Entertainment jetzt zu Ende ist, zerstreut sich die Menge rasch. Ich bleibe zurück, um die letzten Reste aufzusammeln. Bekannte Gesichter tauchen auf, um mir zu gratulieren. Alle weisen den gleichen Ausdruck von Ratlosigkeit und Besorgnis in ihren Mienen auf. Ich frage mich, ob das die Reaktion ist, die man bekommt, wenn man als Clown auftritt; die Zuschauer würdigen deine Leistung, empfinden aber auch eine Art Mitleid.

Die Asche sinkt zu Boden, und meine Helfer schaufeln die verkohlten und zerschlagenen Reste meines Markenlebens in Mülleimer. Ich ziehe mein erstes offizielles markenfreies Outfit an und mach mich auf den Weg in ein nahegelegenes Pub, in dem einige der Zuschauer noch etwas trinken. Als ich das *Griffin* betrete, sehe ich, dass nicht wenige Leute Kleidungsstücke aus meiner früheren Markengarderobe in der Hand halten (oder schlimmer noch: tragen), die sie aus den Resten des Feuers aufgeklaubt haben. Ein Bursche hat offenbar nur einen Schuh aus meiner Sammlung ergattert, den er aber nichtsdestotrotz gerade anzieht. Ein anderer hat meinen Cashmere-Pullover von Ralph Lauren um die Schultern geschlungen, der nur an den Bündchen leicht vom Feuer versengt ist. Er prostet mir zu: »Danke für den Pulli, Kumpel!«

Mehrere Gläser mit Lime and Soda (das einzige markenfreie Getränk in diesem Pub) erscheinen vor mir auf der Theke – ausgegeben von mir unbekannten Menschen, die mir zuprosten und gratulieren. Doch ich habe schon seit einiger Zeit meine Konversationsfähigkeiten eingebüßt. Ich fühle den großen Absturz herankommen, ein Gefühl, das durch den starken Wunsch nach einer Marlboro Lights noch verschlimmert wird. Juliet und ich schleichen uns hinaus und machen uns auf den Nachhauseweg, neugierig, wie die BBC-Nachrichten über das Ereignis berichten werden.

Unsere Wohnung sieht mit ihren halbleeren Regalen und offen stehenden Schränken ziemlich verloren aus. Das Gästezimmer, das einmal mit Kleidern und anderen Dingen vollgestopft war, ist nun mit leeren Kartons und überflüssigen Kleiderbügeln übersät. Ein paar herumliegende schwarze Kabel sind alles, was noch an das Fernsehgerät erinnert. Also werden wir keine Nachrichten sehen. Juliet, treu bis zum Ende, lächelt einfach: »Kein Problem, Schatz.«

Es ist alles weg. Für immer. Während dieses ganzen Projekts hat sich ein Teil von mir vor der Frage verschlossen, welchen Effekt das Ganze auf mein Leben haben würde. Bis zur letzten Minute hatte ich die Chance zu kneifen, beschämt vielleicht, aber meine Markensammlung, mein symbolisches Ich, wäre intakt geblieben. Dieser Moment ist seit zwei Stunden vorüber, und jetzt ist alles, was mir geblieben ist, eine Handvoll Zeitungsausschnitte und ein Paar angesengte Augenbrauen. Eine Schachtel voller Kassenbons, die bis zu zehn Jahre alt sind, erinnert als Einziges an mein akribisch mit Marken ausgestattetes früheres Ich. Das ist alles zu viel für mich. Ich gehe aus der Wohnung, um draußen meine allerletzte Marlboro Lights zu rauchen. Mit Tunnelblick wandere ich die Straße auf und ab, inhaliere tief und genieße jeden einzelnen Zug. Die Asche erreicht den Filter, ich werfe die Kippe auf die Straße, wobei ich im Geist den Moment als meinen letzten als Raucher markiere. Ich greife in die Tasche nach meinem Türschlüssel, finde jedoch stattdessen den Geldclip, den mir Juliet einmal bei Louis Vuitton als Weihnachtsgeschenk gekauft hat. Ich nehme das Geld aus dem

Clip, schenke ihm noch einen liebevollen Blick und werfe ihn behutsam auf die Straße, neben die Kippe. Die letzte grandiose Geste für heute.

TEIL IV
Nach dem Feuer

Tag 1

Ich erwache in einer ziemlich leergeräumten Wohnung, in der Kartons, Tüten und einzelne Markenartikel achtlos umherliegen, die in der Hektik vor dem Feuer vergessen wurden. Der Lärm der montäglichen Rushhour ist draußen in vollem Gange, die Welt geht ihren gewohnten Geschäften nach. Ich dagegen liege ermattet in meinem abgedunkelten Schlafzimmer, fühle mich kraft- und willenlos, nachdem der Kulminationspunkt von sechs Monaten Planung erreicht ist, und völlig abgestumpft von seinen Auswirkungen. Normalerweise würde ich einen solchen Zustand bekämpfen, indem ich vor dem Fernseher abhänge – aber ich habe keinen mehr. Ich stolpere zur Dusche, um mich frisch zu machen, stelle aber fest, dass ich noch keine Seife hergestellt habe. Ich kann mit ethisch korrekt hergestelltem markenfreiem Shampoo aufwarten, einem zu 90 Prozent wirkungslosen Deostein und unangenehm scheuernder selbstgemachter Zahnpasta. Aber mit keiner Seife.

Gegen Mittag quäle ich mich für ein Interview mit BBC Radio 4 aus dem Bett. Ich hatte immer die Ambition, einmal dort aufzutreten, allerdings hätte ich mir gewünscht, dabei etwas bessere Laune zu haben. Im Studio macht die Moderatorin eine Bemerkung, die ich in nächster Zeit noch von vielen Leuten zu hören bekommen werde: »Ich bin überrascht, Mr. Boorman, Sie sehen nicht wesentlich anders aus als andere Menschen.« Sie hatte offenbar erwartet, dass ich in Sackleinen und Öko-Sandalen in London herumlaufe. »Nein, Sie schauen aus wie eine Mischung aus Tom Cruise und Joe 90 aus der Puppentrickserie.« Da ich noch keine markenfreien Kontaktlinsen gefunden habe, muss ich mich mit meiner alten Brille aus dem Oxfam-Laden behelfen. Ich nehme die Bemerkung als Kompliment, nuschele mich durch das Interview und stolpere anschließend völlig entkräftet wieder zurück in die Wohnung. Das war also mein erster und einziger Auftritt in BBC Radio 4.

Auf dem Nachhauseweg begegnet mir eine Frau, die eine

Tüte Chips isst. Ich habe aufgrund der ganzen Anspannung seit Tagen nicht mehr vernünftig gegessen, und aus diesem Grund fühle ich das unstillbare Verlangen, mich mit einer Familienpackung *Salt-and-Vinegar*-Chips, Kettle-Chips oder vielleicht einer Rolle Pringles vollzustopfen. Mein Herz wird schwer, als mir dämmert, wie die tägliche Realität eines markenfreien Lebens aussehen wird. Ich muss mich zukünftig auf alle Eventualitäten vorbereiten, bevor ich das Haus verlasse, sonst wird das Experiment scheitern. Später in der Therapie erzähle ich Carol, wie leer und deprimiert ich mich fühle, von meiner Angst, dass mich jemand von der Zeitung in einem schwachen Moment erwischen wird und dass alles, was ich im Moment vom Leben will, eine Packung Walkers *Salt & Lineker*-Chips ist. Sie warnt mich zum wiederholten Mal, das Projekt nicht zu weit zu treiben.

Am Ende des Tages ist der Presserummel auf null zurückgegangen, Telefon und E-Mail verstummen und mein grandioses Unternehmen ist, wie alle anderen Nachrichten vom Vortag, zum Material für das Einwickeln von Fish and Chips geworden. Meine Eltern rufen an – auf dem halb-markenfreien und ethisch betriebenen Festnetzapparat von Phone Co-operative –, um sich nach meinem Zustand zu erkundigen. Sie haben sich in den letzten Monaten jegliche Kritik verkniffen, erstaunlich, wenn man bedenkt, dass ihr Sohn gerade Dinge im Wert von mehreren Tausend Pfund zerstört hat, von denen keines irgendeinen Fehler hatte. »Ich denke, ich verstehe dich, mein Sohn. Wenn es etwas ist, woran du wirklich glaubst, dann solltest du es auch tun«, sagt meine Mutter. Andere Menschen sind weniger hilfreich, besonders solche, die für die Presse oder die Werbung arbeiten. Steve, Herausgeber eines Herrenmagazins der oberen Preiskategorie, ruft an, um mich mit Geschichten seiner letzten Käufe zu ärgern.

»Rate mal, was ich gerade trage.«

»Ich habe keine Ahnung, aber ich bin sicher, du willst es mir erzählen.«

»Ein brandneues Paar John-Lobb-Schuhe, maßgeschneidert aus der Jermyn Street. Und ein hübsches Stückchen Cashmere von Pringle. Fühlt sich gut an, das kann ich dir sagen. Na, was macht denn dein Kreuzzug gegen den Kapitalismus?«

»Es ist ja erst der Anfang, aber ich erwarte, dass die Revolution in nächster Zeit losbricht.«

»Viel Glück dabei, Kumpel, denn sonst bist du ziemlich schwer vermittelbar.«

Tag 4

Ich habe drei Tage damit verbracht, mich unter meiner Bettdecke zu verkriechen, und Juliet macht sich langsam Sorgen. Irgendwann werde ich wohl mein Leben wieder aufnehmen müssen, aber es gibt im Moment so wenig, für das es sich aufzustehen lohnt. Die Angewohnheiten meines früheren Lebens sind so tief in mir verwurzelt, dass ich immer noch wie vom Autopiloten gesteuert in der Wohnung herumlaufe. Fernsehen. Aber wir haben keinen Apparat mehr. Kein Fernseher? Dann höre ich eben Radio. Kein Radio? Ich werde eine rauchen. Keine Zigaretten? Verdammt. Ich vermute, Juliet ist jeden Morgen froh, dass sie dieses Irrenhaus verlassen und zur Arbeit gehen kann. Ich dagegen habe keine, zu der ich gehen kann; im Grunde genommen ist dieses frugale, spaßfreie, markenlose Leben mein Job.

Ich muss raus aus der Wohnung und versuchen, meiner Situation wieder eine Perspektive zu geben. Was aber ist, wenn jemand mich sieht, der mich aus dem Fernsehen erkennt, vielleicht sogar ein Reporter? Solange ich völlig markenfrei bin, können sie mir nichts anhaben. Was soll ich anziehen? Ich kann wählen aus einem Dutzend einfacher T-Shirts, einem Paar Jeans und einigen ziemlich unbequemen Leinenturnschuhen. Vorher trat ich mit Selbstvertrauen und hocherhobenem Kopf auf die Straße, wartete darauf, die Blicke von Passanten aufzufangen. Jetzt trotte ich mit gebeugten Schultern aus der Tür, Kopf und Augen drehen sich nervös, um nicht zu sehen, wie die an mir vorübergehenden Leute mich betrachten.

Natürlich warten keine Fotografen vor der Haustür, und soweit ich es beurteilen kann, erinnert sich niemand an mich.

Was soll ich mit dem Tag anfangen? Ich könnte mir eine Tasse Tee leisten – aber die Sandwich-Bars in der Nähe gehören alle zu irgendeiner Kette. Selbst wenn ich es schaffen sollte, ein altmodisches familiengeführtes Café zu finden, würde man mir dort vermutlich Tetley oder PG-Tips-Tee servieren, zusammen mit einer Portion Milchersatz von St. Ivel. Ich könnte in den Park gehen, aber es sieht ziemlich nach Regen aus. Vielleicht sollte ich ein wenig in der Fußgängerzone herumflanieren – nur gibt es da jetzt nichts mehr für mich zu tun. Kino? Alle Kinos in dieser Gegend gehören zur Odeon-Kette. Ich könnte mir einen Roman kaufen – doch die kleinen Buchläden mussten schon vor Jahren den Filialen von Borders und Waterstone's weichen. Vielleicht sollte ich mich auf Freizeitaktivitäten konzentrieren, die *nicht* mit Konsum verbunden sind. Was machen die Leute eigentlich, wenn sie nicht shoppen? Verwandte besuchen? Sehenswürdigkeiten besichtigen? Kunstgalerien betreten? Ich bin sicher, die Wurzel meines Markensyndroms ist teilweise darin zu suchen, dass man in diesem Land ziemlich wenig tun kann – außer Einkaufsstraßen zu besuchen. Ich gehe zu Fuß zur Serpentine Gallery im Hyde Park, um die Zeit totzuschlagen; immerhin dauert der Marsch eine Stunde. Dabei muss ich mich des Öfteren daran erinnern, dass das ja eigentlich kein schlechtes Leben ist.

Der erklärende Text an der Wand teilt mir mit, dass die Ausstellung in der Serpentine Gallery einen Überblick über »Praktiken wie Aneignung, Pop und gesellschaftspolitische Kritik« gibt. Als frischgebackener Aktivist gegen den Konsumterror sollte diese Auswahl mich eigentlich ansprechen. Doch dank meiner berüchtigt kurzen Konzentrationsspanne fällt es mir schwer, mich länger mit irgendeinem der Kunstwerke auseinanderzusetzen. Nachdem ich zwanzig Minuten lang interessiert herumgeschaut habe, ohne mir wirklich irgendetwas anzusehen, trete ich die Flucht in den Museumsshop an, in der Hoffnung, dass ich dort etwas zum Kaufen finde. Auf dem Weg dorthin begegne ich Sarah, einer alten Freundin, die früher

Grafikerin bei der Zeitschrift *Wallpaper* war. Sie ist der Typ, der schlichte Blusen von APC und bequeme Schuhe von Camper trägt – der klassische Grafikdesigner-Look. Nicht, dass mich das noch interessierte.

»Ich habe dich in den Nachrichten gesehen. Ich muss sagen, du schaust gar nicht anders aus als vorher!«

»Ja, das sagen mir die Leute ständig. Was hast du denn erwartet, dass ich trage?«

»Ich weiß nicht, eben diese Billigklamotten aus dem Oxfam-Laden, nehme ich an. Ich glaube übrigens nicht, dass das alles markenfrei ist, was du trägst. Lass mich mal die Innenseite deiner Jacke überprüfen.«

Sie checkt jedes Kleidungsstück, das ich anhabe, auf Etiketten – außer der Unterhose, von der ich hoch und heilig verspreche, dass sie aus dem Army-Laden stammt. Ein Aufseher des Museums schaut uns verwundert zu. Filzt mich Sarah, weil meine Kleidung zu normal aussieht, um wahr zu sein? Oder weil sie den Verdacht hat, dass die ganze Übung nur eine Farce ist? Vielleicht erscheint ihr der neue, ernsthafte Neil ziemlich unnahbar, denn sie klammert sich an ein Konversationsthema, um das übliche Fünf-Minuten-Zeitfenster für höflichen Smalltalk zu füllen. Nachdem ich den Markenfrei-Test bestanden habe, wird die Unterhaltung mühsam und wir trennen uns; vermutlich beide in der Hoffnung, dass wir uns nicht so bald wiedertreffen.

Tag 5

Tom Hodgkinson, der Chefredakteur der Zeitschrift *The Idler*, hat einen Artikel mit einem leidenschaftlichen Appell für mein Buch geschrieben. Tom und ich wurden Freunde, nachdem irgendwann im Verlauf eines meiner typischen Fünfzehn-Stunden-Arbeitstage als Zeitschriftenherausgeber ein Exemplar des *Idler* auf meinen Schreibtisch flatterte. Das Programm, das dieses Magazin propagierte – Ablehnung der gängigen Arbeitsethik und Hinwendung zu einem einfachen Leben –, schien meiner eigenen Vorstellung von persönlicher Entwicklung völlig zuwiderzulaufen, schließlich arbeitete und konsumierte ich mit masochistischer Besessenheit. Die *Idler*-Philosophie kam mir wie ein Witz vor, doch spätere Treffen mit Tom bewiesen mir, dass ein Mensch sich auch anders als durch seinen Arbeits- und Shopping-Status definieren kann. Tom scheint zur gleichen Schlussfolgerung gelangt zu sein, auf die auch ich hinarbeite, allerdings ohne das theatralische Drumherum. Und sein Artikel hat den Effekt, meine ansonsten eher verdrießliche Stimmung eine Zeit lang zu verbessern.

Warum Marken mich nicht interessieren

Markenartikel sind eine Art Trostpreis für den Lohnsklaven. Werden wir auch während unseres Arbeitstages auf vielfältige Weise unterdrückt, von Chefs erniedrigt und von Kollegen gelangweilt, so gibt uns die Marke die Chance, eine Art von Macht auszuüben, sobald wir die Tore der Fabrik und der Büros hinter uns gelassen haben. In der heutigen Jugendsprache würde man sagen, die Marken machen uns »phatt«. So klein und nutzlos wir uns auch sonst fühlen, plötzlich werden wir von der Werbung umschmeichelt – und wir müssen nichts weiter tun, als etwas von Gucci zu kaufen, um uns wie ein König zu fühlen. Vom Bettelknaben zum Prinz – ich weiß es, ich habe es ausprobiert. Doch die Wirkung ist nicht von Dauer. Am nächsten Tag sind wir wieder Sklaven. Chronische Enttäuschung ist im Markensystem inbegriffen. Genauso, wie bei Konsumgütern das Veralten bereits eingeplant ist, um uns zu animieren, wieder etwas Neues zu kaufen, so sorgen auch die Marken dafür, dass wir immer mehr wollen. Ein Kauf erfüllt nicht sein Versprechen, dass wir uns dadurch frei und attraktiv fühlen werden. Also erstehen wir etwas anderes. Wiederum sind wir enttäuscht, und so geht es weiter. Wir sind gefangen in einem Teufelskreis von Arbeiten, Kaufen und Arbeiten.

So gesehen sind Marken der böse Zwillingsbruder der Sklavenarbeit, und deshalb sind sie ein Feind der Faulheit (die sich der *Idler* auf die Fahnen geschrieben hat) und der Freiheit.

Das soll nicht heißen, dass der *Idler* das Geldausgeben grundsätzlich ablehnt. Vor zehn Jahren kaufte ich in Soho bei John Pearse einen Mantel für 300 Pfund, ein Kleidungsstück aus Tweed mit Samtkragen. Letztes Jahr investierte ich 70 Pfund, um ihn flicken zu lassen, und jetzt sieht er wieder aus wie neu. Das ist gut angelegtes Geld: John Pearse ist ein unabhängiger Schneider, der dich begrüßt, wenn du seinen Laden betrittst. Die Berufsnörgler werden sagen: »Ja, aber er ist eine Marke.« Gut, das mag so sein, doch seine Umsätze sind verschwindend klein verglichen mit Nike oder Hugo Boss. In der Textilbranche gilt: »Small is beautiful.« Das Schlechte an den Marken ist teilweise die Folge ihrer ungeheuren Größe. Und es lohnt sich, für Qualität zu zahlen anstatt für Quantität. Qualität bleibt. Stil kommt niemals aus der Mode.

Die Weigerung, sich zu einer Marke machen zu lassen, ist zweifellos auch das Zeichen für einen Individualisten. Es ist dumm, Geld für Nike-Klamotten auszugeben. Das Zeichen für einen Verrückten. Wer das tut, ist lediglich von den Millionen Dollar teuren Werbekampagnen hinters Licht geführt worden. Nike zu kaufen deutet auf das Wesen eines Schafs und einen Mangel an Vorstellungskraft und Stil hin. Und ich würde das gleiche Argument für Tesco, Argos und Loans Direct machen. Das sind Läden für Narren.

Wie auch immer, wer will schon, wenn er noch ganz bei Verstand ist, durch eine Marke gekennzeichnet werden wie ein Rindvieh mit einem Brandzeichen? Ein Label markiert dich als das Eigentum eines anderen. Es ist das Symbol eines gezähmten und ausgebeuteten Tieres.

Marken versprechen Freiheit, doch sie liefern das Gegenteil – die schlimmste Art sklavischer Konformität. Das ist der Grund, warum mich Marken nicht interessieren. Sie sind zu sehr wie harte Arbeit. Gib also weniger aus, arbeite weniger. Vergiss Quantität, suche nach Qualität.

Tag 6

Samstag. Ich glaube, die meisten Menschen sind unterwegs, um sich ein neues Oberteil für eine Verabredung am heutigen Abend zu kaufen, eine CD, die sie vor kurzem im Radio gehört haben. Vielleicht machen sie einen Abstecher zu Pret a Manger oder Carluccio's, um einen Happen zu essen. Wunderbar. Ich kaufe auf dem Markt bei mir um die Ecke Lebens- und Waschmittel. Da er nur heute da ist, muss ich Vorräte für die ganze Woche einkaufen. Ich kann mich nicht erinnern, dass die Nahrungsmittel im Supermarkt so viel gekostet haben. Im Vertrauen darauf, dass Sainsbury's vernünftige Preise hat, warf ich normalerweise die Sachen in meinen Korb, ohne allzu genau hinzuschauen, was sie kosteten. Doch ich bin ziemlich sicher, dass ich für einen halben Liter Milch nicht zwei Pfund zahlen musste. Was an den Bioständen ausliegt, sieht ziemlich verwachsen aus und ist oft mit Erde verkrustet – und es ist ohne Ausnahme sehr teuer. Allerdings macht das Einkaufen hier zweifellos mehr Spaß, es gibt einem ein größeres Gefühl der Rechtschaffenheit als der Gang zum Supermarkt. Bis ich den Fischhändler, den Bäcker und den Stand für Haushaltsartikel hinter mir habe, ist der Tag fast vorüber. Als »Belohnung« mache ich einen Abstecher in den Army-Laden. Den Verkäufern bin ich langsam bestens bekannt. Was kann mich heute in Versuchung führen? Knobelbecher? Eine russische Kosakenmütze? Vielleicht ein zwei Meter großes Tarnnetz? Ich habe das Bedürfnis, wenigstens einen unnötigen Artikel zu erwerben, also kaufe ich einen unförmigen schwarzen Strickpullover mit Zopfmuster (ein Schnäppchen für 5 Pfund). Die Wolle ist so kratzig, dass man ihn wohl ebenso gut auch als Scheuerlappen verwenden könnte. Ist nicht ganz wie bei Harvey Nichols hier.

Juliet zwingt mich, abends mit ein paar Freunden in den Pub zu gehen. Ich habe seit dem Feuer mit kaum einer Menschenseele gesprochen, aber ich sollte mich nicht völlig aus meinem alten Leben zurückziehen. Die Freunde, mit denen wir uns treffen, sind normale Londoner, die meisten von ihnen müssen sich anstrengen, um über die Runden zu kommen. Sie haben ganz normale Jobs, die gerade genug abwerfen, um die Rechnungen bezahlen zu können. Doch selbst hier, in dieser Runde, ist das unausgesprochene Markenspiel in vollem Gang, und die Spielchips – Handys, Autoschlüssel und Brieftaschen – liegen offen auf dem Tisch. Ich weiß, welche zu wem gehören. James kann den BMW-Schlüssel sein Eigen nennen, der Besitzer des BlackBerry ist Daniel, und die B&H-Zigaretten sind von Steve (der immer Wert darauf legt, seine Herkunft aus der Arbeiterklasse zu betonen). Ich weiß, dass keiner von diesen Leuten so oberflächlich ist, seinen Krempel auszubreiten, um andere zu beeindrucken, aber nichtsdestotrotz liegen die Sachen hier. Als mein Freund Justin eine Prada-Brieftasche hervorzieht, frage ich mich, welche Gedanken ihn dazu verführt haben, diesen Gegenstand zu kaufen. Wahrscheinlich hat er einen Tag damit zugebracht, sich in den Geschäften nach einer Geldbörse umzusehen, die am ehesten nach seinem Geschmack war oder die ihm am meisten Stil verlieh. Das Ding hat ihn zweifellos einen Tagesverdienst gekostet, und bei diesem Preis hat er sicherlich gründlich über den Kauf nachgedacht. Egal, wie diskret diese Objekte im Besitz einer Person erscheinen, sie sind nicht aus heiterem Himmel zu dieser gekommen. Justin fängt meinen Blick auf, wie ich seine Brieftasche mustere, und er steckt sie schnell wieder in die Manteltasche zurück.

»Sorry, Boorman, ich wollte nicht mit meinen Marken vor deiner Nase herumwedeln. Ich weiß, das muss unangenehm für dich sein.«

»Du musst sie nicht vor mir verstecken. Ich werde nicht aus lauter Wehmut den Mond anheulen.«

»Und was hast du da?«, sagt Justin plötzlich und zeigt auf meine Jeans. »Ich schätze, du warst bei Levi's und hast einfach das Etikett abgerissen. Lass mich mal sehen.«

Das sind die üblichen Neckereien, aber ich bin nicht in der Stimmung für Scherze. Ich habe keine Lust, mich zum zweiten Mal in einer Woche filzen zu lassen. Ich stoße Justin zurück, als er nach dem Hinterteil meiner Hose greift, und füge, um den Effekt abzurunden, noch einige Schimpfworte hinzu. Juliet greift ein, um die Konfrontation zu entschärfen. Ich war in der Gesellschaft von Freunden nie der streitsüchtige Typ, also halte ich mich still an meinem inzwischen unvermeidlichen Lime and Soda fest und tue mein Bestes, mich mit der Situation anzufreunden.

Tag 7

Wenn ich im Laden an der Ecke ein Snickers kaufe, sofort auspacke und das ganze Ding so schnell wie möglich in den Mund schiebe, würde das doch sicherlich niemand merken, oder? Mein Nikotinentzug fängt an, sich in Heißhungerattacken zu äußern, und heute kann mir nur ein massenproduzierter Schokoriegel mit künstlichen Aromen und einem großen bunten Logo auf der Verpackung helfen.

Irgendwie finde ich mich in einem Süßwarengeschäft wieder, wo ich dämlich die Auslagen anstarre, bis der Ladenbesitzer mich aus meiner Trance erweckt.

»Was kann ich für Sie tun, Kumpel?«

»Äh, haben Sie Bananen oder Äpfel?«

»Nee, wir verkaufen nur Süßigkeiten und Chips.«

Tag 9

Die tödliche Stille zu Hause wird unterbrochen: Rana, mein früherer Kollege in der Werbung und stolzer Besitzer meiner Helmut-Lang-Jacke, ruft an, um mir Arbeit anzubieten. Dankbar für die Ablenkung laufe ich zu ihm ins Büro, wobei ich die Herbstsonne genieße. Vor dem Feuer hätte ich bei meinem Outfit eine Kombination von Marken zusammengestellt, die mir geholfen hätte, mich businessmäßig und auf Draht zu fühlen, wahrscheinlich eine offensive Auswahl von Top-Marken, um Ranas Garderobe Paroli zu bieten – schließlich stellen seine Leidenschaft für das Kaufen von Markenklamotten und das Verständnis für ihre Sprache meine Labelobsession vermutlich noch in den Schatten. Diese Situation ist neu für mich: Gekleidet in schrecklich schlichte Klamotten muss ich mich auf so altmodische Dinge wie Charme verlassen. Ich gehe an einem Nokia-Plakat vorbei, und der Slogan darauf fragt: »Welche Seite von sich wollen Sie heute zeigen?« Von mir gibt es ab jetzt nur noch eine Seite.

Es kann nicht wärmer als 20 Grad sein, doch als ich Ranas Büro erreiche, kommt es mir vor, als würde ich weit mehr als normal schwitzen. Mein markenloser Deostein lässt mich im Stich, und große feuchte Flecken bilden sich unter den Achseln. Zum Glück vernehme ich bis jetzt noch keinen Geruch, nur Feuchtigkeit ist zu spüren.

»Ich habe Arbeit für dich, Neil, betrifft die neue PlayStation 3. Wir haben eine Lagerhalle für zwei Monate in eine Bar verwandelt, und ich will, dass du dort einen Abend moderierst. Die ganze Technik ist da, jede Menge exklusiver Spiele und kostenloser Getränke. Im Grunde genommen bezahle ich dich dafür, dass ein gutes Publikum nicht allzu gute Laune bekommt.«

»Das würde ich wirklich gern machen. Ich bin sicher, die Bar ist total, äh, cool, auch könnte ich das Geld gebrauchen.« Hier beginne ich mich zu verhaspeln. Solch einen Job lehnt man nicht ab, sonst wird man vielleicht nie wieder gefragt. »Aber ich muss die Finger von Marken lassen.«

»Oh je. Ich dachte, das betrifft nur die Klamotten. Du machst also gar nichts mehr mit Marken? Im Ernst: Du bist total verrückt, das abzulehnen. Und die Bezahlung wäre super.«

»Tut mir leid, ich bin dir ja sehr dankbar für das Angebot, aber …«

»Ich versteh schon. Hör zu, ich lasse dich in der Kartei bis zur Veröffentlichung deines Buches. Danach wirst du doch wieder arbeiten, oder? Dein Projekt ist nur ein gesellschaftliches Experiment. Du solltest es nicht zu lange ausdehnen. Außerdem kannst du das gar nicht; Marken liegen dir im Blut.« Wie viele Menschen haben das Glück, Arbeit angeboten zu bekommen, die so leicht und so gut bezahlt ist wie diese? Merkwürdigerweise fühle ich mich nicht so desillusioniert, wie man annehmen könnte. Ein moralischer Sieg in einem zugegebenermaßen sinnlosen Privatkrieg.

»Und du solltest mal über ein anders Deo nachdenken, Neil«, stichelt Rana, als ich aus seinem Büro hinausgehe. »Was immer du auch benutzt, es wirkt nicht besonders.«

Tag 11

Mac Mods schicken mir das markenfreie Computergehäuse zurück, zusammen mit einer CD, die markenfreie Software enthält. Damit beginnt die sinnloseste Modifikation, der je ein Computer unterzogen wurde.

Tag 13

Heute konnte ich einfach nicht die Energie aufbringen, mir einen Tagesproviant in einer Tüte mitzunehmen. Es ist so nervtötend, jeden Tag Sandwiches selbst zu machen, Obst und Leitungswasser mit sich herumzuschleppen. Welch ein Luxus muss es sein, einfach eine Tüte Chips zu kaufen, wenn man sich hungrig fühlt, schnell einmal aus dem Büro zu gehen, um sich eine Cola zu besorgen, wenn einem danach ist. Später am Nachmittag habe ich auf der Straße einen plötzlichen Durstanfall, einen von der Art, bei der man spürt, wie der Körper zu dehydrieren beginnt. Jeder vernünftige Mensch würde in den nächstbesten Kiosk gehen und eine Flasche Evian zur Kasse tragen. Ich eile in die ziemlich trostlos aussehenden Toiletten eines nahegelegenen Pubs, um aus dem Wasserhahn zu trinken. Das ist wirklich Wahnsinn.

Gab es nicht früher überall in englischen Parks und Einkaufsstraßen Trinkfontänen? Ich frage mich, aus welchem Grund die eigentlich entfernt wurden. Vandalismus? Vielleicht auch, weil mit diesem Service kein Geld für die Stadtverwaltungen zu verdienen war. Kein Unternehmen würde etwas anbieten, mit dem kein Profit erzielt werden kann.

Das Leitungswasser im Pub schmeckt nach Chlor. Bei Mineralwasser aus der Flasche weiß man wenigstens, was man trinkt. Wenn ich eine Marke kaufe, der ich vertraue, dann muss ich nicht vorher das Etikett lesen oder die Qualität überprüfen. Ich weiß genau, was ich für mein Geld bekomme. Indem ich mich mit Etiketten umgab, habe ich wohl versucht, mich meiner Umwelt auf eine vergleichbare Weise zu präsentieren: die Sinne ansprechend, konsistent im Charakter, leicht zu identifizieren und verlässlich im Inhalt. Arbeitgeber konnten mich anschauen, und sie wussten sofort, was sie kauften.

Tag 14

Wenn ich aus dem Schlafzimmerfenster nach unten auf die Straße schaue, sehe ich, wie die Leute zur Arbeit gehen, Geschäfte betreten und verlassen, fröhlich mit ihren Freunden lachen, das tägliche Leben genießen, so wie es sein soll. Zwei Typen fahren langsam in einem offenen Saab-Cabrio vorbei, ein paar Frauen drehen sich um und schauen ihnen bewundernd nach. Eine andere Frau schreitet selbstbewusst die Straße hinunter, eine Dior-Tasche baumelt von ihrem Arm und eine riesige Gucci-Sonnenbrille beschattet ihre Augen, wie bei einem Filmstar in St. Tropez. Ein Paar geht vorbei, offensichtlich Naturfreunde, denn sie sind mit North-Face-Rucksäcken und Saracen-Trekkingstiefeln ausgestattet. Überall leben die Menschen ihr Leben weiter, unterstützt von den Marken ihrer Wahl, die ihnen keinerlei Schwierigkeiten zu bereiten scheinen. Ist die gesamte Öffentlichkeit einer gigantischen Verbraucher-Gehirnwäsche zum Opfer gefallen, oder habe ich jeglichen Kontakt zur Realität verloren?

Tag 16

Der Kontakt zur Wirklichkeit ist noch vorhanden. Die Indizien mehren sich, dass dieser Lebensstil mit Marken psychologische Schäden verursacht. Ich bin wieder in die British Library zurückgekehrt, und was ich dort in der Bibliothek lese, scheint meine Entscheidung, ein markenfreies Dasein führen zu wollen, zu stützen. Seit Jahrzehnten bezahlt die Industrie Psychologen dafür, das Denken des Verbrauchers zu studieren, um die Verkäufe zu steigern. Die schädlichen Folgen werden erst jetzt von einer kleinen Anzahl von Spezialisten im Westen erkannt. Bei meinen Recherchen stolperte ich über eine britische Konsumpsychologin, Helga Dittmar, deren Arbeiten viele der Ängste, die ich immer verspürt hatte, zu bestätigen scheinen.

Die Kulturideale der Konsumenten
Die Konsumentenkultur lässt sich am besten als die Gesamtheit der soziokulturellen, empirischen, symbolischen und ideologischen Aspekte des Konsums beschreiben, die sich in den heutigen, durch Massenkonsum geprägten Gesellschaften vor allem durch zwei Eigenschaften auszeichnet: durch eine Obsession, die beinhaltet, dass Haben gleichbedeutend mit Sein ist, sowie durch einen Kult der perfekten Schönheit, wie anspruchsvoll er auch sein mag. Über die Werbe- und Modeindustrie werden dem Einzelnen Bilder präsentiert, die Anweisungen für die Gestaltung von Lebensstil und Identität und damit unverfälschte Marktideologien enthalten (»Du sollst so aussehen, du sollst so handeln, du sollst diese Dinge

wollen, du sollst diesen Lebensstil anstreben«). Diese Konsumgüter können als Symbole von »idealisierten Menschen, die mit [dem Guten] assoziiert werden« (Wright, Claiborne & Sirgy, 1992), definiert werden und die Botschaft ist, dass die Käufer nicht nur die angepriesenen Waren konsumieren sollen, sondern auch ihre entsprechenden Bedeutungen – erfolgreich, glücklich, attraktiv, glamourös. Auf diese Weise nähern sie sich der Identität an, die von den Medien vorgestellt werden. Diese idealisierten Konsummodelle kommunizieren nicht nur, dass Wohlstand und Schönheit für jeden Menschen zentrale Lebensziele sein sollten, sie definieren auch die Parameter dessen, was es bedeutet, schön, erfolgreich und glücklich zu sein. Natürlich nehmen Verbraucher diese Botschaften nicht einfach beim Wort, aber es ist sehr schwer – wenn nicht unmöglich –, von diesen normativen soziokulturellen Idealen, die in den Massenmedien als »normal«, wünschenswert und erreichbar dargestellt werden, nicht beeinflusst zu werden, wenn man ihnen dauerhaft ausgesetzt ist. Allein die Menge der Werbung, mit der wir konfrontiert sind – im Fernsehen, Radio, Internet, auf Plakatwänden, Produkten, im Kino, in Zeitschriften und in Geschäften –, ist atemberaubend. Man schätzt, dass der Einzelne bis zu 3000 Werbebotschaften am Tag erhält. Und obwohl die idealisierte Bilderwelt Differenzierungen aufweist, sind dies lediglich Variationen der zentralen Themen, bei denen ausnahmslos das materielle »gute Leben« im Mittelpunkt steht.

Das materielle »gute Leben«
Die zentrale idealisierte Identität bezieht sich auf das »gute Leben«, in dem ein von Wohlstand geprägter Lebensstil, also teure Konsumgüter und damit verbundene Aktivitäten, als entscheidend angepriesen wird. Mehr als je zuvor wird Wohlstand anhand idealisierter Starvorbilder als erreichbar dargestellt, auch für »normale« Menschen. Ein typisches Beispiel dafür ist der Fußballer David Beckham, dessen weltweite Popularität ihn zum Werbeträger par excellence ge-

macht hat. Er bewirbt eine ganze Reihe verschiedenster Produkte, darunter Police-Sonnenbrillen, Vodafone, Gillette und Pepsi. Ähnlich wie beim »perfekten Körper« verleiht er dem »guten Leben« eine zusätzliche Strahlkraft, wenn dieses nicht nur mit Erfolg, Kontrolle und Autonomie gleichgesetzt wird, sondern auch mit einem interessanten Privatleben, mit Glück und einem aufregenden Liebesleben. So schafft Werbung eine Wirklichkeit, die nicht real ist. Weiterhin präsentiert sie nicht nur idealisierte Bilder, die für viele Menschen ein Problem darstellen, weil sie ebenso Selbstzweifel, Identitätsdefizite und negative Emotionen hervorrufen, sondern sie zeigt auch eine scheinbare Lösung auf: der Kauf der beworbenen Konsumgüter, die den Käufer dem Ideal näherbringen werden: »Kaufen Sie, und das wird Ihr Selbstwertgefühl steigern. Ja, kaufen Sie, weil Sie es sich wert sind.«

Konsumentenkultur als »innerer Käfig«

Der Prozess der Beeinflussung durch Werbung ist subtil: Niemand glaubt, dass Werbung im buchstäblichen Sinn wahr ist, und niemand glaubt, dass er sich in ein Supermodel oder einen Star verwandeln wird, wenn er Produkt X kauft. Doch Konsumentenideale haben indirekte, nichtsdestotrotz nicht weniger starke Auswirkungen auf das Denken, Fühlen und Verhalten von Individuen, und diese zeigen erst im Lauf der Zeit Wirkung. Das Fernsehen spielt eine wichtige Rolle bei der Konstruktion dessen, was der Einzelne als Konsumentenrealität sieht. Das TV-Leben unterscheidet sich dramatisch von der sozialen Wirklichkeit, weil dort teure Besitztümer, exzessives Konsumverhalten, Wohlstand allgemein extrem überrepräsentiert sind. Je mehr Fernsehen die Menschen schauen, desto stärker überschätzen sie, wie groß der Anteil von Menschen an der Gesamtbevölkerung ist, die Millionäre sind oder sich private Tennisplätze leisten können, dies fand jedenfalls eine amerikanische Studie heraus (O'Guinn & Shrum, 1997). Im Übrigen ist die Reaktion auf Werbung nicht immer durchdacht und überlegt, sondern kann auch ganz automatisch erfolgen. Zum Beispiel verstärken Werbespots mit dünnen weiblichen Models die Unsicherheit von einigen Frauen gegenüber ihrem Körper, selbst dann, wenn sie diese Bilder nur flüchtig sehen und ihnen nicht viel Aufmerksamkeit schenken (Brown & Dittmar, 2005). Deshalb spielen Massenmedien eine signifikante Rolle dabei, wie der Einzelne seine eigene Vorstellung von materiellen und körperlichen Normen konstruiert. Das wiederum beeinflusst das Selbstwertgefühl der Menschen durch psychologische Mechanismen, bei denen man sich miteinander vergleicht und Diskrepanzen schafft.

Die Konsumentenkultur richtet bei Menschen Schaden an, die für diese Dinge anfällig sind. Sie verinnerlichen diese Werte und konstruieren auf dieser Grundlage für sich selbst eine negative Identität. Mit dieser fühlen sich die Betroffenen zum einen weit von ihrem Ideal entfernt, und zweitens vermittelt ihnen die Diskrepanz ein schlechtes Gefühl. Doch die schädlichen Auswirkungen gehen noch weiter, dank der angeblichen, in Wirklichkeit aber illusorischen Lösungen, die die Werbung den Menschen vorgaukelt, um mit Identitätsdefiziten und negativen Emotionen zurechtzukommen und sie zu kurieren. Die Menschen werden ermutigt, nach den unrealistischen Idealen des »guten Lebens« und »perfekten Körpers« zu streben – ein Unterfangen, das wahrscheinlich ihre Identitätsdefizite und negativen Emotionen nur noch verstärken wird. Kurz gesagt, unsere Analyse zeigt die Konsumentenkultur als einen »inneren Käfig«, weil die Verinnerlichung dieser beiden Ideale als persönliches Wertesystem zwangsläufig zu negativen Identitäten und negativen Emotionen führen muss, die dann wiederum mithilfe von Konsumgütern verbessert werden sollen. Der hierdurch entstehende Konsumhunger wird natürlich für eine florierende Wirtschaft als lebenswichtig erachtet, und diesen Hunger zu wecken ist der Zweck von Werbung. Damit liegt auf der Hand, dass aus der fehlgeleiteten Suche der Menschen nach Identität und Glück durch Konsum immense Profite geschlagen werden können. Das wiederum lässt es höchst unwahrscheinlich erscheinen, dass die idealisierte Bilderwelt der Konsumentenkultur sich in absehbarer Zukunft ändern wird. Denn würden die Produktabsätze nicht mehr steigen oder gar anfangen deutlich zu fallen, weil eine ausreichend große Zahl von Menschen sich für eine einfachere, weniger konsumorientierte Lebensweise entschiede, dann gerieten die Unternehmensinteressen ernsthaft in Gefahr. Tatsächlich würde die Funktionstüchtigkeit des Kapitalismus an sich in Frage gestellt werden.[36]

Jetzt ist mir klar, dass ich mein Leben damit zugebracht habe, die »negative Identität« zu kompensieren, an der ich leide, dass ich mich selbst mit den idealisierten Bildern verglichen habe, die ich jeden Tag vor mir sehe. Wenn ich daran denke, wie oft ich Geld für Unternehmen ausgegeben habe, die mir versprachen, dass ich ein besserer Mensch werden würde, fällt es mir schwer, mich nicht betrogen und manipuliert zu fühlen. Ich weiß nicht, ob die Werbeindustrie vorsätzlich das Selbstvertrauen der Konsumenten untergräbt, doch der gnadenlose Zwang, Zufriedenheit zu kaufen, hat zweifellos den Nebeneffekt, anfällige Charaktere wie mich zu deformieren. Ich bin nicht davon überzeugt, dass diese Beschädigungen ein angemessener Preis für eine florierende Wirtschaft sind.

Tag 17

Mein Markenkonsum liegt fast bei null. Nahrungsmittel werden vom örtlichen Bauernmarkt angeliefert, ich habe genug markenfreie Kleidungsstücke gekauft, um eine Woche zurechtzukommen, bis ich das Ganze mit einem No-Name-Waschmittel reinige. Ich glaube, die einzigen Markenprodukte, die ich in den letzten Tagen konsumiert habe, sind Thames Water und British Gas. Jetzt fällt mir ein, dass ich auch das ändern kann. Ich kann meine Energieversorgung beispielsweise auf ein

Unternehmen umstellen, das mit erneuerbaren Energien arbeitet. Ich rufe British Gas an, um meinen Vertrag zu kündigen. Auf diesen Moment freue ich mich, in meiner Stimme schwingt ein gewisser Triumph mit. Doch die professionell emotionslose Dame in der Telefonzentrale ignoriert meine Aufgeräumtheit über das Vertragsende.

Telefonistinnen und Verkaufspersonal, oft der erste Kontaktpunkt mit dem Kunden, sind von großer Wichtigkeit für das Vermitteln der *Brand Experience*. Die Unternehmensphilosophie muss durch die Mitarbeiter nach außen projiziert werden, die mithilfe von Verhaltenshandbüchern ausgebildet werden. Darum wird diese Telefonistin niemals auf meinen Triumph eingehen. Arlie Russell Hochschild, Professorin für Soziologie an der University of California, beschreibt dieses Phänomen als *Emotional Labour*, als emotionale Dienstleistung, die man als Teil seines Jobs erbringt. Bei der Ausbildung von Stewardessen bei Delta Airways beobachtete Hochschild, dass den Frauen beigebracht wird, ein steinernes Lächeln zur Schau zu tragen und die wirklichen Gefühle zu unterdrücken, solange sie im Dienst sind.

Der Pilot nannte das Lächeln »das wichtigste Handwerkszeug der Stewardessen und Stewards«. Doch der Wert eines persönlichen Lächelns wird überhöht, um die Einstellung des ganzen Unternehmens widerzuspiegeln – sein Vertrauen, dass die Flugzeuge nicht abstürzen, seine Sicherheit, dass Abflüge und Ankünfte planmäßig erfolgen, seine Herzlichkeit, damit die Fluggäste wiederkommen. Die Ausbilder machen es sich zur Aufgabe, mit dem Lächeln der Auszubildenden eine Einstellung zu verbinden, einen Standpunkt, einen emotionalen Rhythmus, der, wie man so sagt, »professionell« ist.[37]

Emotionen einer Marke unterzuordnen mag für den Angestellten anstrengend, doch kann dies auch für den Kunden ziemlich enervierend sein. Eine gekünstelte Begrüßung, überhaupt eine stilisierte Sprache machen den Einkauf zu einem sterilen Erlebnis. Solche unaufrichtigen Verhaltensweisen tragen nicht zu unserer allgemeinen Verunsicherung bei, sie führen dazu, dass ich jedem misstraue, der mich anlächelt. Nun, da ich meine Geschäftsbeziehungen mit vielen dieser Unternehmen abgebrochen habe, kann ich vielleicht ein wenig den Glauben an die Menschheit wiedergewinnen.

Ist es nur Einbildung, dass ich eine Spur Sympathie in der Stimme der British-Gas-Telefonistin zu hören glaube, als der Vertrag schließlich gelöst ist? Vielleicht instruiert ihr Handbuch sie, am Punkt der Beendigung den verwundeten Soldaten zu mimen? Nachdem ich fünfzig Minuten lang darauf gewartet habe, mit jemandem verbunden zu werden, ist diese Taktik, wenn sie denn existiert, in meinem Fall allerdings verschwendet.

Tag 18

In meinem vorigen Leben saß ich oft mit anderen Leuten beim Essen zusammen und jammerte über das Verschwinden der unabhängigen Läden aus unseren Einkaufsstraßen, darüber, dass die Supermärkte und andere Ketten uns eine standardisierte Kultur aufzwingen und dass Banken und Dienstleistungsbetriebe sich darauf verlassen, dass wir zu faul sind, zu einem anderen Unternehmen zu wechseln, wenn sie wieder einmal die Gebühren erhöhen. Aber auch ich selbst tat nie etwas dagegen (zu beschäftigt mit Shoppen). Jetzt bin ich gezwungen, der wohlfeilen Rhetorik vom Konsumentenkampf Taten folgen zu lassen, indem ich meine Kaufentscheidungen einer ethischen Überprüfung unterziehe. Obwohl es ein mühsamer Prozess ist, Dutzende von Daueraufträgen von einem Anbieter auf einen anderen zu verschieben, muss ich doch sagen, dass ich mich sehr rechtschaffen dabei fühle.

Während die Tage und Wochen vergehen, fange ich an zu verstehen, dass dieses Projekt – von der praktischen Seite her betrachtet – nichts anderes ist als ein Austausch von Konsumritualen. Es war mir zur Gewohnheit geworden, mich auf die Bequemlichkeit der Einkaufszentren zu verlassen, in denen sich jeder spontane Wunsch sofort erfüllen lässt. Ich plante die tägliche Nahrungsaufnahme so gut wie nie im Voraus. Warum sollte ich auch? Es war immer ein Laden oder ein Café in der Nähe, die dieses Bedürfnis stillen konnten. Hunger? Kauf dir eben etwas zu essen. Durst? Besorg dir eine Flasche Wasser. Langeweile? Erstehe etwas, um dich abzulenken. Für fast jeden Wunsch, der mir in den Kopf kommt, gibt es ein Produkt, das nur darauf wartet, ihn zu erfüllen, und ebenso gibt es dafür ein Geschäft, das nur darauf wartet, mir dieses Produkt zu verkaufen. Wahrhaftig, ich lebe in einem Verbraucherparadies. Doch da es in den Einkaufsstraßen Londons fast nur noch Filialen von Ladenketten gibt, die selbst eine Marke darstellen, stehen mir die meisten dieser Optionen nicht mehr zur Verfügung. Deshalb muss ich, um außerhalb der Komfortzone meiner Wohnung zu existieren, den Tag genau planen, meine Grundbedürfnisse erahnen und für eine Möglichkeit sorgen, sie zu stillen.

Das System beginnt mit dem wöchentlichen Einkauf auf den Märkten. Ich brauche genügend Lebensmittel für sieben Mal Frühstück, Mittagessen und Zwischenmahlzeiten, dazu die Zutaten für die selbstgemachten Kosmetika, für die ich keine markenfreien Alternativen finden konnte. Einen Nachmittag lang Glyzerin, Backpulver und Basisöle zusammenzurühren, ergibt ausreichend Zahnpasta und Reinigungsmittel für eine Woche. Die Zwischenmahlzeiten müssen jeden Tag sorgfältig vorbereitet werden, um einer Snickers- oder Pringles-Attacke vorzubeugen. Ebenso packe ich jeden Tag eine Zweiliterflasche Wasser ein. Am Schreibtisch ein vorbereitetes Frühstück zu essen zieht mitleidige Blicke der Kollegen an, und auf der Straße aus einer Reiseflasche trinken gibt einem das Aussehen eines Touristen oder, schlimmer noch, eines Obdachlosen. Aber warum muss ich jeden Tag 5 Pfund in einer Kaffeehauskette ausgeben, um meinen Platz im Leben zu legitimieren? Am Anfang dieses Projekts fragten Freunde mich oft, was ich am meisten vermissen würde: Adidas oder vielleicht Ralph Lauren? Ich hätte mir nie träumen lassen, dass es eine Rolle anständiges Klopapier sein würde. Andrex, Bounty, Double Velvet – alles, nur nicht das dünne Zeugs, das ich nun in großen Mengen in einem Geschäft für Hausmeisterbedarf kaufe. Der Himmel möge verhüten, dass ich einmal keinen Vorrat davon habe. Juliet benutzt weiterhin ein Luxus-Toilettenpapier, und manchmal schleiche ich ins Badezimmer, um es zwischen Daumen und Zeigefinger zu spüren: so weich, so samtig.

Markenfreies Freizeitvergnügen ausfindig zu machen ist schwierig, aber durchaus lohnend. Tatsächlich hat die meiste Unterhaltung in London ebenso wenig Nährwert und Geschmack wie der Großteil des in Plastik eingeschweißten Mülls, der in den Supermärkten als Nahrungsmittel verkauft wird. Spaziergänge, Galerien, Museen, Essen und Feiern bei Freunden füllen das klaffende Loch in meinem Terminplan, das einmal von Shoppingtouren eingenommen wurde. Die Großeinkäufe markenfreier Kleidung auf Märkten und im Internet machen sich nun bezahlt (zeitlich wie finanziell), auch wenn ich jetzt nicht mehr der Trendsetter für Männermode bin. Stattdessen verlasse ich mich auf die Farbe Schwarz. Mit einfacher schwarzer Kleidung, hier und da geändert durch eine Schneiderei in meiner Nähe, besitzt man eine Garderobe, die für jeden gesellschaftlichen Anlass angemessen ist, besonders für Beerdigungen. Natürlich sterbe ich innerlich, wenn die neuen Kollektionen und Accessoires die Läden überfluten, aber das ist etwas, das im Moment am besten durch Verdrängung zu bewältigen ist.

Ich habe fast einen Monat lang ohne Marken überlebt. Wenn sich das eigene Leben beim Niederschreiben auf einige wenige Konsumgewohnheiten reduziert, dann ist das, um es milde auszudrücken, eine ernüchternde Erfahrung. Wenn Produkte fast ausschließlich wegen ihrer Funktion gekauft werden, hören sie auf, Lifestyle-Symbole zu sein, und werden zu Erzeugnissen, die den ewigen Kreislauf von Essen, Schlafen, Ausscheiden, Waschen und Warmhalten aufrechterhalten – die Existenz eines Höhlenmenschen im London des 21. Jahrhunderts. Manche werden vielleicht sagen, dass auch ein markenfreier selbstgemachter Badreiniger ein Lifestyle-Statement darstellt, aber eine halbe Stunde wildes Schrubben an den Badewannenrändern mit wenig mehr als Backpulver und Essig würde sicherlich nicht als stilvolles Leben durchgehen, egal, nach wessen Maßstäben.

Mehr als je zuvor sehe ich diese Marken jetzt einfach als schlechte Angewohnheiten, die ich durch ein ordentliches Maß an eigener Faulheit angenommen habe. Ich ging durch meinen Tag und konsumierte blindlings fertig abgepackte Waren, befriedigte, ohne zu hinterfragen, jeden Wunsch, gleich einem Zombie. Die Bequemlichkeit des Take-Away-Konsums und der Convenience-Produkte verschaffte mir mehr Zeit, über die wichtigen Dinge des Lebens nachzudenken, wie zum Beispiel Geld zu verdienen, damit ich es mir leisten konnte, öfter Shoppen zu gehen.

Ein anderer Vorteil, den die Marken mir verschafften, war ihre magische Kraft, Selbstbewusstsein zu wecken. Teure Logos auf der Brust zu tragen, das kann einem Menschen ein gutes Gefühl geben, aber das vermögen auch die kleinen Dinge des Lebens – wie etwa Zahnpasta. Ich putzte mir vor den meisten sozialen Interaktionen, von Businessmeetings bis zu Abenden im Pub, die Zähne mit Colgate, um einen frischen Atem zu haben. Das Wissen, dass meine Zähne sauber waren, gab mir dieses Extraquäntchen Selbstvertrauen, eine Art Versicherungspolice gegen den Fall, dass jemand einen Essensrest zwischen meinen Zähnen entdeckte oder vor Mundgeruch zurückschreckte. Gesellschaftlicher Selbstmord. Ich habe den Eindruck, dass Unternehmen wie Colgate oder Wrigley's sich unserer tiefsten Unsicherheiten bedienen. Wenn man eine Tube Zahnpasta oder ein Päckchen Kaugummi kauft, dann kauft man nicht einfach ein Päckchen Minze, Fluorid und einen Haufen Wirkstoffe, die den Atem rein machen. Man kauft soziale Sicherheit und Selbstvertrauen – das Selbstvertrauen, man selbst zu sein, lediglich ohne den unangenehmen Geruch.

Abgesehen davon hat dieses Projekt einen entgiftenden Effekt auf meinen Körper. Meine Nahrung ist jetzt viel gesünder, weil ich kein Junkfood zu mir nehme, Mars, Pringles und Coca-Cola vermeide. Da ich das Rauchen aufgegeben habe, werde ich wahrscheinlich auch länger leben. Und: Durch häusliches Kochen, billige Klamotten und kostenlose Unterhaltung ist mein Konto am Ende eines Monats zur Abwechslung einmal in den schwarzen Zahlen. Es gibt eigentlich nichts wirklich Teures, was ich mir kaufen könnte.

ZERSTÖRTE MARKENARTIKEL		MARKENFREIER ERSATZ	
KLEIDUNG		**KLEIDUNG**	
Hemden/Shirts		**Shirts**	
14 x Ralph Lauren:	910 £	6 x Polo-Shirt	
2 x T-Shirt, YSL:	150 £	(indigoclothing.com):	30 £
2 x T-Shirt, Judy Blame:	200 £	6 x einfaches T-Shirt	
3 x Poloshirt, Lacoste:	150 £	(www.europeanwear.com):	25 £
2 x Hemd, Westwood:	200 £	4 x T-Shirt (lokaler Markt):	20 £
3 x Top, Siv Stoldal:	210 £	2 x T-Shirt (Army-Laden):	20 £
1 x T-Shirt, Kappa:	40 £		
1 x Tracktop, Diadora:	40 £		
2 x Hemd, Kilgore:	240 £		

2 x Sweatshirt, Bernhard Willhelm:	300 £
1 x T-Shirt, Gucci:	80 £
1 x Tracktop, Sergio Tacchini:	80 £
1 x Poloshirt, Sergio Tacchini:	70 £
1 x T-Shirt, Kim Jones:	50 £
1 x Poloshirt, Gucci:	60 £
2 x Vintage Sweat Top, Gucci:	120 £
1 x Hemd, Gucci:	120 £
1 x T-Shirt, Raf Simons:	50 £

Jeans/Hosen

1 x Jeans, Lee:	60 £
3 x Levi's:	180 £
2 x Trainingsanzug, Adidas:	200 £
1 x Trainingsanzug, Lacoste:	50 £
2 x Shorts, Ralph Lauren:	100 £
1 x Shorts, Diadora:	20 £
4 x Shorts, Adidas:	80 £
1 x Trainingshose, Tacchini:	50 £
3 x Jeans, Helmut Lang:	600 £
1 x Sporthose, Ellesse:	30 £
2 x Cordhose, Siv Stoldal:	200 £
1 x Jeans, YSL:	180 £

Jeans/Hosen

2 x Hose (Army-Laden):	30 £
3 x Lauf-Shorts:	15 £
1 x Jeans (Oxfam-Laden):	5 £
2 x Jeans (Vintage-Markt):	30 £
2 x Trainingshose (www.europeanwear.com):	15 £
Schneiderarbeiten/ Änderungen:	45 £

Pullover

3 x Vivienne Westwood:	450 £
2 x John Smedley:	200 £
2 x Lacoste:	120 £
3 x Clements Ribeiro:	500 £
4 x Ralph Lauren:	500 £
1 x Bernhard Willhelm:	300 £

Pullover

2 x Oxfam-Laden:	15 £
2 x Vintage-Markt:	20 £

Mäntel

2 x Jacke, YSL:	400 £
4 x Jacke, Lacoste:	350 £
1 x Bomberjacke, Raf Simons:	200 £
1 x Mantel, Burberry:	300 £
1 x Bomberjacke, Bernhard Willhelm:	120 £
1 x Vintage Bomberjacke, Pierre Cardin:	70 £
1 x Blazer, D & G:	150 £

Mäntel

1 x Marinemantel (Army-Laden):	65 £
1 x Trenchcoat (Vintage-Shop):	20 £
1 x Bomberjacke (Vintage-Shop):	35 £
1 x Lederjacke (Vintage-Shop):	45 £

Anzüge/Krawatten

1 x Vivienne Westwood:	400 £
1 x Joe Casely-Hayford:	400 £
1 x Krawatte, Vivienne Westwood:	50 £
1 x Krawatte, Daks:	40 £

Anzüge/Krawatten

Keine

Schuhe

11 x Adidas:	770 £
2 x Nike:	150 £
3 x Reebok:	120 £
2 x New Balance:	125 £
2 x Gucci:	500 £
1 x B-Store:	125 £

Schuhe

3 x Leinenturnschuhe (www.thecostumestore.co.uk):	15 £
1 x knöchelhohe Leinenturnschuhe (Vintage-Markt):	20 £
1 x schicke Schuhe (Vintage-Shop):	25 £

Hüte/Mützen/Gürtel

1 x Vivienne Westwood:	120 £
1 x Aquascutum:	75 £
1 x Visor-Cap, Gucci:	150 £
1 x Visor-Cap, Lacoste:	50 £
1 x Mütze, Gucci:	120 £
1 x Mütze, Moschino:	80 £
2 x Kangol:	175 £
2 x Gürtel, Ralph Lauren:	90 £
1 x Gürtel, Louis Vuitton:	150 £

Hüte/Mützen/Gürtel

Keine

Unterwäsche

15 x Unterhose, Calvin Klein:	75 £
5 x Socken, Burlington:	25 £
2 x Socken, Ralph Lauren:	25 £
1 x Socken, Burberry:	10 £

ZWISCHENSUMME: 15.215 £

Unterwäsche

10 x Retropants (www.europeanwear.com):	35 £
5 x Slip (örtlicher Markt):	10 £
20 x Socken (örtlicher Markt):	25 £
4 x Unterhemd (örtlicher Markt):	15 £

ZWISCHENSUMME: 580 £

SCHMUCK

Vintage Swatch:	40 £
Kette, Vivienne Westwood:	80 £
Kette, Karen Walker:	90 £
3 x Kette, Silas:	150 £
Geldclip, Louis Vuitton:	80 £
Schlüsselring, Adidas:	Geschenk
Manschettenknöpfe, Vivienne Westwood:	120 £

ZWISCHENSUMME: 560 £

SCHMUCK

Geldclip (Secondhand-Markt):	20 £

ZWISCHENSUMME: 20 £

KOFFER/TASCHEN

Brieftasche, Louis Vuitton:	80 £
Rollkoffer, Samsonite:	70 £
Rucksack, North-Face:	60 £
Umhängetasche, Louis Vuitton:	380 £
Notizbuch, Louis Vuitton:	180 £

ZWISCHENSUMME: 770 £

KOFFER/TASCHEN

1 x Rucksack (Army-Laden):	30 £

ZWISCHENSUMME: 30 £

ELEKTROGERÄTE

Plattenspieler, Technics:	350 £
Verstärker, NAD:	200 £
Lautsprecherboxen, Mission:	300 £
DJ-CD-Player, Pioneer:	300 £
Radio, Roberts:	120 £
BlackBerry:	umsonst
Smartphone, Treo:	umsonst
Staubsauger, Dyson:	150 £
LCD-Bildschirm, Sharp:	900 £
DVD-Player, Pioneer:	150 £
Bildtelefon, Amstrad:	100 £
Wasserkocher, Kenwood:	40 £
Digitalkamera, Olympus:	100 £
Kühlschrank, Liebherr:	250 £
(an der Deponie abgegeben)	

ZWISCHENSUMME: 2 960 £

ELEKTROGERÄTE

Recyceltes Telefon (recyclemyphone.com):	25 £
Wasserkocher (Army-Laden):	20 £
Kühlschrank (Industriebedarf):	100 £

ZWISCHENSUMME: 145 £

MÖBEL

Sideboard, Habitat:	300 £
Stuhl, Jacobson:	120 £
Stuhl, Skandium:	100 £
2 x Aufbewahrungsbox, Muji:	60 £

ZWISCHENSUMME: 580 £

MÖBEL

Sideboard (Vintage-Shop):	150 £
2 x Stuhl (Vintage-Shop):	100 £
4 x Aufbewahrungsbox (Hausmeisterbedarf):	40 £

ZWISCHENSUMME: 290 £

GESCHIRR

4 x Tasse, Bodum:	60 £
2 x Vase, Heals:	150 £

ZWISCHENSUMME: 210 £

GESCHIRR

4 x Tasse (Vintage-Shop):	15 £

ZWISCHENSUMME: 15 £

HYGIENEARTIKEL
(persönlich und Haushalt)

Rasierer, Gillette Mach3

Turbo:	5,50 £
Seife, Simple:	1,00 £

Creme 50 ml,

Dr. Hauschka:	9,00 £
Deo, Simple:	2,00 £

Zahnpasta 100 ml,

Colgate:	2,00 £
Zahnbürste, Colgate:	3,50 £
Shampoo, L'Oréal:	3,00 £
Spülung, L'Oréal:	2,00 £
Haarwachs, Dax:	3,50 £

4 x Recycling-Toilettenpapier,

Waitrose:	1,50 £
Spülmittel 5 Liter, Fairy:	9,50 £
Badreiniger, Mr. Muscle:	1,50 £

Küchenreiniger,

Mr. Muscle:	2,50 £
Abflussfrei, Mr. Muscle:	3,50 £
Bodenputzmittel, Flash:	1,00 £
Bad-Creme, Cif:	1,50 £
Bleichmittel, Domestos:	1,00 £

Waschmittel 5 Liter,

Fairy Automatic:	9,00 £
Woollite:	1,50 £

HYGIENEARTIKEL
(persönlich und Haushalt)

Einwegrasierer (Markt):	5 £
Organische Seife (Bio-Markt):	4 £

Selbstgemachte Creme, 1 l:

(Kakaobutter:	4 £)
(Mandelöl:	1,50 £)
(Orangenschalenöl:	2,50 £)
(www.meltandpour-supplies.com):	8 £
Deostein (Bio-Markt):	6 £

Selbstgemachte Zahnpasta 400 ml:

(Glyzerin:	5 £)
(Backpulver:	3 £)
(Pfefferminzöl:	1,75 £)
(www.herbsofgrace.com):	9,75 £
Zahnbürste (örtlicher Markt):	2 £
Shampoo (Bio-Markt):	6 £
Spülung (Bio-Markt):	7 £

Bienenwachs-Haarwachs

(www.honeyshop.co.uk):	1 £

20 x Industrie-Toilettenpapier

(Hausmeisterbedarf):	8 £

Spülmittel

(Hausmeisterbedarf):	3,50 £

Bad/Küchenreiniger:

(Backpulver	4 £)
(2 Liter Essig	5 £)
(Gastronomiebedarf):	9 £

Bleichmittel 5 Liter

(Hausmeisterbedarf):	9 £

Waschmittel 5 Liter

(Hausmeisterbedarf):	7 £

ZWISCHENSUMME: 64 £

GESAMTSUMME: 21.115 £

ZWISCHENSUMME: 85,25

GESAMTSUMME: 1 165,25 £

WÖCHENTLICHE AUSGABEN		DIENSTLEISTUNGEN (monatlich)	
British Gas:	5 £	Good Energy:	10 £
London Energy:	5 £	The Phone Co-operative	
British Telecom:	10 £	Festnetz:	20 £
Orange Mobile:	27 £		
Churchill Hausratversicherung:	5 £	Keine Versicherung (kaum noch	
Holmes Place Fitness Club:	17 £	Wertsachen zum Versichern)	
		Kein Mitgliedsbeitrag für	
		einen Fitnessclub (jogge	
		stattdessen im Park – umsonst)	

EINKÄUFE		EINKÄUFE	
Sainsbury's/Waitrose:	120 £	Biogemüse vom Bauern	
Evian-Wasser in Flaschen:	7 £	(wird geliefert):	35 £
Marlboro Lights:	21 £	Fleisch vom Metzger:	15 £
		Fisch vom Fischhändler:	25 £
		Kohlenhydrate/Milchprodukte/	
		Zutaten (Bio-Markt):	45 £
		Wasserflasche	(umsonst)
		Keine Zigaretten	

| GESAMTSUMME: | 227 £ | GESAMTSUMME: | 150 £ |

Tag 35

Irgendwo passieren gerade jetzt, in diesem Moment, wichtige, aufregende Dinge und Ereignisse, Ereignisse, an denen ich teilhaben könnte, hätte ich nicht mein BlackBerry mit einem Vorschlaghammer zerstört. Die Tatsache, dass ich seit mehreren Wochen von der Welt der mobilen Telekommunikation abgeschnitten bin, verbunden mit einem Entzug von Nikotin, Fernsehen, Shopping und anderen vollkommen normalen Aspekten des modernen Lebens – all das trägt nach Carols Meinung zu meiner Anspannung bei. Um nicht völlig durchzudrehen, gebe ich den mobilen Totalentzug auf und setze mich mit der Phone Co-operative in Verbindung, um ein Handy zu bestellen. Da es sich um ein kleines Unternehmen handelt, kann man direkt im Büro anrufen. Ich hinterlasse zunächst einmal eine Nachricht auf etwas, das sich verdächtig wie ein haushaltsüblicher Anrufbeantworter anhört – nicht gerade das beste Aushängeschild für einen effizienten Anbieter internationaler Satellitenkommunikation. Aber wie ich inzwischen gelernt habe, ist unmäßige Größe nicht unbedingt gleichbedeutend mit gutem Service. Ich bin so daran gewöhnt, mit den Callcentern großer Firmen zu verhandeln und wie eine Nummer in einer langen Schlange von Bittstellern behandelt zu werden, dass ich nicht weiß, wie es ist, mit einer kleinen Firma Geschäfte zu machen. Dabei möglicherweise mit einem menschlichen Wesen zu sprechen kommt mir irgendwie antiquiert und zum Scheitern verurteilt vor. Wenn das hier ein erfolgreiches Unternehmen wäre, dann dürften sie keine Zeit haben, sich persönlich mit mir abzugeben. Woraus besteht denn deren Netzwerk – Blechdosen und Drähte?

Entgegen meinen Erwartungen habe ich in fünf Tagen eine Handynummer, eine neue SIM-Card und ein recyceltes, markenfrei gemachtes, freigeschaltetes Handy. Das Handy kostet 20 Pfund bei www.recyclemymobile.com (komplett mit dem Adressbuch des Vorbesitzers, wie es aussieht). Um potenzielle Anzeichen eines prestigeorientierten Lebensstils von vornherein auszuschließen, bestelle ich mir das billigste, hässlichste und einfachste Handy auf deren Webseite; als Statussymbol sagt dieses Gerät aus, dass ich die Hoffnungen und Träume eines nomadisierenden Ziegenhirten habe. Die Tasten sind so primitiv, dass meine Finger wehtun, wenn ich eine lange Nummer wählen muss. Es ist ein Objekt des reinen Nutzwertes, nichts, was bewundernde Kommentare provoziert, wenn man es im Pub auf den Tisch legt. Und wenn ich es benutze, während ich auf der Straße an Gangs von möglichen Handyräubern in Kapuzenpullis vorbeigehe, schenken diese mir keinerlei Aufmerksamkeit.

Moderne Stars sind die Fußtruppen des Kapitalismus. Sie sind PR-Leute für die Industrie, sie werben für jedes gewünschte Produkt, solange der Preis stimmt, und nehmen jede Art von Publicity mit, solange es ihre persönliche Marke stärkt. Früher war es eine Beleidigung, wenn man sagte, dass jemand »sich verkauft« – doch die Stars haben daraus eine Tugend gemacht. Wenn man bedenkt, dass sie so viel von dem Erfolg erreicht haben, den wir uns selbst wünschen, dass sie jenes idealisierte Bild verkörpern, das wir in der Werbung sehen, könnte man annehmen, dass diese Menschen mit ihrem Los zufrieden sind. Und doch sehen und hören wir Tag für Tag von Stars, die trotz all der Markenversprechen emotionale Schwierigkeiten haben.

Philip Hodson, ein englischer Psychotherapeut mit viel Erfahrung in der Starkultur, hat mir ein Profil jener Person erstellt, die möglicherweise die stärksten lebendigen Marken unter den Stars auf diesem Planeten verkörpert:

Die Marke Beckham

Es ist unmöglich, in unserem heutigen Umfeld zu leben und den Verlockungen der Marktmythen völlig zu widerstehen – doch wie sollen wir diejenigen analysieren, die übermäßig verführbar erscheinen? Das Dilemma wird noch dadurch kompliziert, dass wir zudem in einer Starkultur leben, mit berühmten Menschen, die selbst Marken darstellen – beispielsweise David Beckham. Beckham ist auch die »Marke Beckham«, wobei diese Marken vor allem die Funktion haben, andere Marken zu bewerben, etwa Rolex oder Versace, und die Öffentlichkeit versucht schließlich mitzuhalten.

Was mir als Psychotherapeut am meisten an der – sagen wir – weiblichen Hälfte der Marke Beckham auffällt, ist Mrs. Beckhams extrem empfindliches Gefühl für persönliche Identität. Das ist natürlich ein Paradoxon, denn sie steht für eine universell anerkannte »Persona«, also eine bestimmte Rolle. Doch von dem, was aus Berichten über ihr angebliches Verhalten herauszulesen ist – und das ist durchaus nicht als Angriff gemeint –, scheint es eine tragische Unsicherheit im Zentrum ihres Selbstbildes zu geben. Es sendet die traurige Botschaft aus: »Ich bin *nichts*, wenn meine Erscheinung nicht in jeder Hinsicht exklusiv und so teuer wie möglich ist, so perfekt gestylt, dass sie mich über Massen von Zeitungsartikeln hinweg zum Objekt des Neides anderer Freuen und zum Objekt der Bewunderung aller Männer macht.«

Ein Mensch in einer solchen Position ist so sehr Sklave seines Erscheinungsbildes, dass die Vorstellung eines Innenlebens vollkommen ausgeschlossen wird, ebenso wie die eines Geisteslebens (wir wissen aus Interviews, dass Posh Spice keine Bücher liest). Es ist, als könne sie dadurch, dass sie ihren Körper zu einem universellen Idiom macht, jede persönliche Kritik verstummen lassen. Doch tragischerweise provoziert Mrs. Beckham gerade durch ihren Wunsch, Zustimmung zu erzwingen, auch Verachtung. Zum Beispiel wird in vielen Medienmeldungen angedeutet, dass ihr obsessives Konsumverhalten inzwischen den Verbrauch von Kalorien weitgehend ausschließt. Es ist von Essstörungen und Neurosen die Rede. Wie, so wird gefragt, kann ein solcher Mensch älter werden? Wie kann ein solcher Mensch sterben? Wie kann ein solcher Mensch sich in seiner Haut wohlfühlen? Schon die alten Römer wussten, dass nichts Menschliches vollkommen sein kann: Posh muss scheitern. Doch sie wird nach ihren eigenen Kriterien scheitern. *Branding* hat auch noch eine ältere Bedeutung – ein Brandmal als Zeichen der Versklavung durch einen tyrannischen Herren zu tragen. Moderne Tyrannen haben Namen wie Vuitton, Conran, Gucci und Lagerfeld.

Ich komme zu der Schlussfolgerung, dass nur jemand, der sich wie ein Niemand fühlt, überhaupt so viel Energie für das äußere Erscheinungsbild aufwenden kann. Wenn das Ziel dabei ist, Minderwertigkeitsgefühle zu überwinden, dann wird nur der gegenteilige Effekt erreicht. Nur jemand, der als Kind oder junge Frau starke Komplexe hatte, kann die Motivation aufbringen, so genau auf das äußere Bild zu achten.

Nur jemand, der sich so von den Dämonen der Vergangenheit verfolgt und gejagt fühlt, kann auf diese Weise dauerhaft auf der Bühne der Öffentlichkeit die Vorstellung verkörpern, dass der Mensch einzig aus seinen Haarverlängerungen besteht (2006 floh Victoria Beckham nach einem Spiel während der Fußballweltmeisterschaft in Deutschland ins heimische England, um sich dort offenbar einer Notfallbehandlung bei ihrem Friseur zu unterziehen). Und die Tragödie ist, dass wir aus Menschen Markenidole machen, die praktisch aufhören zu existieren, wenn keine Kamera dabei ist.

Wenn ich früher einen depressiven Anfall hatte, saß ich oft tagelang vor dem Fernseher – besonders MTV – und starrte die Stars an, denen der Erfolg auch an den Knopflöchern abzulesen war. Sie schienen der lebende Beweis dafür zu sein, dass der materielle Lebensstil und die emotionale Stabilität, nach der ich mich sehnte, tatsächlich möglich waren. Doch schaut man sich die Biografien der Reichen und Schönen an, dieser Ikonen des materiellen Lebensstils, so sind sie immer auch von Leid geprägt – allerdings schaffte ich es damals irgendwie, diese offensichtliche Tatsache zu ignorieren. Wenn aber die Gewinner des materialistischen Wettrennens nicht mit Glück und Zufriedenheit belohnt werden, dann gibt es für die hoffnungsvollen Mitläufer auf den mittleren Plätzen erst recht keine Chance. Dann ist es besser, ganz aus dem Rennen auszusteigen.

Tag 41

Jeden Tag trete ich als leere Leinwand auf die Straße. Kaum etwas an meiner Person sagt etwas aus über den Menschen, der ich bin, der ich sein will. Ich fühle mich beinahe unsichtbar. In Wirklichkeit haben mich auch vor meinem *De-Branding* wahrscheinlich nur sehr wenige Leute wahrgenommen, doch hin und wieder ein wissender Blick von einem anderen Labelopfer reichte mir, um die Ausgaben zu rechtfertigen, die ich für mein Image auf mich nahm. Jetzt spüre ich stattdessen den allgegenwärtigen grellen Schein der Werbung. Ich betrete einen Bahnsteig der Subway und stelle fest, dass die gesamte Werbefläche in diesem Schacht von einem einzigen Unternehmen gebucht wurde – die Werbung zieht sich wie eine Schlange durch den Tunnel und dominiert das Blickfeld, wohin man auch schaut. Ich versuche verzweifelt, nicht hinzublicken, doch meine Augen werden unwiderstehlich zu den Bildern hingezogen. Ein Schablonentext, ein paar Fotos eines Fußballers (ich glaube, es ist Thierry Henry) und der Slogan: *I am what I am*. Es muss eine Kampagne für Reebok sein. Ehrlich gesagt, ich weiß, dass es so ist. Es ist schwer, nicht hinzuschauen: Die Farben, die Grafik, die Botschaft, all das ist so viel attraktiver als das langweilige Leben, das sich um uns herum abspielt. Ich drehe mich um, um zu sehen, was die anderen Wartenden auf dem Bahnsteig machen. Jeder Einzelne von ihnen starrt mit leerem Blick auf die Werbung. Schließlich schaffe ich es, mich von der Kampagne loszureißen, und schaue volle zehn Minuten lang auf den Boden, bis der Zug einläuft.

Als ich in einen Waggon einsteige, überfliege ich die verschiedenen Werbetafeln in dem Abteil. Ich wende meine Augen ab, setze mich auf einen leeren Platz und konzentriere mich stattdessen auf die Fahrgäste. Die Frau mir gegenüber trägt Sketchers-Turnschuhe, Levi's Jeans und eine DKNY-Jacke, sie liest eine Zeitung, auf deren Rückseite eine ganzseitige Werbung für Samsung Handys zu sehen ist: »Stellen Sie sich den Neid vor … das neue D520. Holen Sie es sich noch heute.« Ich kann spüren, wie ich mir eine Meinung über die Marken dieser Frau bilde, die Botschaft der Werbung beginnt in mir zu wirken. Es gibt keinen anderen Ausweg, als die Augen zu schließen und auf das Ende der Fahrt zu warten.

Mir ist klar, dass dieses Tagebuch sich zunehmend anhört wie das Geschwafel eines Wahnsinnigen. Jedoch gehe ich immer noch davon aus, dass es mir eigentlich möglich sein sollte, ein Leben zu führen, ohne dass ich die Augen zumachen muss, um zu verhindern, dass mir etwas verkauft wird. Aber für alle, die in einem urbanen Umfeld leben, gibt es keine Wahl. Die Werbung ist überall, und wenn man nicht den Fernseher wegwerfen und sämtliche Zeitschriften abbestellen will, hat man keine Chance, ihr zu entgehen. Ihre Botschaften dringen immer ins Gehirn durch, dort, wo die Kämpfe um den Konsumenten stattfinden.

Tag 44

In der Therapie befragt mich Carol weiter über meine Beziehung zur Werbung.

»Wenn ich welche sehe, dann habe ich das Gefühl, dass alle anderen besser dran sind als ich. Sie sagt mir, dass andere Leute schöner, beliebter und erfolgreicher sind als ich und dass ich mithalten muss, um im Spiel zu bleiben. Es ist wie beim Sex: Wenn du glaubst, was du hörst, dann haben alle regelmäßigen und unglaublich guten Sex, und wenn du normal bist, dann sollte das auch bei dir der Fall sein. Ich weiß, dass das Blödsinn ist. Die meisten Leute, die ich kenne, erleben in ihrer Beziehung den Tod der Leidenschaft, und diejenigen, die Singles sind, sind ziemlich einsam. Aber es ist schwer, sich immer daran zu erinnern, wenn ich eine Werbung sehe.«

»Niemand wird sich eine Kampagne ausdenken, die zeigt, wie das gewöhnliche Leben ist«, sagt Carol. »Waren Sie je in einem Land, in dem es keine Werbung gibt?«

»Vielleicht in Teilen von Indien?«

»Ich war in den Sechzigerjahren im kommunistischen Jugoslawien, dort gab es nicht einmal Plakatwände. Ich hatte das Gefühl, dass etwas fehlte. Obwohl das Prinzip von Werbung zunächst einmal Aufdringlichkeit ist, haben alle Anzeigen, die funktionieren oder uns ansprechen, etwas sehr Vertrautes. Wir kennen sie gut, sie sind auf gewisse Weise beruhigend. Was würden Sie vermissen, wenn es keine Werbung gäbe?«

»Ich habe oft den Eindruck, dass die Werbespots unterhaltsamer sind als das eigentliche Fernsehprogramm. Teile meines Lebens wurden von Werbekampagnen definiert, und wenn ich auf diese Phasen meines Daseins zurückblicke, dann kommen mir neben den persönlichen Erinnerungen immer auch einige Marken in den Sinn. Die British-Telecom-Spots mit Maureen Lipman, die Werbung für Smash-Kartoffelbrei mit den Robotern, das Honey Monster für Sugar Puffs, Ronald McDonald ... Manchmal werde ich beim Gedanken an bestimmte Marken sentimental, oder ich bin traurig, weil eine verschwindet.«

»Wie fühlen Sie sich, wenn Sie Werbung ansehen?«

»Sie transformiert mich. Ich komme in eine Fantasiewelt. Ich sehe eine Werbung für Jaguar mit einem gut aussehenden Typen am Steuer und einer schönen Frau neben ihm. In diesem Moment denke ich, Junge, wenn ich heute in einem offenen Jaguar zur Therapiesitzung fahren könnte, wäre ich viel glücklicher. Das ist Unsinn, ich weiß, aber diese Vorstellungen laufen ab wie in einem Tagtraum. Es erinnert mich an einen Monolog in dem Film *Fight Club*: ›Wir wurden in dem Glauben erzogen, dass wir eines Tages Millionäre und Filmschauspieler und Rockstars sein werden. Aber das ist nicht wahr. Diese Tatsache wird uns langsam bewusst, und das kotzt uns wirklich an.‹ Damit identifiziere ich mich.«

Es ist der vorletzte Termin meiner Therapie bei Carol, und obwohl wir große Fortschritte gemacht haben, glaube ich, dass wir beide die Befürchtung hegen, mein Materialismus könnte tiefere Wurzeln haben als nur eine Liebe zu Marken. Aber mal ehrlich: Wer wäre nicht glücklicher, wenn er im Jaguar zur Therapiesitzung fahren könnte? Ich wurde einmal Zeuge, wie sich einer meiner Freunde von einem kleinen, dicken und langhaarigen Loser in Liebesdingen in einen echten Hengst verwandelte – mithilfe einer vierrädrigen Karosserie. Joe war einer der Ersten, die in London einen BMW Z3-Roadster fuhren. Der Wagen war in dieser Zeit unglaublich angesagt, er kam sogar in einem James-Bond-Film vor. Joe erzählte mir, sein Liebesleben habe sich jenseits aller Vorstellungskraft verbessert, seit er das Auto fuhr. Es war nicht zu bestreiten, dass es eine schnittige Karosserie war, aber ich wollte nicht recht glauben, dass Frauen so oberflächlich sein konnten, nur wegen seines Autos mit einem Mann auszugehen. Um mir das Gegenteil zu beweisen, nahm er mich an einem Samstagnachmittag mit auf eine Spritztour mit heruntergelassenem Verdeck. Wir fuhren durch eine belebte Einkaufsstraße, zu meinem Erstaunen standen wir sofort im Mittelpunkt des Interesses, als wir an den dicht bevölkerten Bürgersteigen entlangfuhren. Die Männer waren von dem Auto fasziniert, Augen und Mund waren in naiver, beinahe fröhlicher Bewunderung aufgerissen, bis ihr Blick auf den Fahrer fiel, woraufhin die Augen schmaler wurden und der Mund sich in einer Art widerwilligem Respekt oder schlecht verhülltem Neid zusammenzog. Aber die Frauen – ihre Augen wanderten viel schneller als die der Männer vom Auto zu seinem Fahrer. Sie erkannten die Schönheit des Cabrios, aber die Person, die es fuhr, war offenbar viel wichtiger. Als wir an einer Ampel hielten, kicherten ein paar Mädchen und winkten uns zu, während sie die Straße überquerten. Joe ignorierte lässig die Teenager und schaute stattdessen zu mir herüber, wobei er selbstzufrieden grinste. Unglaublich. Ich erinnere mich jetzt, dass meine Mutter mir einmal erzählte, dass sie Ende der Sechzigerjahre einem Blind Date mit meinem Vater zustimmte, weil er einen Jaguar E-Type fuhr. Inzwischen sind sie seit mehr als dreißig Jahren verheiratet, und ich würde nicht sagen, dass einer von ihnen so oberflächlich ist wie die Leute, die Joes BMW anglotzten. Und zehn Jahre nach dieser Fahrt ist Joe übrigens immer noch Single.

Tag 50

Wenn alles, was man besitzt, eine Geschichte darüber erzählt, was für ein Mensch man ist (oder gerne wäre), dann gibt es wohl kaum einen Gegenstand, der mehr offenbart als das *Coffee Table Book*. Diese großformatigen Bildbände nehmen wir zwar gelegentlich auch selbst gern in die Hand, um uns beim Durchblättern an unseren guten Geschmack zu erinnern, doch in erster Linie liegen sie demonstrativ auf dem Couchtisch, um als prestigeorientierter Blickfang und Konversationsstoff für Besucher zu dienen.

Die Schwerpunkte meiner eigenen Sammlung von Coffee Table Books lagen – wenig überraschend – in den Bereichen Produktdesign und Werbung. Juliet findet ein paar Bücher, die dem Feuer entkommen sind, und ich stelle beim Durchblättern fest, dass ich sie jetzt mit einem völlig anderen Blick betrachte als vorher. Es kommt mir unglaublich vor, dass wir in solchen Büchern Kampagnen feiern, die es am besten geschafft haben, uns zum Kaufen zu manipulieren. Werbung ist für uns nicht nur Unterhaltung, sie ist eine Art Kunstform geworden. Ich erinnere mich, dass ich mir einmal eine drei Stunden lange Fernsehsendung angesehen habe, die einen Countdown der hundert besten Werbespots aller Zeiten brachte. Die *Sunday Times* produziert jedes Jahr eine Beilage mit dem Titel *Superbrands*, in der Kultmarken gefeiert werden, die »Maßstäbe setzen«. In einem meiner Bildbände, *Advertising Today*, beschreibt der Autor Warren Berger Werbung als »die mächtigste Kunstform der Welt ... sie formt die populäre Kultur ... endlos unterhaltsam und prägnant ... sie ist ein Spiegel, der unsere Werte reflektiert, unsere Hoffnungen, unsere Träume, unsere Ängste«.[38] Es ist eine ziemliche Befriedigung, diese Bücher in die Tonne zu werfen, in die sie hineingehören.

Tag 56

Acht Wochen sind vorüber. Ich bin relativ gut durchgekommen, abgesehen von ein oder zwei Päckchen Wrigley's Extra und einem Sparpaket Huggies Klopapier, was aber, ich schwöre es, echte Notfälle waren. Die Hauptsache ist: Ich habe kein einziges Teil Markenbekleidung gekauft, weder eine Zeitschrift aufgeschlagen noch ferngesehen, und ich habe keinen Fuß in eine Ladenkette gesetzt. Meine Stimmungsschwankungen sind allerdings nach wie vor sehr ausgeprägt. Solange ich mich im sicheren Hafen meiner markenfreien Wohnung befinde, besteht keine Gefahr, doch sobald ich vor die Tür trete, spüre ich, wie die Versuchung hinter jeder Plakatwand und jeder Ladentür lauert. Stellen Sie sich vor, Sie sind ein Mann aus einem Land, in dem alle Frauen Schleier tragen müssen, und Sie besuchen London, wo Sie feststellen müssen, dass die Hälfte der weiblichen Bevölkerung in Miniröcken und Pfennigabsätzen umherläuft. So fühlt es sich an: unwiderstehlich verführerisch, und doch gleichzeitig schrecklich und verboten.

Dennoch erlebe ich mich leichter, wie von einer physischen Last befreit, verursacht durch das Fehlen von überflüssigen Dingen in meinem neuen Leben. Die Werte meiner geliebten Marken bedeuten mir immer weniger. Ja, ich würde gern von Kopf bis Fuß in Ralph Lauren gekleidet am Steuer eines Saab-Cabrios umherfahren, eine Flasche Coca-Cola lässig in der Hand, und dazu eine Marlboro Lights rauchen. Aber der Wunsch ist weniger stark als vorher.

Die Online-Debatte über meine Lebensberechtigung hält unvermindert an, derzeit scheinen etwa 70 Prozent meine öffentliche Hinrichtung zu favorisieren. Ich beschließe ein für alle Mal, die Kommentare nicht mehr zu lesen, nachdem ich folgenden von einem Mr. Foley erhalte:

```
BITTE ENTFERNEN SIE MEINE E-MAIL AUS IHREM SYSTEM.
ICH BIN NICHT INTERESSIERT AN IHRER PROPAGANDA.
NIKE BIS ZUM TOD, DOPPELTER CHEESEBURGER JEDEN TAG.
MFG AXEL FOLEY
```

Im Verlauf der letzten fünfzig Tage hat sich eine Art Routine etabliert. Damit fühle ich mich in der Lage, einige Faustregeln aufzustellen, für den Fall, dass jemand verrückt oder stur genug ist, das Gleiche zu versuchen wie ich:

1. Die klassischen Einkaufszentren und -straßen bieten so gut wie nichts für den markenfreien Konsumenten. Markenfrei einkaufen bedeutet ohne Ausnahme, dass man auf den Markt geht und vereinzelte Geschäfte in verborgenen Nebenstraßen aufsucht, um seine benötigten Sachen zu erstehen. Um den Einkauf für eine ganze Woche zu erledigen, muss man einen gut durchgeplanten Tag veranschlagen, da man längere Wegstrecken durch die Stadt einkalkulieren muss. Das kann, je nach persönlicher Sichtweise, entweder ein gesunder Zeitvertreib sein oder eine Art unrealistisches bourgeoises Wunschdenken, das auf dem Parkplatz eines großen Supermarkts außerhalb der Stadt endet. Der Samstag ist immer noch mein Shopping-Tag, aber ich erlebe ihn nicht mehr als Freizeitgestaltung (»Können Sie mir bitte so viel wie möglich für diese Schuhe berechnen? Ich will mich wie ein Superstar fühlen«). Stattdessen geht es jetzt um das Einkaufen als Notwendigkeit (»Können Sie diesen Beutel Rüben noch etwas billiger machen?«).

2. Man gewöhnt sich daran, *mehr* für bestimmte Produkte ohne Markenetikett zu bezahlen, weil eine Subkultur von linkslastigen Mittelklasse-Mittdreißigern es geschafft hat, die chemiefreien Erzeugnisse von Kleinbauern zu einem teuren Lebensstil zu deklarieren. Gemüse vom Biobauer und bestimmte Kleidung kosten ein Vermögen. Anstatt mehr dafür zu bezahlen, dass ein bestimmtes Etikett erkennbar ist, bezahlt man noch mehr, damit keines darauf ist. Mein persönlicher Rekord für einen Laib fair gehandeltes Biobrot steht bei sieben Pfund. Diese Leute nennen ihren Lebensstil *living off-grid*, also »außerhalb des Rasters leben«. Das hört sich

zweifellos interessant an, allerdings braucht man einen extrem gut bezahlten Job *im* Raster, um sich ein kleines Stück Käse leisten zu können.

Doch sieht man einmal von Biovollwertkost ab, dann sind weniger angesagte Produkte oft für den Bruchteil des Preises zu haben, den große Marken verlangen; Ibuprofen-Generika kosten zum Beispiel in der Apotheke 1,20 Pfund pro Packung mit zwanzig Tabletten, während man für Neurofen (Zehnerpack) 2,99 Pfund bezahlt. Der Standard-Armeerucksack kostet mich 30 Pfund, verglichen mit einer identischen Version von North Face, die auf 80 Pfund kommt. In diesen Fällen bezahlt man wirklich für den Namen. Bei manchen Dingen ohne erkennbare Herkunft fragt man sich allerdings, wo und wie sie produziert wurden; fünf Paar Unterhosen für zehn Pfund können doch wohl nur in Indien oder China mit Gewinn hergestellt worden sein.

3. Tante-Emma-Läden sind mit gutem Grund ausgestorben; ganz allgemein bedienen sie den Kunden nicht so umfassend wie große Supermarktketten. Sie öffnen und schließen zu unpraktischen Zeiten, sie haben keine großen Sortimente und sie haben alle den leisen Geruch des schleichenden Todes an sich. Das liegt zum Teil einfach an der geringeren Geschäftsgröße, die die wirtschaftlichen Möglichkeiten begrenzt, zum Teil aber auch daran, dass einige Ladenbesitzer sich einfach keine Mühe geben, effizient geführten Supermärkten Konkurrenz zu machen. Ob die Welt untergeht oder nicht – mein Metzger an der Ecke schließt pünktlich um halb fünf. Es kümmert ihn nicht, ob noch Kunden Schlange stehen oder sich umschauen wollen, ebenso wenig interessiert es ihn, dass 90 Prozent der Leute, die hier in der Gegend wohnen, bis halb sechs arbeiten. Regeln sind eben Regeln.

Doch ein wenig Geduld wird belohnt. Nach dem ersten Erschrecken über Ungewohntes und Ineffizientes, haben diese »Macken« durchaus auch ihren Reiz. Man fängt an, wirkliche Gespräche mit dem Ladenbesitzer zu führen, woraus sich im Lauf der Zeit eine Art Gemeinschaftssinn entwickeln kann –

etwas, von dem ich gehört, das ich aber noch nie wirklich erlebt habe. Mein Hass auf alle Dienstleistungsbetriebe hat nachgelassen, seitdem ich zu ethisch geführten Firmen wechselte. Ich zahle jetzt sogar meine Rechnungen termingerecht, anstatt wie vorher bis zur letzten Mahnung zu warten, nur um die »Bastarde« in den sogenannten Mega-Unternehmen ein wenig zu ärgern – eine fruchtlose und nicht befriedigende Übung.

4. Das Leben geht auch ohne Fernsehen weiter. Es gibt Zeiten, in denen ich nichts lieber tun würde, als mich vor die Kiste zu flegeln und mich nach einem harten Arbeitstag mit visuellem Müll aufpäppeln zu lassen. Doch ohne diese Möglichkeit bin ich gezwungen, mich auf andere Arten zu unterhalten, die letzten Endes viel befriedigender sind, zum Beispiel die Gespräche mit meiner Freundin über das übliche »Wie war's auf der Arbeit?« – »Schrecklich, ich habe so viel Stress« – »Ja, ich auch« auszudehnen. Plötzlich gibt es Zeit für lange Unterhaltungen, für Spiele oder einfach nur zum Nachdenken. Meine Mutter hatte recht, als sie mich einst anschrie, ich solle den verdammten Fernseher ausschalten und etwas weniger Langweiliges machen. Auf der Arbeit kann ich mich aus öden Teeküchengesprächen über das gestrige Fernsehprogramm heraushalten. Derartiges Geschwätz mit einem kühlen »Ich habe keine Ahnung, ich besitze keinen Fernseher« im Keim zu ersticken macht mir von Mal zu Mal mehr Spaß. In einer Zeitung habe ich einmal von einer italienischen Untersuchung gelesen, die herausgefunden hatte, dass Paare, die keinen Fernseher im Schlafzimmer haben, 60 Prozent mehr Sex haben als diejenigen, die vom Bett aus in die Glotze schauen. Ich kann stolz bestätigen, dass das tatsächlich der Fall ist.

5. Weil ich weniger Werbung sehe, fühle ich immer seltener das Bedürfnis, shoppen zu müssen. Indem ich den Läden fernbleibe, werde ich reicher – an Geld ebenso wie an Zeit. Je weniger ich der Werbung ausgesetzt bin, desto mehr steigt mein Selbstwertgefühl; ich fühle mich weniger eingeschüchtert von ihr, die mich früher unablässig daran erinnerte, wie

unsexy, unbeliebt und erfolglos ich war (was nur der Kauf von weiteren Produkten kurieren konnte).

6. Die Menschen, die sich *wirklich* dafür interessieren, welche Logos du auf der Brust trägst, muss man nicht kennenlernen. Es lohnt sicht nicht. Dies ist ein weiterer Klassiker aus der Kiste von Mutters Binsenweisheiten, der heute noch wahrer ist als je zuvor. Ich bin für markenorientierte Menschen unsichtbar geworden. Ich werde in Geschäften und Bars weniger beachtet. Ich bekomme generell weniger Komplimente über mein Aussehen als zuvor. Doch jede Beziehung, die ich zu diesen Menschen hätte haben können, wäre vermutlich oberflächlich und von kurzer Dauer gewesen. Das sage ich mir zumindest, wenn alte Kollegen mich nicht mehr zurückrufen. Zwar vermisse ich den Status, der mit dem Geltungskonsum einhergeht, doch andererseits ist es eine Befreiung, meinen Dingen nachzugehen ohne die unterschwellige Anspannung des unausgesprochenen Markenwettstreits: Was sagen meine Logos über mich? Was denken die Leute über meine Logos? Was denke ich über ihre Logos? Sind meine Logos besser als ihre?

Tag 58

Meine Fähigkeit, über populäre Kultur zu reden, lässt nach. Heute Abend auf einer Party scheiterte ich kläglich daran, in einer Diskussion über Apples bevorstehenden Eintritt in den Handymarkt und über die Frage, ob der neue Bugaboo-Buggy (der, in dem alle coolen Stars ihre Kinder umherfahren) die 300 Pfund wert ist, die auf dem Preisschild stehen, einen sinnvollen Wortbeitrag zu leisten. Ach ja, und darüber, ob das Debüt-Soloalbum von Fergie, der Leadsängerin der Mainstream-Hip-Hop-Gruppe Black Eyed Peas, etwas taugt. Da gegenwärtig eine riesige Reklamewand auf der London Bridge für die Single aus dem Album wirbt, weiß ich, dass es existiert (die Single heißt »London Bridge«, da könnte eine Verbindung bestehen), doch was den Inhalt angeht, die kulturelle Wertigkeit dieser CD, darüber bin ich glücklicherweise vollkommen ahnungslos. Einige Menschen könnten darin den Beweis sehen, dass ich den Kontakt zum Zeitgeist verliere, eine Angst, die ich wirklich einmal hegte. Doch es ist tatsächlich ein Glück, von solchen Dingen keinen blassen Schimmer mehr zu haben. Ich erinnere mich an den Namen von Fergies Single, obwohl ich mir nicht mal den Geburtstag meiner Mutter merken kann, und das ist mehr als genug Wissen zu diesem Thema. Ohne das Plärren von MTV im Fitnessstudio, ohne das, was vom Radioprogramm aus den Geschäften der Einkaufsstraßen plätschert, ohne die Klatschspalten der Zeitschriften hat mein Gehirn nur sehr wenige Daten über Fergie gespeichert – und dadurch mehr Platz für Sachen meiner Wahl, die für mich viel befriedigender sind. Und das ist zweifellos einer der Vorteile, wenn man vom »Raster« abgekoppelt ist.

Tag 60

Carol erinnert mich oft daran, dass der nächste Schritt meiner Entwicklung darin bestehen muss, andere Menschen nicht mehr nach den Standards zu beurteilen, die ich mir früher selbst setzte. Zwar habe ich es geschafft, meine eigenen Einkaufsgewohnheiten zu verändern, doch beim Rest der Bevölkerung Londons ist der Ruf nach weniger demonstrativem Konsum unübersehbar auf taube Ohren gestoßen. Es ist extrem schwierig, die Dinge, mit denen die Menschen sich umgeben, nicht zu bemerken und sie danach zu beurteilen, zumal diese unfehlbar mit Logos überzogen sind, sogar in einem nichtkommerziellen Sanktum wie der British Library, in der ich jeden Tag arbeite. Der Bereich, in dem ich sitze, wird vom Personal und regelmäßigen Benutzern allgemein »Laptop-Gang« genannt: ein langer Flur, gesäumt von Sofas und Computerarbeitsplätzen, voll von Menschen und ihren Notebooks. Ein guter Teil von ihnen ist täglich hier und sitzt jedes Mal am gleichen Platz. Da ich zu britisch bin, um Hallo zu sagen, habe ich keine Ahnung, wie die Leute heißen oder was sie machen. Aber ich weiß, von welcher Marke ihr Laptop ist, und habe daher angefangen, sie daran zu erkennen.

Bei meinem psychografischen Test bei ESP vor einigen Monaten habe ich gelernt, dass Menschen, die PCs von IBM oder von Dell benutzen, praktisch veranlagt sind. Man kauft einen IBM wegen dem, was in dem Kasten drin ist (Pentium-Prozessoren und so weiter). Dagegen sind Mac-Käufer »Überblicksverbraucher«, Leute mit kreativer Vorstellungskraft, bei denen die Bedeutung einer Sache wichtiger ist als ihr Nutzwert. Mit diesem Vorwissen ausgestattet, geben mir die Markenwerte des jeweiligen Notebooks, zusammen mit den restlichen Dingen, die eine Person bei und an sich trägt, eine klare Vorstellung davon, wer sie ist, auch ohne dass ich etwas so Voreiliges tun müsste wie etwa mit ihr zu reden.

Erste Frau
- 14 Zoll Apple iBook: kreative/unabhängige Denkerin
- Solomon-Wanderschuhe: Naturfreundin/asexuell
- Indigofarbene Levi's 501 Jeans: Mode für Einsteiger
- Casio G-Shock Armbanduhr: kurzlebige Teenager-Mode

Studentin Mitte zwanzig, möglicherweise vom europäischen Festland (wegen der veralteten Armbanduhr), will jemand anderes/Besonderes sein, ist aber bislang noch nicht über die Geschäfte der Einkaufsstraßen hinausgekommen.

Urteil: Nettes Mädchen von nebenan mit Hoffnungen auf größere Dinge.

Zweite Frau
- Schwarzes IBM-ThinkPad: nützlich/geschäftsmäßig
- Asics Laufschuhe, Vintage Reissue: langweilige Antimode
- Zweiliterflasche Wasser von Tesco: praktisch

• Marks & Spencer Plastiktüte: vernünftige Produkte zu vernünftigen Preisen

Niemand geht in einen Laden und verlangt nach einem IBM-Laptop; so wie beim Rest ihrer Marken ging es auch bei diesem Kauf um das Preis-Leistungs-Verhältnis (allerdings nicht notwendigerweise um den niedrigsten Preis), die Benutzerfreundlichkeit und den nicht-demonstrativen Massenmarkt-Appeal.

Urteil: Selbstbewusst, aber risikoscheu und ohne Ende langweilig.

Mann
• Weißes Toshiba-Notebook: Apple-Imitat
• Turnschuhe mit vier Streifen (unidentifizierbar): Adidas-Imitat
• Stonewashed Jeans (unidentifiizierbar): Massenmarkt-Konformität
• Enges Oakley T-Shirt: demonstrativ sportlich

Wenn es je eine Nicht-Marke bei Laptops gab, dann ist es Toshiba. Was kauft man eigentlich mit einem Toshiba? Auf den ersten Blick einen Computer, der wie ein Mac aussieht, aber keiner ist. Auf den ersten Blick sehen die Schuhe wie Adidas aus, sie sind es aber nicht. Ein Blick auf das Elasthan-T-Shirt genügt, es besagt: »Schaut euch meine Muskeln an, Ladys/Kerle, was bin ich doch für ein Hengst!«

Urteil: Selbstverliebter Hochstapler.

Dritte Frau
• 17 Zoll G4 PowerBook: wenn du schon Geld ausgibst, dann richtig
• Vodafone BlackBerry: aufstrebender Managertyp
• Mulberry-Handtasche: diskreter Wohlstand
• Badoit-Wasserflasche: kultivierter Wohlstand

Entweder ist sie unglaublich erfolgreich bei dem, was sie tut (und geneigt, die Früchte ihrer Arbeit zu genießen), oder sie ist finanziell unabhängig und hat nichts Besseres zu tun als zu shoppen. Wenn es Letzteres ist, dann rechtfertigt sie ihren Status, indem sie ein paar Züge im Meer des Wissens schwimmt, allerdings nur spielerisch.

Urteil: Furchterregend erfolgreich oder wohlhabende Profi-Shopperin.

Ich

• Unidentifizierbarer weißer Laptop: imitiertes Produkt ohne Aussage
• Einfache durchsichtige Plastik-Wasserflasche: imitiertes Produkt ohne Aussage
• Einfache weiße Leinenturnschuhe: imitiertes Produkt ohne Aussage
• Markenfreier schwarzer Rucksack: imitiertes Produkt ohne Aussage

Keine Aussage, außer, dass ich nicht mehr alle Tassen im Schrank habe, seit ich einen Shopping-Trip zu viel unternahm und mir eine pathologische Allergie, ein Art Hassbeziehung gegenüber Marken zulegte, weshalb ich nun schlecht gefertigte, unbequeme, unattraktive Produkte den gut gemachten vorziehe.

Urteil: Paranoider Puritaner mit verringerter Selbstachtung oder einfach Langweiler in farbloser Kleidung.

Bei diesen Überlegungen wird mir klar: Egal, mit welchen Produkten ich mich umgebe, sie sind immer ein Statement. Jeder Mensch hat seine eigene Marke, seine eigene Sammlung von Werten, und diese projiziert er automatisch nach außen – durch die Dinge, die er kauft. Meine Marke ist die Markenlosigkeit. Mein Trost ist, dass ich mir dieses Image aus eigenem Antrieb gab, anstatt es fertig im Geschäft erworben zu haben.

Heute ist der erste Dezember, und Weihnachten steht schon
seit zwei Monaten vor der Tür, zumindest in den Geschäften.
Bei jemandem, der gern einkauft, mag es sich merkwürdig anhören, aber im Lauf der Jahre habe ich Weihnachten hassen
gelernt. Ich kann mich nicht mehr erinnern, wann genau es
war, dass diese Festtage von einer Zeit der Freude, des Mit-
einanders, des sich gegenseitig Beschenkens und unmäßigen
Essens zu dem wurde, was ich seit vielen Jahren als eine Zeit
der grausamen Folter empfinde. Als Teenager verspürte ich jedes Mal eine große Vorfreude, wenn das unvermeidliche Weih-
nachts-Musikprogramm in den Geschäften zu dudeln begann
(Wham!, die Pogues, Elton John und so weiter) und wenn es
in jeder Fernsehwerbung plötzlich schneite. Doch an irgendeinem Punkt in meinen Zwanzigern lösten die Schlittenglöck-
chen von »Last Christmas« und das endlose »Ho-ho-ho« in
der Werbung bei mir nur noch ein ängstliches Zucken aus, angesichts der Liste noch zu kaufender Geschenke, der Weih-
nachtsfeiern im Büro, die man ertragen musste, der Überfül-
lung der Londoner Innenstadt, wenn Horden aus dem Umland
und zahllose Touristen die Geschäfte überfluteten. Ich versuchte mir mit Geld einen Ausweg aus dem Elend zu erkaufen,
indem ich für meine Freundin und die engsten Familienmit-
glieder immer teurere Geschenke besorgte. Diese Strategie
gleicht der militärischen *Shock and Awe*-Taktik: kleine, ver-
schwenderisch verpackte Geschenke aus Luxusläden, die mög-
liche Rivalen von vornherein aus dem Feld schlugen. So kamen
Fresskörbe von Harrods immer gut an. Meine Gaben hatten
regelmäßig den größten Effekt, aber leider wurde das Kompliment selten erwidert. Die Geschenke, die ich erhielt, landeten
regelmäßig am 29. Dezember in einem Oxfam-Shop.
  Zu Beginn dieses Projekts hatte ich Angst, dass Weihnachten
meine Entschlossenheit und mein Wohlbefinden am härtesten
auf die Probe stellen würde. Doch entgegen allen Erwartungen
fühle ich mich in dieser Adventszeit weniger deprimiert als in

vielen vorangegangenen Jahren. Vielleicht hat mein Projekt einfach den Druck von mir genommen, dass ich erst gar nicht bei diesem Geschenkespiel mitmachen muss. Und dass ich mich vor dem Bombardement der Fernsehwerbespots und Zeitschriftenanzeigen abgeschirmt habe, trägt sicherlich auch dazu bei.

Der Dezember ist normalerweise die Zeit des Jahres, in der meine große Leidenschaft für freizügiges Geldausgeben mit Einladungen zu »In-Store-Partys« für treue Kunden belohnt wird. Solche Dinge existieren in der Schattenwelt des Serienkäufers. Diese Einladungen gaben mir immer das Gefühl, etwas Besonderes zu sein, sie zeigten mir, dass ich als Kunde geschätzt werde und nicht nur irgendein gewöhnlicher Shopping-Tourist bin. In Wirklichkeit ist das Ganze natürlich nichts anderes als eine effektive Direktmarketing-Veranstaltung. Trotzdem war es sehr nett, eine persönliche Einladung vom Chef der Einzelhändlervereinigung in der Bond Street zu einem geselligen Beisammensein mit Mince Pie und Glühwein (und einem exklusiven Rabatt von 20 Prozent auf alle Waren, natürlich nur an diesem Tag) zu bekommen. Obwohl ich seit dem Feuer die Geschäfte gemieden habe, ist mein Name noch nicht aus deren Datenbanken gelöscht worden, es flattert gleich eine ganze Reihe von diesen Exklusiveinladungen ins Haus. Mit einer Mischung aus Nostalgie, leiser Selbstverachtung und sinnlosem Triumph zerreiße ich sie alle und werfe sie ins Altpapier.

»Mach das nicht!«, sagt Juliet und nimmt die Fetzen an sich. »Willst du nicht deine Freunde sehen? Du hast seit deinem Feuer mit keinem von ihnen gesprochen.«

Durch Jahre zwanghaften Einkaufens sind tatsächlich mehrere Ladenbesitzer und -manager zu guten Freunden geworden. Ich sage oft im Scherz zu meinen engsten Freunden, dass ich mir ihre Zuneigung mit Geld erkauft habe.

»Na ja, ich weiß nicht, ob ich da wirklich hingehen soll. Ich kann ja schließlich nichts kaufen; das kommt mir wie Betrug vor.«

»Sie werden sich freuen, dich zu sehen, da bin ich sicher. Du kannst dich mit ihnen auch unterhalten, ohne Geld ausgeben zu müssen.«

Nachdem wir die Einladungen wieder zusammengeklebt haben, beschließen wir, die Feier in einem kleinen Laden zu besuchen, der Schuhe und Kleidungsstücke von jungen Designern aus der Savile Row verkauft. Vor dem Feuer habe ich dort einiges an Geld gelassen, also hoffe ich, dass die Besitzer Matthew und Kurt nett zu mir sein werden. Die Party findet an einem Donnerstag statt – es ist *Late Night Shopping* in der Londoner Innenstadt, und in diesem Jahr ist es mein erster Kontakt mit der Weihnachtshölle. Wir schieben uns durch die Menschenmenge in der Oxford Street. Auf mehreren Gebäuden drehen sich Projektionen mit dem Logo einer neuen Nintendo-Spielkonsole namens Wii. Ich habe in den Nachrichten gehört, dass diese Dinger schon im Voraus komplett ausverkauft waren. Vor dem HMV-Megastore steht eine dichte Menschentraube, offenbar findet hier eine Werbeveranstaltung statt. Ich bewundere den Enthusiasmus der Shopper ebenso, wie ich den grenzenlosen Konsumterror hasse.

Wir lösen uns aus dem Gedränge und schaffen es zur In-Store-Party, auf der wir zu meiner Erleichterung von den Besitzern herzlich begrüßt werden. Warum sollten sie auch nicht freundlich sein? Schließlich hat mein einsames Feuer es nicht geschafft, den Kapitalismus oder den Markenkonsum – oder auch nur die aktuelle Herrenmode der mittleren Preiskategorie – in die Knie zu zwingen.

»Wir haben dich vermisst«, sagt Matthew. »Ich weiß, du hast dich eine Zeit lang vom Markt genommen, aber du kannst ja trotzdem mal vorbeikommen und Hallo sagen. Du musst ja nichts kaufen.«

Mit Carol habe ich in der Therapie über dieses Thema gesprochen: Ich gehe immer davon aus, dass die Liebe anderer Menschen an Bedingungen geknüpft ist. Aber das ist schlichtweg nicht der Fall. Ich kann in einem Laden stehen, mich mit Freunden unterhalten, ohne Geld auszugeben.

»Übrigens kannst du dir die Kollektion für die nächste Saison ansehen. Dein Experiment wird dann ja vorbei sein und du kannst wieder so viel kaufen, wie du willst, nicht wahr?«

»Ich finde immer noch ungeöffnete Tüten aus eurem Laden, die Neil vor mir versteckt und beim Verbrennen vergessen hat«, scherzt Juliet. »Ich wage gar nicht, mir auszurechnen, was er hier alles gelassen hat.«

»Ja, wir vermissen Neil in der Tat«, sagt Matthew.

Während dieses Wortgeplänkels entdeckt mein Markenradar mindestens drei interessante Teile, die am anderen Ende des Raums in Regalen ausgestellt sind.

»Mir gefallen diese Schuhe da an der Wand.«

»Ja, mein Lieber, die sind wie für dich gemacht.«

Die alten Denkprozesse eines Konsumenten setzen wieder ein: Wie gut die Schuhe an meinen Füßen aussehen würden, mit welchen Anzügen ich sie tragen könnte, die beifälligen Blicke der Leute, die sich für solche Dinge interessieren. Das Leben wäre sicher besser, wenn ich diese Schuhe hätte. Ich gebe der Party noch fünf Minuten, dann gehen wir.

Auf dem Rückweg durch die Oxford Street haben sich die Shopper aus dem Umland wieder nach Hause verzogen (oder in eine Bar, um sich an der Beute ihres Einkaufstages zu erfreuen), nur vor dem Computerspiel-Laden steht immer noch eine Traube von Leuten. Es müssen mindestens 500 Menschen sein, die Schlange scheint sich unendlich zu erstrecken. Mehrere PR-Damen vom Typ »Mädchen von nebenan« schwirren in ihren Uniformen mit Wii-Logo die Reihe entlang und halten die Wartenden bei Laune (es sind zu 99 Prozent männliche Teenager, einige mit leidgeprüften Freundinnen oder Eltern). Bitterkalt ist es, aber die Menschen sehen aus, als hätten sie sich auf einen längeren Aufenthalt eingestellt; ich entdecke Klappstühle, Thermosflaschen und dicke Jacken, um sich gegen die Minusgrade zu schützen. Beeindruckt von der Entschlossenheit, die hier gezeigt wird, bleibe ich stehen, um mit einem der Jungen in der Schlange zu sprechen.

»Ich dachte, die Konsolen wären alle ausverkauft.«

»Sind sie auch. Ich hab meine vor drei Monaten reserviert. Ich warte hier, um sie abzuholen.«

»Aber es ist halb zwölf.«

»Sie verkaufen die Dinger erst ab Mitternacht.«

»Oh, ich verstehe.«

Einige der Leute haben kleine Lautsprecher an ihre iPods angeschlossen, Kinder, die von Kopf bis Fuß in Nike gekleidet sind, rappen um die Wette. Für sie ist es keine Qual, mitten in einer Winternacht darauf zu warten, dass ein Laden seine Türen öffnet; es ist ein gesellschaftliches Ereignis. Weiter hinten in der Schlange sehen wir eine Gruppe von Jungen, die alle die gleichen Wii-T-Shirts tragen und ein riesiges handgeschriebenes Schild hochhalten, auf dem zu lesen steht: ICH RIECHE FRISCHE Wii!!!!!

Tag 100

Die unermüdlichen Shopper sind heute in großer Zahl unterwegs und sichern sich in den Geschäften Schnäppchen mit bis zu 70 Prozent Preisnachlass. Als heute Morgen um neun Uhr die Geschäfte öffneten, standen schon Tausende Schlange. Ein Pärchen aus Wales ist um zwei Uhr nachts von zu Hause losgefahren, um als Erste in der Schlange vor Londons Kaufhaus Selfridges zu stehen. Weitere Meldungen des Tages: Die Welle der Gewalt in Bagdad reißt nicht ab, und Saddam Hussein wurde zum Tod durch den Strang verurteilt. *Nachrichtensendung im Capital Radio am zweiten Weihnachtsfeiertag*

Ganze vierundzwanzig Stunden nach dem ersten Weihnachtsfeiertag öffnen die Geschäfte ihre Türen, um den Ansturm der Käufer einzulassen. Die Medien berichten von kaum etwas anderem. Ich bin bei Juliets Eltern, sehe fern, blättere durch Zeitungen (ein seltenes Vergnügen in meinem markenfreien Leben) und bekomme schließlich doch noch meine Feiertagsdepressionen, als die Meldungen über den allgemeinen Kaufrausch durch die britischen Medien schwappen. Der erste Feiertag war in Ordnung gewesen, meine Geschenke vom örtlichen Markt (das meiste davon Lebensmittel wie handgemachtes Chutney und anderer überteuerter Unsinn in Tontöpfen) waren recht gut angekommen. Mein Markenboykott wurde von meiner Verwandtschaft respektiert, man überreichte mir kleine Geldbeträge (das war in Ordnung) – das erfreuliche Ergebnis war auf diese Weise ein weitgehend unkommerzielles Weihnachtsfest. Doch dieses Einkaufsfieber, das nun das Land erfasst, lässt ein seltsames Angstgefühl in meinem Magen entstehen. Aus einer neuen Perspektive betrachtet, sieht dieser Kaufrausch eher wie eine Form des Wahnsinns aus, der zwei Drittel der Nation ergriffen hat.

»Die Verkaufszahlen erreichen neuen Höchststand – Läden werden überrannt!«, schreit uns eine Zeitungsüberschrift entgegen. Ein Einzelhandelsexperte im GMTV-Frühstücksfernsehen mahnt die Verbraucher zur Vorsicht; auch wenn wir bis zu 70 Prozent Preisnachlässe erleben, so müssen wir doch die restlichen 30 Prozent immer noch bezahlen, und das könne sich summieren. Die Botschaft ist, man soll sich nicht zu sehr mitreißen lassen und keine Dinge kaufen, die man gar nicht braucht. Die Titelseiten mancher Zeitungen berichten von wahren Heldentaten einzelner Verbraucher, von engagierten Schnäppchenjägern, die übermenschliche Dinge vollbringen, um sich vormals völlig überteuerte, jetzt aber lächerlich günstige Waren zu sichern. Die Pause zwischen den Werbeunterbrechungen im Fernsehen kommt mir wesentlich kürzer vor als zuvor, Dutzende von Superdiscount-Möbelgeschäften wetteifern um Kunden. Der zweite Weihnachtsfeiertag ist offenbar der traditionelle Tag, um sich ein Ledersofa zu kaufen.

Wer steht, wenn er noch ganz bei Verstand ist, am zweiten Weihnachtsfeiertag bei Anbruch der Dämmerung auf, um shoppen zu gehen? Der Räumungsverkauf bei Next in Brent Cross begann um halb fünf Uhr morgens, und offensichtlich wurde der Laden innerhalb einer Stunde von 5000 Kunden »überrollt«. In einem Interview mit dem *Evening Standard* beantwortet ein Sprecher der Oxford-Street-Einzelhandelsvereinigung meine Frage folgendermaßen: »Shopping ist eine Freizeitbeschäftigung, und außerdem, was kann man sonst schon machen? Jetzt haben die Menschen die Chance, für sich selbst Geld auszugeben, nachdem sie vor Weihnachten für andere Menschen eingekauft haben.« Und ein Geschäftsführer sagt in einem Radiointerview: »Der Geist von Weihnachten hat endlich auch die High Street erreicht.« Das ist heute das zweite Mal, dass ich etwas vom »Geist von Weihnachten« zu hören bekomme – und jedes Male ging es um die Bereitschaft der Menschen, in Läden Geld auszugeben. Den armen Einzelhändlern reicht es nicht, uns vor Weihnachten beim Kauf von Geschenken auszunehmen, wir müssen auch noch im anschließenden Ausverkauf mit Scheinen um uns werfen.

Tag 101

Sogar unsere Rückfahrt nach London wird vom allgemeinen Kaufrausch behindert. Als wir uns der Stadt nähern und versuchen, an der Abzweigung zu einem Einkaufszentrum vorbeizufahren, ist die Autobahn plötzlich von wütenden Shoppern verstopft, die sich zwischen den Spuren hin- und herdrängeln und sichtlich immer zorniger werden, während die kostbaren Sekunden verstreichen, in denen sie bereits einkaufen könnten. Ich bin umzingelt von Geländewagen, Luxuslimousinen und Vans, alle voll mit Familien, die es kaum erwarten können einzukaufen. In solchen Situationen ist die Marke des eigenen Autos völlig egal, mithin gleichermaßen nutzlos. Stoßstange an Stoßstange stehen die Wagen, während wir gegenseitig unsere Abgase einatmen und die Gaspedale wild röhrend darauf warten, dass die Schlange sich zwei oder drei Zentimeter nach vorne bewegt. Die unablässigen Ausverkaufs-Werbespots im Autoradio lassen das Fieber noch weiter ansteigen. Sie halten sich nicht mit Finessen und Andeutungen auf, sie appellieren direkt an Neid und Torschlusspanik:

DENKEN SIE DARAN: DIESE PREISE KÖNNEN NICHT VON DAUER SEIN!
SCHNELL – WER DAS VERPASST, MUSS VERRÜCKT SEIN.
BEI DIESEN PREISEN KÖNNEN SIE NICHT VERLIEREN!

Als wir es endlich in die Londoner Innenstadt geschafft haben, werden die ersten Verkaufszahlen des Tages im Radio gemeldet: Die tapferen Schnäppchenjäger des Vereinigten Königreichs haben gestern 800 Millionen Pfund pro Minute ausgegeben. Nach einer Untersuchung der Regierung werden Millionen von Erwachsenen Probleme haben, die Ausverkaufsangebote optimal zu nutzen, weil sie nicht in der Lage sind, die wahren Kosten eines Sonderangebots zu ermitteln. Das Erziehungsministerium meldet, dass 14,9 Millionen Erwachsene in England nicht die Rechenfähigkeit eines Elfjährigen haben, die man aber braucht, um zu begreifen, was ein Satz wie »Wer einen kauft, bekommt den zweiten zum halben Preis« wirklich bedeutet. Eine weitere Nachricht: Eine Schauspielerin aus der Fernsehserie *Desperate Housewives* fuhr mit einer Pferdekutsche bei Harrods vor, um den Ausverkauf dort zu eröffnen.

Juliet und ich fangen an zu überlegen: Wir könnten tatsächlich ein paar neue Dinge für die Wohnung gebrauchen, zum Beispiel eine Bettdecke und Kopfkissen. Wir kommen auf dem Nachhauseweg an einem Kaufhaus vorbei. Ich kann die Sachen natürlich nicht selber besorgen, aber meine Freundin könnte es. Ich würde nur vor dem Laden stehen oder vielleicht mit hineingehen und aus sicherer Entfernung zuschauen. Oder würde ich damit schon mogeln? Ach egal, es gibt 70 Prozent Rabatt! Innerhalb von Minuten ist das Auto abgestellt – kostenloses Parken und keine Innenstadtmaut für Shopper! –, und wir betreten John Lewis. Es ist das erste Mal seit längerer Zeit, dass ich in einen größeren Konsumtempel gehe. Das Gedränge, das darin herrscht, erinnert an Hamsterkäufe oder Plünderungen in den Minuten vor einem atomaren Angriff. Männer, Frauen und Kinder durchwühlen die Warenkörbe mit einem Blick, der Besessenheit ausdrückt. Das war früher auch mein eigener Trick: erst einmal etwas schnappen und anprobieren, das Kaufen kommt später. Dafür, wie viele Leute in diesen Laden gepfercht sind, ist es erstaunlich leise, abgesehen vom geschäftigen Drängeln vieler Füße. Zum Reden hat niemand Zeit.

In der Bettenabteilung im dritten Stock geht es nicht weniger hektisch zu. Nur die angehenden Käufer scheinen einen höheren Altersdurchschnitt aufzuweisen als die jüngeren Modefans im ersten Stock, doch das machen sie mit Einsatzwillen und Hartnäckigkeit mehr als wett. Wir gelangen zu einer fast leeren Regalwand, die möglicherweise vor kurzem noch unter dem Gewicht verpackter Bettdecken ächzte. Jetzt liegen einzig drei Stück dort. Juliet nimmt die billigste davon in die Hand, um sich den Preis anzusehen, als eine kampferprobte Dame Ende fünfzig aus dem Nichts auftaucht und entschlossen zwei knochige Hände auf das Paket legt.

»Entschuldigen Sie mal!«, sagt Juliet, die vor Schreck und Verblüffung dunkelrot anläuft.

»Die nehme ich«, blafft die alte Dame zurück. Schon lange hat sie jeden Anschein von Würde aufgegeben.

»Aber ich halte die Decke in den Händen, damit habe ich doch wohl ein Anrecht darauf?!«

»Sie haben sie sich nur angeschaut; ich habe sie schon von weitem gesehen. Ich bin siebzig Kilometer gefahren, nur um diese Decke zu kaufen. Tut mir leid, aber sie gehört mir.«

»Lassen Sie uns einen Verkäufer fragen, vielleicht sind noch welche im Lager.«

»Sind sie nicht, ich habe mich schon erkundigt.«

Hier geht es inzwischen ums Prinzip. Juliet und die alte Dame ziehen beide an der Verpackungsschachtel, ein Handgemenge ist unausweichlich geworden. Beide blicken hilfesuchend zu mir herüber, aber ich habe das Gebäude schon längst verlassen, zumindest in Gedanken. Das ist die zivilisierte Gesellschaft? Das sind intelligente, rationale, autonome Verbraucher, die sich an den Segnungen des Spätkapitalismus erfreuen? Alles, was ich hier sehen kann, sind erwachsene Menschen, die sich wie tollwütige Hunde um Sachen balgen, die sie bereits besitzen – einzig aus dem Grund, weil es auf den überhöhten Preis Rabatt gegeben hat. Wenn das Kaufhaus es sich leisten kann, die Produkte zu einem niedrigeren Preis zu verkaufen, warum war er dann vorher so hoch? Warum fallen wir Verbraucher jedes Jahr wieder auf diese Nummer herein? Warum brauchen wir eigentlich eine neue Decke? Warum stehe ich überhaupt in diesem Kaufhaus?

Ich nehme den beiden Frauen die Schachtel aus der Hand und marschiere damit zur Kasse. Ich bezahle, hole die Decke aus der Schachtel, reiße das Markenetikett ab, klemme sie mir unter den Arm und verlasse das Kaufhaus, den Kassenbon noch zwischen den zusammengebissenen Zähnen – ohne Juliet und die alte Dame noch eines weiteren Blickes zu würdigen.

Carol hat mich gewarnt, ich solle dieses Projekt nicht zu ernst nehmen und mich davor hüten, mich von der Gesellschaft zu entfremden. In diesem Moment bin ich mir überhaupt nicht mehr sicher, wer verrückt ist und wer nicht.

Tag 106

Neujahr. In den Nachrichten höre ich, dass die Stadtverwaltung von São Paulo ab heute jegliche Straßenwerbung in der City verboten hat. Sogar Ladenschilder müssen neuen Richtlinien für Größenvorgaben folgen. London würde wie eine Geisterstadt aussehen, wenn man hier das Werben verbieten würde.

Tag 120

Die Folgen des Konsums für die Umwelt scheinen in den Medien ein immer wichtigeres Thema zu werden. Im von der Regierung in Auftrag gegebenen *Stern Review Report on the Economics of Climate Change* warnt der britische Ökonom Sir

Nicholas Stern, dass die Auswirkungen des Klimawandels auf Wirtschaft und Gesellschaft letztlich die gleiche Größenordnung erreichen werden, wie sie im Gefolge der Weltkriege und der Weltwirtschaftskrise in der ersten Hälfte des 20. Jahrhunderts zu beobachten waren. Politiker aller Parteien entdecken Schlagworte wie den *Carbon footprint*, den ökologischen Fußabruck, und diskutieren, wie jeder Einzelne seinen schädlichen Einfluss auf die Umwelt reduzieren kann. Bis jetzt beschränkt sich die Debatte allerdings weitgehend auf Flugreisen und den häuslichen Energieverbrauch. Ich finde es komisch, dass es keine Debatte über die Steuerung des Konsumgüterbedarfs gibt, der laut dem Carbon Trust 42 Prozent unseres *Footprints* ausmacht. Die großen Parteien scheinen die Lösung des Klimaproblems nicht etwa darin zu sehen, den Verbrauch zu verringern, sondern ihn auszugleichen: Wir machen weiter wie bisher, aber wir pflanzen ein paar Bäume und alles wird gut. Tony Juniper, der Sprecher von Friends of the Earth, scheint der einzige prominente Teilnehmer in dieser Debatte zu sein, der den Ausgleich als einen riesigen Schwindel betrachtet.

Das Kompensieren von Emissionen ist ein Täuschungsmanöver, das die Aufmerksamkeit von den schweren Entscheidungen ablenkt, die wir treffen müssen – und diese Entscheidungen beziehen sich auf die Steuerung des Konsumbedarfs. Emissionshandel ist nicht, wie manche uns glauben machen wollen, die Zauberformel, die den Klimawandel oder eine weitere Zunahme der Abgase, Strahlungen etc. verhindert. Wir können uns nicht den Luxus erlauben, in den wohlhabenden Ländern einen verschwenderischen Lebensstil zu pflegen, solange wir nur dafür bezahlen, dass in anderen Ländern die Emissionen reduziert werden.[39]

Ich finde es verrückt, dass wir die Umweltzerstörung stoppen wollen, indem wir hier und da eine Lampe ausschalten, während wir gleichzeitig immer weiter sinnlos in den Einkaufszentren den Konsum anheizen. Gibt es überhaupt Politiker auf nationaler Ebene, die sich trauen, Position zu beziehen und laut auszusprechen, dass wir – trotz all der wirtschaftlichen Probleme, die das mit sich bringen mag – schlicht und einfach anfangen müssen, weniger zu konsumieren? Clare Short, die frühere Ministerin für Internationale Entwicklung in der Regierung von Tony Blair, ist eine der wenigen, die nach einem Moratorium der englischen Hyper-Konsumkultur rufen. Ich habe mehrere Monate gebraucht, um Kontakt zu ihr zu bekommen, aber sie hat sich schließlich bereit erklärt, ihren Standpunkt zu dieser Frage für dieses Buch darzulegen:

Wenn wir den Wohlstand und den Konsum in unserer Gesellschaft – selbst bei ihren ärmsten Mitgliedern – mit dem unserer Großeltern vergleichen, dann sind wir alle sehr reich. Und doch ist unsere Lebensqualität ziemlich schlecht. Jeder steht unter Stress, jeder ist unzufrieden, immer nur heißt es: shoppen, shoppen, shoppen. Wir verschulden uns, wir haben keine Zeit für die Menschen, die wir lieben. Es ist etwas Ungesundes in unserer Gesellschaft, eine ewige Gier, die niemals befriedigt werden kann, die zu unserer Kultur geworden ist und die die Menschen unglücklich macht.
Ich kann mich erinnern, dass es, als ich in den Sechzigerjahren Studentin war, cool war, Kleidungsstücke auf Flohmärkten zu kaufen, Dinge zu tragen, die man selbst gemacht hatte. Es war eine bei weitem kreativere und lebensfrohere Generation. Mittlerweile sind wir in die Falle gelaufen, wollen nur noch kaufen und nichts mehr selber gestalten. Marken haben neue Varianten von Dingen geschaffen, die wir immer hatten, aber zu höheren Preisen, und sie haben Objekte erfunden, die wir brauchen sollen, damit wir alle im Hamsterrad von Gier und Unzufriedenheit gefangen bleiben. Nehmen Sie zum Beispiel fertig abgepacktes Essen. Das meiste davon ist Mist, und es macht die Menschen unglücklich. Man kann es an der wachsenden Anzahl von fettleibigen Personen erkennen.
Wir könnten aus diesem Kreislauf ausbrechen. Wir stehen an einem Punkt in der menschlichen Geschichte, an dem alle unsere Grundbedürfnisse erfüllt sind und wir damit begin-

nen könnten, die Freiheit zu genießen, die uns daraus erwächst. Das heißt, wir müssen nicht mehr so viele Stunden arbeiten, wir haben mehr Zeit für die Menschen, die wir lieben, für Musik, Poesie, Kochen, was immer uns Freude macht. Wäre es nicht großartig, wenn wir alle sagten, zum Teufel damit, wir brauchen das ganze Zeug nicht! Ja, wir benötigen ein paar Kleidungsstücke zum Anziehen, aber welchen Unterschied macht es, ob wir achtzig Paar Turnschuhe haben oder zwei?

Unser gegenwärtiges Konsumverhalten ignoriert die Schäden, die wir der Umwelt zufügen, und die Herausforderungen, die auf diesem Gebiet noch vor uns liegen. Doch die Politiker haben zu viel Angst, uns einfach zu sagen, dass wir weniger konsumieren sollten. Die Umwelt ist auf der politischen Agenda nach oben gerutscht, aber die politische Elite hält daran fest, dass wir wirtschaftliches Wachstum brauchen. Die Politiker trauen sich nicht, mit dem Finger auf den Konsumwahn zu zeigen, weil sie Angst um ihre Umfragewerte haben. Trotzdem ist ihre Beliebtheit so niedrig wie noch nie. Ich glaube, dass die Menschen Überdruss gegenüber dem alten System empfinden. Doch der Wandel wird nicht durch die Politik bewerkstelligt, eher durch soziale Bewegungen, die von den Menschen selber ausgehen, ähnlich wie die Umwälzungen in den Sechzigerjahren. Hier ging es um ein symbolisches Abwerfen starrer Strukturen, um Toleranz und eine neue Einstellung zur Gesellschaft, und zwar über alle Generationen hinweg. Ich denke auch an die große Abstinenzlerbewegung oder an den Kampf für das Frauenstimmrecht – beides waren weltweite Phänomene, die von unten, von der Basis ausgingen.

Der Wandel wird eintreten. Wir benötigen ihn, und er wird uns glücklicher machen. Es ist ein Wandel, der von den Menschen auf der Straße ausgeht, von Menschen, die sagen: »Ich will nicht mehr in der Falle sitzen, ich will lieber mehr Zeit und weniger Stress haben.«

Die Regierungen von Entwicklungsländern nehmen sich die Konsumkultur des Westens als Vorgabe für ihr eigenes

Wachstum. Der prominente amerikanische Umweltexperte Lester R. Brown weist in seinem Buch *Plan B 2.0* darauf hin, dass Chinas Bruttosozialprodukt, wenn es die gegenwärtige Wachstumsrate beibehält, im Jahr 2032 so groß sein wird wie das der USA heute – was bedeutet, dass zu den gegenwärtig 800 Millionen Autos noch 1,1 Milliarden hinzukommen. Das Benzin, das nötig wäre, um sie alle fahren zu lassen, ist in der Menge nicht vorhanden. Wenn die Chinesen pro Kopf so viel Papier verbrauchen, wie wir es gegenwärtig tun, dann werden wir nicht genug Wälder haben, um den Bedarf zu decken. Unser Lebensstil ist mit einem nachhaltigen Dasein auf diesem Planeten nicht zu vereinbaren, und er bietet kein Modell, an dem die Entwicklungsländer sich orientieren können. Wenn wir keine Alternative zur Konsum- und Wegwerfgesellschaft finden, dann werden wir eine Krise nach der anderen erleben, und zwar bald.

Obgleich in Afrika eine schreckliche Ungleichheit und Armut existiert und wir Armut niemals romantisch verklären sollten, können wir dort vieles lernen. Man findet in den afrikanischen Dörfern etwas, das große Harmonie ausstrahlt. Es gibt dort Gemeinschaften, die ihre eigenen Häuser bauen, ihre Kinder lieben, Gemeinschaften, die ihre Alten respektieren und die in großer Würde leben – und das ist etwas, das wir in England verloren haben. Es ist nicht nötig, dass wir unseren Komfort aufgeben oder hungern, aber einige der notwendigen Veränderungen werden uns Würde zurückgeben und uns als Menschen glücklicher machen.

Vielleicht hat Frau Short recht. Solange das politische Klima eine Steuerung des Konsums nicht zulässt, kann der Wandel nur aus der Gesellschaft kommen. Aber es ist schwer, sich vorzustellen, dass die iGeneration dem Konsumismus abschwört, ohne einen unmittelbaren Grund dazu zu haben. Adam Curtis hat einmal zu mir gesagt, dass die Konsumkultur sich nur verändern wird, wenn die frei verfügbare Zeit wieder abnimmt – wenn wir Wichtigeres vorhaben, als uns einzig nach neuen Schuhen umzusehen.

Im Jahr 2000 schrieb die kanadische Globalisierungskritikerin Naomi Klein in ihrem Buch *No Logo*: »Wenn immer mehr Leute die dunklen Geheimnisse des globalen Markennetzes entdecken, wird ihre Empörung der Antrieb für die nächste große politische Bewegung, sie wird zu einer gewaltigen Welle des Widerstands, die sich frontal gegen die multinationalen Konzerne richtet, und zwar besonders stark gegen solche, die stark mit einer Marke identifiziert werden.«[40] In den sieben Jahren seit seinem Erscheinen hat Kleins polemischer Bestseller zweifellos viel dazu beigetragen, das Thema *Corporate Social Awareness* (CSR) ins öffentliche Bewusstsein zu rücken. Das hat sich allerdings offenbar nicht in einer konkreten Veränderung des Kaufverhaltens niedergeschlagen. Nike – eines der von Klein am schärfsten wegen seiner Produktionspraktiken kritisierten Unternehmen – hat seinen Umsatz seit Erscheinen von *No Logo* von 9,5 auf 13,5 Milliarden Dollar gesteigert.[41] Nach einem Bericht der *Media Week* scheint die Loyalität der Kunden gegenüber dieser Marke »stärker als je zuvor« zu sein. Tatsächlich hat keines der Unternehmen, die in *No Logo* erwähnt werden – Wal-Mart, Ralph Lauren, JCPenney –, bisher unter der darin vorhergesagten Welle des ethischen Konsumismus zu leiden gehabt. Der Fehler in Naomi Kleins Theorie ist, dass sie die Macht des emotionalen Brandings und die daraus resultierende Apathie des Konsumenten unterschätzt. Ethik ist keine Konkurrenz für Gefühle – und Gefühle sind das, was Unternehmen wie Nike verkaufen. Ich würde behaupten, dass die Öffentlichkeit zwar ein Interesse für CSR aufbringt, dass dieses Interesse aber bei weitem nicht stark genug ist, um die emotionale Bindung an ihre Lieblingsmarken zu durchbrechen.

Ich beschließe, meine Theorie mit einer Umfrage vor dem Megastore Niketown in der Oxford Street zu überprüfen. Ich stelle mich einen ganzen Tag lang vor das Geschäft und versuche diejenigen zu interviewen, die es mit einer Nike-Tüte verlassen. Ich will herausfinden: Kennen Nike-Kunden die Vorwürfe, die gegen das Unternehmen erhoben werden? Wenn ja, warum kaufen sie dann noch hier ein?

Überall auf der Oxford Street wetteifern Spendensammler, Flugblattverteiler und religiöse Aktivisten um die Aufmerksamkeit der Shopper. Endlose Menschenmassen eilen schlecht gelaunt von Laden zu Laden – nicht gerade die idealen Bedingungen für eine Umfrage. Nach mehreren erfolglosen Anläufen mache ich meinen ersten Fang, einen modisch gekleideten Teenager namens Joe. Er trägt ein leuchtend grünes T-Shirt mit einem groß aufgedruckten Statement auf der Brust – »Just Say No« –, wahrscheinlich eine Kopie der berühmten Protest-T-Shirts, die die englische Designerin Katharine Hamnett in den Achtzigerjahren produzierte. Joe hat gerade über 100 Pfund bei Niketown ausgegeben.

»Ist Nike deine Lieblingssportmarke?«

»Absolut.«

»Hast du eine Idee, warum das so ist?«

»Nein, eigentlich nicht. Es ist einfach die coolste.«

»Okay. Liest du in Zeitungen Berichte über die soziale Verantwortung von Firmen, über Ausbeutungsbetriebe in der Dritten Welt, Umweltverschmutzung und solche Sachen?«

»Ja, das muss ich. Ich studiere Wirtschaft an der Uni.«

»Sind das Themen, die dich interessieren?«

»Auf jeden Fall.«

»Nike wird von vielen Leuten dafür kritisiert, dass das Unternehmen Produkte angeblich in Sweatshops herstellen lässt. Wusstest du das?«

»Ich denke schon, dass ich davon gehört habe. Aber ich habe noch nicht wirklich darüber nachgedacht. Mann, das hört sich ziemlich dämlich an, was?«

Ich fühle mich selbstgerecht und schäme mich dafür, diesen Jungen bloßzustellen. Mit meiner letzten Frage wird das Gefühl der Peinlichkeit noch einmal verstärkt.

»Was schätzt du, was die Fabrikarbeiter von Nike in Vietnam verdienen: 25 Pfund pro Tag, 25 Pfund pro Woche oder 25 Pfund im Monat?«

»Ich würde sagen, 25 Pfund pro Woche.«

Der arme Kerl blickt ziemlich verlegen drein, als er mir zum Abschluss die Hand schüttelt, bevor er wieder im geschäftigen Treiben der Menschen verschwindet. Meine Fragen mögen Fangfragen sein, aber meine Absicht ist es nicht, Leute bloßzustellen. Ich will lediglich beweisen, dass normale, anständige Menschen zwar ethischen Konsum befürworten, dass sie das aber andererseits nicht daran hindert, auch weiterhin ihre Lieblingsmarken zu kaufen.

Ich stehe fast sieben Stunden lang vor Niketown und belästige unter den Augen des Sicherheitspersonals so unauffällig wie möglich deren Kunden. Gruppen von Jugendlichen in Nike-Klamotten versammeln sich auf dem Bürgersteig und spielen endlos auf ihren Handys. Die Mädchen richten sich gegenseitig die Haare, die Jungen mustern die anderen Gruppen, die in Sichtweite sind. Junge Eltern gehen mit ihren angehenden Spitzensportlern einkaufen. In Fitnessstudios gestählte Karrierefrauen verbringen ihre Mittagspause hier, wahrscheinlich auf der Suche nach einem neuen Elasthan-Dress. Fernöstliche Touristen lassen sich vor den riesigen Schaufenstern fotografieren. Offenbar ist es eine vollkommen normale Sache, bei diesem so übel beleumundeten Unternehmen seine Freizeit zu verbringen und sein Geld auszugeben – es ist, als habe es *No Logo* nie gegeben.

Einige der Interviewten vertreten ihre Gleichgültigkeit, was die soziale Verantwortung von Unternehmen betrifft, in erstaunlich offensiver Weise. Sie scheinen geradezu stolz darauf zu sein, dass sie sich nicht dafür interessieren. »Das hier ist die Erste Welt, Vietnam ist Dritte Welt. Ist doch klar, dass die weniger verdienen als wir«, erklärt mir ein Pole Ende dreißig. Den meisten Menschen ist der Ruf von Nike in Menschenrechtsfragen offenbar bekannt, aber sie sind nach eigenen Angaben zu bequem, um sich eine andere, ethisch korrekte Sportmarke zu suchen, falls es denn eine solche geben sollte. Am Ende des Tages habe ich insgesamt achtundvierzig Interviews geführt. Hier sind die Ergebnisse:

Alter	16–35 Jahre (66 %)	35–65 Jahre (34 %)	
Wie viel geben Sie durchschnittlich für ein Paar Turnschuhe aus?	Bis zu 50 £ (19 %)	Mehr als 50 £ (81 %)	
Sind Sie der Ansicht, dass Fabrikarbeiter eine menschliche Behandlung und eine faire Bezahlung verdienen?	Ja (95 %)	Nein (5 %)	
Ist die soziale Verantwortung eines Unternehmens etwas, das Ihre Kaufentscheidung bei Markenprodukten beeinflusst?	Ja (37 %)	Nein (32 %)	Vielleicht (31 %)
Was glauben Sie, wie viel ein Fabrikarbeiter von Nike in Vietnam verdient?	25 £ pro Tag (7 %)	25 £ pro Woche (28 %)	25 £ pro Monat (65 %)

No Sweat, die britische Kampagne für Arbeiterrechte, hat ausgerechnet, dass der Durchschnittslohn eines vietnamesischen Arbeiters bei Nike gerade einmal 25 Pfund pro Monat beträgt.[42] Nike selbst hat kürzlich eine Überprüfung seiner Fabriken durchgeführt und zugegeben, dass es dort zu Menschenrechtsverletzungen kommt.[43] Zwischen 25 und 50 Prozent der asiatischen Fabriken beschränken während der Arbeitszeit den freien Zugang zu Trinkwasser und Toiletten. Ebenso viele verweigern ihren Erwerbstätigen wenigstens einen freien Tag pro Woche. In mehr als der Hälfte der Fabriken, die für Nike tätig sind, wird nach diesem Bericht mehr als sechzig Stunden pro Woche gearbeitet.

Meine Umfrage ist vollkommen unprofessionell, und Nike ist natürlich auch ein leichtes Ziel für meinen Zweck. Aber trotzdem: 65 Prozent der Kunden von Nike lagen richtig mit ihrer Schätzung, welchen Lohn die Fabrikarbeiter in Vietnam erhalten, und sie hatten keinerlei Probleme damit, mehr als zwei Monatslöhne eines vietnamesischen Arbeiters für ein einziges Paar Turnschuhe auszugeben. 95 Prozent der Befragten waren auch der Meinung, dass Fabrikarbeiter fair behandelt werden sollten. Doch anscheinend gibt es etwas, das uns daran hindert, unseren ethischen Lippenbekenntnissen Taten folgen zu lassen. Der gleiche Mechanismus lässt die Kunden akzeptieren, dass sie viel zu viel für Produkte bezahlen, die ganz offensichtlich für wenig Geld produziert werden. Es ist die tief verwurzelte emotionale Bindung an eine Marke, die uns immer wieder zu ihr zurückkommen lässt.

Tag 125

Die Ironie bei meinem Projekt, das wurde mir oft genug unter die Nase gerieben, besteht darin, dass ich durch das öffentliche Zerstören meines Markenlebens einfach eine neue Marke geschaffen habe – den markenfreien Neil Boorman. Wie jedes andere Konsumverhalten kann auch das Vermeiden von Markenprodukten zu einem Lebensstil werden. Und natürlich gibt es Hersteller, die es kaum erwarten können, selbst für diesen spezielle Produkte herzustellen und sie an die Bevölkerungsgruppe zu verkaufen, die sich für ihn entscheidet – besonders dann, wenn er Thema in den Medien ist. Die Bestätigung für meine Vermarktbarkeit flattert heute durch unseren Briefschlitz, in Gestalt eines Trendmagazins, das meine Geschichte aufgegriffen hat. Solche Zeitschriften werden exklusiv für Werbeagenturen und PR-Unternehmen produziert, sie suchen nach neu entstehenden Konsum- und Modetrends, die sich in Markenpolitik umsetzen lassen. Nach Einschätzung dieses Journals gehöre ich zu den Trendsettern des Jahres 2007, in dem eine Minderheit sich der *Nu Austerity* zuwenden wird, einer wiedererstarkenden Gewissenskultur, zu der auch der *Thrift Chic* gebrauchter Kleidung gehört.[44] Vor zwölf Monaten hätte es mich mit Stolz erfüllt, dass ich in einem solchen Trenddossier namentlich erwähnt werde, dass mein Lebensstil für würdig gehalten wird, mit einer Fokusgruppe in Verbindung gebracht zu werden, dass meine Meinung akzeptiert und auf diese Weise durch die Marken bestätigt wird. Jetzt aber bin ich lediglich deprimiert und wütend darüber, dass mein kleiner Kreuzzug so schnell zu einem Marketingtrend geworden ist, mit dem noch mehr Dinge verkauft werden sollen.

Naomi Klein schreibt, dass Marken dazu in der Lage sind, jede Verschiebung in der Kultur oder in der öffentlichen Meinung mitzumachen und zu ihrem eigenen Vorteil zu nutzen. Alle bekannten Unternehmen haben damit begonnen, den Trend zur Nachhaltigkeit, der sich in sämtlichen Industrieländern abzeichnet, in ihrer Markenpolitik widerzuspiegeln. Im Gefolge des Stern-Reports gibt es viele öffentliche Bekenntnisse zur Effizienz, viele Firmen lassen verlautbaren, dass die eigenen Kohlenstoffemissionen anderswo kompensiert werden sollen. Vielleicht ist das keine schlechte Sache, wenn die Versprechen in den Pressemeldungen tatsächlich umgesetzt werden. Aber wie viel davon ist ernst gemeint und mehr als nur Öko-Etikettenschwindel oder »Grünfärberei«? Keines dieser Unternehmensmanifeste verspricht, das eigene Wachstum zu steuern. Noch kann ich keine Selbstverpflichtung ausmachen, das eingebaute Verfallsdatum oder den Wegwerfcharakter vieler Produkte aufzugeben – dabei sind das die beiden wichtigsten Marketingmethoden, die den Konsumwahn antreiben und für die Berge von Wohlstandsmüll sorgen. In der Zeitung lese ich, dass große Autohersteller Kraftfahrzeuge mit Kunststoffmotoren testen, bei denen es billiger ist, den Motor zu ersetzen, als ihn zu reparieren. Einer Marke einen grünen Anstrich und ein Blumenlogo zu verpassen ist noch längst kein ethisch vertretbarer Konsum. Eher ist es eine Fassade, hinter der die Industrie mit Überproduktion und überteuertem Verkauf weitermachen kann wie bisher.

Tag 130

Meine Recherchen in der British Library gehen zu Ende. Viele von den Texten, die ich in den letzten Monaten gelesen habe, beinhalten eine rein theoretische Perspektive. Die Lobeshymnen der Werbehandbücher oder die idealistischen Prognosen der gesellschaftspolitischen Schriften – sie sind nichts anderes als abstrakte Ideologien, die auf das moderne monotone Dasein kaum anwendbar erscheinen. Jeden Tag erwacht die Stadt aufs Neue zum Leben, und die Menschen darin spulen die vertrauten Konsumrituale ab – Verhaltensweisen, die ihnen völlig normal erscheinen und die keinerlei sichtbare negative Auswirkungen haben. Dabei vergeht kaum ein Tag, an dem nicht ein neuer Report veröffentlicht wird, der vor drohenden Umweltkatastrophen, der ansteigenden Überschuldung privater Haushalte oder anderen drängenden Problemen unserer Gesellschaft warnt. Doch der Durchschnittsverbraucher zuckt mit den Schultern – und macht weiter wie bisher. Und so ist die Isolation, die mit meinem Projekt von Anfang an verbunden war, für mich nach wie vor sehr real. Doch ich verstehe jetzt besser, welches Umfeld mich dazu gebracht hat, so viele Aspekte des »normalen« modernen Lebens aufzugeben.

Es liegt auf der Hand, dass das ständige Appellieren an das Eigeninteresse der Menschen, so wie es Edward Bernays und seine Kollegen vorgemacht haben, uns gelehrt hat, weniger wie eine Gemeinschaft und mehr wie individuelle Verbraucher zu denken und zu handeln. Vielleicht fällt es uns deshalb so schwer, unseren Konsum einzuschränken – selbst im Angesicht drohender ökologischer Katastrophen. Es ist besser, Produkte zu kaufen, die als ethisch deklariert wurden, und dabei vielleicht mit einer Kreditkarte zu bezahlen, die einen Spendenanteil nach Afrika abführt, als überhaupt nicht zu konsumieren. Das materielle gute Leben – oder zumindest die Chance, sich dieses zu erarbeiten – ist zu einem Grundrecht geworden, gleichgültig, was die Kosten für Umwelt und Gesellschaft sind.

Als *War on Want*, eine in London gegründete Initiative gegen Armut in Entwicklungsländern, englische Supermarktketten wie Tesco und ASDA sowie den Textildiscounter Primark anklagte, in Bangladesch mit Bedingungen zu operieren, die sich kaum von Sklavenarbeit unterschieden, reagierten die Medien geschockt und entsetzt.[45] Wie zu lesen war, lassen diese »Familienmarken«, denen so viele Konsumenten vertrauen, ihre Kleidung von Arbeitern herstellen, die im Durchschnitt 5 Pence pro Stunde verdienen. Die Kunden dieser Einzelhandelsketten profitieren seit Jahren davon – zu, wie es in der Eigenwerbung heißt, »unglaublichen Preisen«. Besonders Primark ist zu einer festen Größe in den Einkaufsstraßen Großbritanniens geworden, es hat sich den Ruf erarbeitet, hochwertige Kleidung zu sehr niedrigen Preisen anzubieten (bei den *High Street Awards* der Zeitschrift *Company* wurde das Unternehmen 2006 als »bestes Geschäft, um etwas für 50 £ zu kaufen« ausgezeichnet). Man fragt sich, wie diese Ketten es schaffen, hochwertige Waren zu solch niedrigen Preisen zu veräußern. Aber in Wirklichkeit wissen wir es natürlich, denn die Nachrichten sind voll von Geschichten über Sweatshops in Ländern wie China oder Indien. Wir wissen, wo die Waren herkommen. Das ist einer der Vorzüge von Marken, dass die Unternehmen, die beispielsweise Labelkleidung produzieren, transparent sind und zur Verantwortung gezogen werden können – zumindest theoretisch. Und weil wir mitfühlende menschliche Wesen sind, macht es uns wahrscheinlich auch etwas aus. Jedoch nicht so viel, dass wir deswegen unsere Einkaufsgewohnheiten ändern. Es ist schrecklich, dass Menschen überall auf der Welt achtzehn Stunden am Tag unter unmenschlichen Bedingungen und für sehr wenig Geld arbeiten müssen (der reale Mindestlohn in China beträgt 30 Pence, verglichen mit 5,05 Pfund in

Großbritannien) – doch bei derart niedrigen Preisen können wir einfach nicht widerstehen. Und brauchten wir nicht sowieso eine neue Jeans? Ich glaube, dass das emotionale Branding, das ständig neue Wünsche in den Menschen weckt, zumindest teilweise für unseren Egoismus verantwortlich ist.

Die Apologeten der Markenwerbung stellen sich oft auf den Standpunkt, dass es sehr traurig wäre, die Konsumenten nur als willenlose Trottel zu betrachten. Ich finde es allerdings noch viel trauriger, wenn wir in den Industrieländern eine billige Jeans wichtiger finden als das Wohlergehen unserer Mitmenschen.

Der Supermarkt ist kein freundliches und mitfühlendes Familienunternehmen, auch wenn die netten Gesichter und die freundliche Sprache in den Werbespots – *Wir gehen auf den kleinsten Wunsch ein* – etwas anderes suggerieren. Es sind hierbei nur Angestellte, Geschäftsleute und Aktionäre, die in dieser Weise agieren. Sie wollen Gewinn machen, nichts weiter als Gewinn. Das ist keine Verurteilung, es ist einfach eine Feststellung der Tatsachen. Alles andere ist nur ein Mythos, den die Marke geschaffen hat.

Die Marken haben das Streben nach persönlicher Befriedigung über alle anderen Belange gestellt – und zwar durch emotionales Branding, das an die Wünsche appelliert, die wir alle in uns haben. Darum tragen wir, allen Trends zu mehr unternehmerischer Verantwortung zum Trotz, unser Geld weiter zu jenen Firmen, die in ihren Produktionsstätten routinemäßig die Rechte der Arbeiter ignorieren.

Im August 2006 organisierte die *Stop the War Coalition* einen Marsch durch die Londoner Innenstadt, um gegen die erneute militärische Vorgehensweise Israels in Palästina zu demonstrieren, eine Angelegenheit, die von 63 Prozent der Bevölkerung unterstützt wird.[46] Dennoch hatte das kostenlose »Fruitstock«-Festival des Fruchtgetränkeherstellers Innocent, das am gleichen Tag ebenfalls in London stattfand, weitaus mehr Teilnehmer als die Demonstration.

Die durchschnittliche Wahlbeteiligung ist im letzten Jahrhundert in den westlichen Ländern deutlich zurückgegangen, während der Konsumismus aufblühte. Bei der britischen Unterhauswahl im Jahr 2005 betrug die Wahlbeteiligung 61 Prozent, das sind drei Prozentpunkte mehr als der tiefste Stand seit dem Zweiten Weltkrieg.[47] Nur 37 Prozent der Wahlberechtigten unter fünfundzwanzig Jahren gingen zur Wahl. Bei den amerikanischen Präsidentschaftswahlen von 2004 lag die Beteiligung mit 55 Prozent sogar noch niedriger.[48] Nach einer Umfrage des britischen MORI-Instituts gehen die Nichtwähler nicht zur Wahl, weil sie es unbequem finden oder weil sie sich einfach nicht für Politik interessieren.[49]

Es ist ja auch viel einfacher und viel befriedigender, sich ein wenig Glück zu kaufen, als sich den Kopf über Politik oder die Umwelt zu zerbrechen. Der Konsum von Marken bietet so viele verführerische emotionale Werte – Identität, Selbstwertgefühl, Auswahl, Freiheit –, dass es kaum möglich scheint, sich eine andere Lebensweise vorzustellen. Der Philosoph Herbert Marcuse schrieb in den Sechzigerjahren in seinem wegweisenden Werk *Der eindimensionale Mensch*, dass die »Grundbedürfnisse von Wohnung, Nahrung und Kleidung, der unwiderstehliche Ausstoß der Unterhaltungs- und der Informationsindustrie ... den Konsumenten auf mehr oder weniger angenehme Weise an den Produzenten binden. Die Produkte fördern ein falsches Bewusstsein, das gegen Falschheit immun ist. Und wenn diese nützlichen Produkte für immer mehr Individuen und weitere gesellschaftliche Schichten verfügbar werden, dann wird es zu einem Lebensstil. Es ist ein gutes Leben – viel besser als zuvor.«[50]

Für die Unterprivilegierten überall auf der Welt sind die großen Marken Symbole der Befreiung von drückender Armut, ein universeller Maßstab, an dem sich die Entwicklungsländer orientieren. Die Gewinner des chinesischen Wirtschaftsbooms wollen vor allem eines: westliche Marken kaufen. Nach einer Erhebung ist BMW die begehrteste Luxusmarke unter Chinas Millionären, gefolgt von Louis Vuitton, Mercedes Benz, Rolex und Giorgio Armani.[51] Ironischerweise werden viele von diesen Produkten in China gefertigt, in den Westen transportiert, um 500 Prozent verteuert und dann reimportiert, um in den Luxusboutiquen von Shanghai verkauft zu werden. Die weniger Reichen begnügen sich mit Kopien der gleichen Produkte; sie erwerben diese Sachen nicht wegen ihrer Qualität oder ihrer Herkunft – für sie liegt der Wert dieser Produkte in der symbolischen Bedeutung der Marke: dem Materialismus westlicher Prägung.

Marcuse schrieb, wirkliche Freiheit bedeute Freiheit von wirtschaftlichen Zwängen, Freiheit vom täglichen Existenzkampf, von der Notwendigkeit, seinen Lebensunterhalt zu verdienen. Wenn uns diese Vision des Lebens unmöglich erscheint, so der in Berlin geborene Philosoph weiter, dann liegt das an unserer emotionalen Abhängigkeit vom Konsumismus.

Der unrealistische Klang dieser Vorschläge weist nicht auf ihren utopischen Charakter hin, sondern auf die Stärke der Kräfte, die ihre Umsetzung verhindern. Die wirksamste Möglichkeit eines Krieges gegen die Befreiung ist es, materielle und intellektuelle Bedürfnisse zu verankern, die obsolete Formen des Existenzkampfes zu perpetuieren.[52]

Der endlose Zyklus – arbeiten, um zu leben, und konsumieren, um die Mühen des erwerbstätigen Dasein zu lindern – ist ein Teufelskreis. Je härter wir arbeiten, desto mehr müssen wir ausgeben, um einen Ausgleich für die Plackerei zu bekommen. Je mehr wir für uns ausgeben, umso mehr müssen wir tätig sein; ein Zustand, den Marcuse als »die Euphorie des Unglücklichseins« bezeichnet.

Die meisten der allgemein akzeptierten Bedürfnisse – wie, sich zu entspannen, Spaß zu haben, sich nach den Vorgaben der Werbung zu verhalten und zu konsumieren, das zu lieben und zu hassen, was andere lieben und hassen – gehören in diese Kategorie falscher Bedürfnisse.[53]

Für einen Angehörigen meiner Generation aus den westlichen Industrieländern ist eine solche Position undenkbar. Ich selbst wuchs während der Thatcher-Ära auf, deren ewiges Mantra das Recht des Menschen war, »zu arbeiten, was er will, und auszugeben, was er verdient … von dieser Freiheit hängen alle anderen Freiheiten ab«. In meiner Schulzeit lernte ich die Werte des Konsumdenkens, und der einzige Zweck der Arbeit war es, Wohlstand für mein Glück anzuhäufen. Es ist also nicht überraschend, dass ich die Texte von Marcuse und Berger als eine Art Offenbarung empfand, als ich in der Bibliothek über sie stolperte. Es ist kein schönes Gefühl zu erfahren, dass man möglicherweise in eine selbstzerstörerische Abhängigkeit gezwungen wurde. Niemand lässt sich gern als Trottel bezeichnen, aber das ist es, was aus mir geworden war.

Als mir dies bewusst wurde, war meine erste Reaktion Verdrängung: Vielleicht war ja dieser Anti-Konsumismus nichts weiter als eine leere Verschwörungstheorie. Die Verdrängung schlug schließlich in Wut um – Wut über »das System«, das mein Leben kommerzialisiert hatte, und Wut über mich selbst, weil ich so rückhaltlos darauf hereingefallen war. Die Marken wurden zum Buhmann, ein Ziel, auf das ich die Schuld für meinen Egoismus projizieren konnte. Ich versuchte, mit dieser Aggression umzugehen, indem ich etwas unternahm. Ich kaufte Bücher wie *No Logo*, um etwas gegen die Schuldgefühle zu tun, die mein Konsumverhalten verursachte, aber ich änderte es nicht. Dann setzte eine Depression ein, ein innerer Konflikt: Wie sollte ich mit einer Kultur zurechtkommen, die vom Konsumdenken dominiert wird?

Jetzt wird mir klar, dass ich die letzten Jahre in einer Art Trauerzustand verbracht habe. Ich versuchte verzweifelt, mit dem Verlust meiner Naivität umzugehen. Fast jeder Aspekt der Kultur, zu der ich gehörte, war zu einem Gebrauchsartikel geworden, und es gab nichts, was ich dagegen tun konnte. Die grundlegendsten Elemente meines Lebens hatten sich zu Marken entwickelt. Meine Großeltern tranken noch kostenloses Wasser aus Trinkfontänen, die überall in den Straßen standen. Ich dagegen bezahlte viel Geld für fertig abgepacktes Wasser, wobei die unzähligen Varianten, die es davon zu kaufen gab, wichtige Symbole dafür waren, wo ich im Leben stand. Ob Geschichte oder Natur – ganze Bereiche waren von Marken vereinnahmt und ihrer ursprünglichen Bedeutung beraubt worden. Nike, die griechische Göttin des Sieges, steht nicht mehr für den Sieg. BlackBerry ist nicht mehr die Brombeere, die im Herbst wild am Rand der Landstraße wächst. Alles ist zu verkaufen – oder muss gekauft werden –, und jeder Kauf macht eine Aussage über unseren Lebensstil.

Der erfolgreiche Konsument definiert die Normalität. Wenn ich mir nicht die richtigen Klamotten leisten kann, werde ich zum gescheiterten Konsumenten. Obwohl mein materieller Lebensstandard unendlich höher ist als der früherer Generationen, ist es niemals genug. Das konstante Streben nach Verbesserung erlaubt mir nie, für meine Situation dankbar zu sein. Schritt halten ist alles. Weil der Marken-Konsumismus nach immer weiteren materiellen Verbesserungen strebt, erlebt jede neue Generation eine Inflation der Bedürfnisse. Wir wollen alles, was unsere Eltern hatten, und mehr.

Meine Eltern wuchsen in einer Zeit auf, in der der allgemeine Wohlstand so rapide anstieg, wie wir es vielleicht nie wieder erleben werden. Beide verdienten, hatten eine Anstellung auf Lebenszeit und bezogen großzügige Leistungen vom Sozialstaat. Die Ausbildung war kostenlos, und sie hatten die Möglichkeit, eine Sozialwohnung unter Marktwert vom Staat zu kaufen. Dank der Inflation der Siebziger- und Achtzigerjahre konnten sie ohne Schwierigkeiten ihre Hypothek abbezahlen. Dann öffnete Margaret Thatcher den deregulierten Markt für aggressive Kreditgeber nach amerikanischem Vorbild, was die Immobilienpreise wieder nach oben schnellen ließ. Durch den steigenden Wohlstand konnten sich nun sogar Familien aus der Arbeiterklasse mehrere Autos, einen Farbfernseher und Urlaub im Ausland leisten. Meine Mutter fing, sobald sie konnte, wieder an zu arbeiten, nicht nur, um die Rechnungen zu bezahlen, sondern um den Lebensstandard der Familie zu verbessern.

Wenn ein junges Paar im 21. Jahrhundert im Süden Englands sein erstes Haus kaufen will, dann muss einer von ihnen überdurchschnittlich gut verdienen, damit sie sich einen ehemaligen Sozialwohnbau leisten können. Auch der Partner muss Vollzeit arbeiten, um wenigstens die grundlegenden Lebenshaltungskosten zu decken. In dieser finanziellen Situation ein Kind zu bekommen ist eine Herausforderung. Weil viele Unternehmen Personal abgebaut und die Produktion ins Ausland verlagert haben, gibt es für junge Arbeitskräfte weniger Chancen auf gut bezahlte und langfristige Jobs, und Universitätsabgänger nehmen Stellen an, für die sie weit überqualifiziert sind. Kurz gesagt: Kinder der Babyboomer-Generation haben Mühe, den Lebensstandard früherer Generationen zu halten.

Die finanziellen Kosten dieses Lebensstils mit Marken werden spätestens dann deutlich, wenn man sich den Schuldenberg betrachtet, den die Verbraucher im Westen angehäuft haben. Die Verschuldung der Privathaushalte in Großbritannien erreichte im Jahr 2004 mit einer Billion Pfund einen historischen Höchststand, der bis zum Jahr 2006 noch weiter auf 1,25 Billionen anstieg (das entspricht einem Durchschnitt von 8765 Pfund pro Kopf, ohne Hypotheken). In den Niederlanden liegt die Verschuldung der Haushalte bei etwa 200 Prozent des Einkommens. In den USA beträgt das durchschnittliche Verhältnis von Verschuldung zu Einkommen 142 Prozent.[54]

Die Botschaft, die jeder Verbrauchermarke zugrunde liegt, ist der Materialismus. Die Werbung sagt uns, dass Materialismus ein zentrales Lebensziel ist, dass materielle Güter der Weg zu Selbstfindung, Erfolg und Glück sind. Materialismus ist die Messlatte, mit der wir uns selbst und unser Umfeld bewerten. All unsere funktionellen und emotionalen Bedürfnisse können durch Konsum erfüllt werden. In gewisser Weise ist Branding einfach ein neues Wort für Materialismus. Die Markenbotschaft manipuliert unsere Wünsche und unsere Ängste, um uns zum Kaufen zu bewegen – damit wir uns kompetent fühlen, mit anderen verbunden und doch autonom. Der Konsumismus bietet uns eine kurzfristige Selbstvergewisserung, doch mit dem Versprechen, unser Leben zu verändern, wird das Unerreichbare zum Dauerzustand gemacht. Wenn wir diesen Versprechungen glauben, geben wir uns falschen Hoffnungen hin. Wir werden abhängig davon, dass der Konsumismus unsere Identität und unser Selbstwertgefühl stärkt, wir verlassen uns auf die Bequemlichkeit seiner schnellen Problemlösungen.

271

Doch eine Vielzahl von Berichten und unsere eigene Erfahrung erinnern uns ständig daran, dass Materialismus keine Befriedigung bringt. Wenn es darum geht, Wohlbefinden zu erreichen, dann ist nach den Erkenntnissen des *Journal of Consumer Research* Materialismus ein weniger effektives Lebensziel als Zusammengehörigkeit und Gemeinschaftsgefühl – eben jene Dinge, die die Marken verdrängt haben. Menschen, die Markenwerten nacheifern, sind weniger vital und weniger selbstbewusst. Sie leiden stärker unter Anspannung, Depression und Verhaltensstörungen als Menschen, die eher nach inneren Werten streben.[55] In einer Studie aus dem Jahr 1996 wurde nachgewiesen, dass Jugendliche, die sich stark an materialistischen Werten orientieren, zu Aufmerksamkeits- und Verhaltensstörungen sowie zu Narzissmus neigen.[56] Ein kürzlich erschienener Überblick über die Erkenntnisse der Materialismusforschung kam zu dem Schluss, dass die Menschen in reicheren Ländern zwar insgesamt glücklicher sind als die Menschen in armen Ländern, dass aber in allen Ländern die Menschen mit dem starken Bedürfnis nach materiellem Reichtum weniger glücklich sind als Menschen ohne diesen Wunsch.[57] Es wurde nachgewiesen, dass Werbung einen deutlich negativen Einfluss auf die Entwicklung von Kindern und die Identität von Erwachsenen hat.[58] Sogar die Träume materialistischer Menschen sind von größerer Unsicherheit geprägt.[59]

Die Vorstellung, dass Materialismus ein verlässlicher Weg zur Zufriedenheit ist, ist eine Täuschung, einer der vielen Mythen, die die Sprache des Brandings bestimmen. Ich habe mein ganzes Leben lang mit Marken gelebt und gearbeitet, ich habe die Prinzipien, nach denen sie funktionieren, sowohl geliebt als auch gehasst, und ich glaube, dass es eine Reihe von zentralen Mythen gibt, mit deren Hilfe Marken verkauft werden. Je eher ich diese Mythen als das begreife, was sie sind, umso besser wird mein Leben werden.

DIE MYTHEN DES BRANDINGS

Mythos 1: Markenwert
Konsumgüter scheinen von größerem Wert zu sein, wenn sie eine Marke sind. Oft ist das aber nicht der Fall. Die Marke fügt dem Produkt nichts hinzu außer einem scheinbaren Wert, der vom Hersteller erfunden wird. Die meisten Waren verlieren die Hälfte ihres Wertes, sobald sie gekauft werden, egal, von welcher Marke sie sind. Das ist so beabsichtigt.
Fakt: Ein BMW verliert genauso schnell an Wert wie ein Citroën.

Mythos 2: Markenqualität
Die wahrgenommene Qualität einer Marke entspricht nicht automatisch der tatsächlichen Qualität des Produkts. Viele »Qualitätsmarken« fertigen ihre Produkte in den gleichen Fabriken und nutzen die identischen Produktionstechniken wie Marken mit einer als niedriger wahrgenommenen Qualität.
Fakt: Marc Jacobs produziert seine Kleider in der gleichen Fabrik wie die Boutiquen-Kette River Island.

Mythos 3: Markenherkunft
Die Marke eines Produkts soll oft eine kulturelle oder geografische Authentizität suggerieren. Tatsächlich werden viele Produkte in Fabriken massenproduziert, die weit vom scheinbaren Herkunftsort entfernt liegen.
Fakt: Die »italienische« Pastasauce Dolmio wird in England hergestellt.

Mythos 4: Markentradition
Marken, die ihre Tradition in die Waagschale werfen, sind nur noch selten im Besitz der Gründerfamilie oder werden noch von ihr geleitet.
Fakt: Burberry gehört inzwischen dem gleichen Konzern, der den Discount-Katalogversender Argos betreibt.

Mythos 5: Markenforschung
Die wissenschaftlichen Durchbrüche, die einem Produkt Mehrwert verleihen, werden meist nicht durch unabhängige oder staatliche Institutionen bestätigt.
Fakt: Es gibt keine Untersuchung, die belegt, dass die fünf Klingen des Mach3-Rasierers von Gillette besser oder sicherer rasieren als ein Rasierer mit einer Klinge.

Mythos 6: Markenträger
Personen des öffentlichen Lebens werben für Marken, weil sie dafür bezahlt werden, nicht weil sie diese Dinge zu Hause selbst benutzen.
Fakt: Reiche Supermodels tönen sich in der Regel nicht selbst die Haare.

Mythos 7: Markenprestige
Es ist unmöglich, sich einen neuen Lebensstil zuzulegen oder ein anderer Mensch zu werden, nur weil man ein bestimmtes Produkt gekauft hat.
Fakt: Lux-Seife verwandelt die Benutzerin nicht in Sarah Jessica Parker.

Mythos 8: Markenauswahl
Konkurrierende Marken gehören oft zum gleichen Unternehmen und werden nach fast identischen Rezepturen gefertigt.
Fakt: Procter & Gamble produziert die Waschmittel Ariel, Bold, Fairy und Daz.

Mythos 9: Markenindividualität
Massenproduzierte Waren sind nicht einzigartig. Sie können dem Besitzer keine Individualität schenken.
Fakt: Die Limited-Edition-U2-iPods kann man in einundsiebzig Ländern kaufen.

Mythos 10: Markenteilhaber
Obwohl von Marken gern behauptet wird, dass sie ihren Kunden dienen oder gar ihnen gehören, existieren sie allein

aus dem Grund, weil sie ihren Eigentümern Gewinn erwirtschaften sollen.
Fakt: »Your M&S« gehört den Aktionären, nicht den Kunden.

Mythos 11: Profimarken
Ob man eine Aufgabe kompetent erledigen kann, hängt meistens nicht davon ab, ob man teure Werkzeuge besitzt oder nicht. Diese sind eher ein Beispiel für Bauernfängerei als ein wirksamer Ersatz für echtes Können.
Fakt: Brasiliens beste Fußballer haben ihre Geschicklichkeit nicht mit teuren Fußballschuhen an den Füßen erlernt, sondern barfuß am Strand.

Mythos 12: Markenzufriedenheit
Marken stellen niemals völlig zufrieden, sonst wären ihre Hersteller bald aus dem Geschäft. Konsum verlangt Wiederholungskäufe, daher ist er niemals perfekt.
Fakt: Lebenslange Garantien beziehen sich allein auf das Produkt, sie sind nicht für den Käufer gedacht.

Mythos 13: Markenliebe
Egal, wie die emotionale Botschaft auf der Packung lautet, die Marke liebt dich nicht.

Mythos 14: Markenbotschaft
Es gibt nur eine Botschaft, die allen Marken eigen ist: Materialismus.

Es erscheint unglaublich, ja sogar beleidigend, wenn man uns gebildeten und medienerfahrenen Menschen unterstellt, dass wir nach wie vor auf diese kruden Mythen hereinfallen. Doch schon ein kurzer Blick auf die Anzeigen einer Zeitschrift oder in eine Werbepause im Fernsehen beweist, dass Markenwerbung mehr als je zuvor mit diesen Mythen arbeitet. Die Werbeindustrie verlässt sich dabei auf einen Trick, den sie von den Pionieren der Kriegspropaganda gelernt hat: Wenn man eine

Lüge oft genug wiederholt, dann werden die Leute sie irgendwann für die Wahrheit halten. Doch der größte Trick besteht ganz sicher darin, uns alle glauben zu lassen, dass die Lüge nicht funktioniert. Werbung ist ein harmloser Spaß, eine willkommene Abwechslung, etwas, das wir ignorieren können. Keiner von uns glaubt, dass Branding funktioniert. Und das passt den Unternehmen ausgezeichnet.

Der Kauf einer Prestigemarke bringt weder eine Persönlichkeitsveränderung noch den sozialen Aufstieg mit sich, das Produkt macht uns nicht zu dem Menschen, der wir gern wären. Es ist nicht sehr wahrscheinlich, dass die Menschen, denen wir ähnlicher sein wollen, wenn es sie überhaupt gibt, uns in ihrer Welt willkommen heißen, nur weil wir die gleichen Produkte besitzen wie sie. Würden sie es tun, dann wären sie so materialistisch wie die Markenbotschaften selbst. Wenn wir mehr Markenprodukte konsumieren, als es unsere Grundbedürfnisse erfordern, egal, ob es demonstrativ geschieht oder nicht, dann fallen wir auf einen der Mythen herein.

Dabei gibt es, unabhängig davon, wie verführerisch die Werbung inzwischen auch geworden sein mag, bislang noch keinen Markentrick, der uns zwingen könnte, gegen unseren Willen zu konsumieren. Obwohl das Branding bis in die Kernbereiche der westlichen Kultur vorgedrungen ist, sind wir Verbraucher nach wie vor die Verbündeten der Unternehmen, wenn man betrachtet, wie Angebot und Nachfrage zustande kommen. Um es mit Marcuses Worten zu sagen: Die Ketten, die uns an den Konsumismus binden, sind nur so stark, wie wir sie wahrnehmen. Sie werden schwächer, wenn wir uns daran erinnern, was Marken eigentlich sind – nicht Symbole, nicht emotionale Krückstöcke, sondern Überzeugungstechniken, Pawlow'sche Strategien, die uns zum Verbrauchen nötigen. Es gibt in diesem Szenario keinen Gegensatz von »wir hier« und »die da«, keine Schattenorganisation, die unser Leben zu kontrollieren sucht. Wir selbst haben diese Kultur geschaffen – und wir können sie ändern, wenn wir es wollen.

Es ist unrealistisch zu erwarten, dass die Werbeindustrie sich selbst reguliert, denn ihr Business ist der steigende Konsum, auch da, wo kein wirklicher Bedarf besteht. Das Magazin *Campaign*, die Bibel der Werbeindustrie, beschreibt das Recht zu werben als »kommerzielle Redefreiheit«. Abgesehen von den Einschränkungen bei der Tabakwerbung und im Bereich Jugendschutz genießt die Werbewirtschaft eine fast unbegrenzte Unabhängigkeit, die zum Schutz des Verbrauchers eingeschränkt werden sollte. Wenn Regulierungsbehörden und Werberäte größere Machtbefugnisse erhielten, dann könnten wir Gesetze erlassen, die sich mit den Techniken des emotionalen Brandings befassen. Produkte könnten wieder mehr auf der Basis ihrer physischen Funktionen vermarktet werden, so wie es vor 1920 bei den meisten Erzeugnissen der Fall war. Stellt man sich eine Welt ohne die Märchen der Werbung vor, dann sieht man ein Leben vor sich, das weniger glamourös, weniger sexy, weniger tröstlich und weniger lebensbejahend ist – doch wie alle Märchen sind auch diese nicht die Wirklichkeit. Das Leben ist nur selten glamourös, sexy oder tröstlich. Die Marken machen es nicht leichter, höchstens komplizierter. Je eher wir diese Tatsache erkennen, desto eher können wir ein erfülltes Dasein führen.

Die Wahlfreiheit des Konsumenten ist nicht die Entscheidung zwischen BMW und Mercedes. Der Aufstand der Verbraucher besteht nicht im Boykott von Esso zugunsten von BP. Nachhaltiger Konsum ist nicht das Austauschen eines Range Rovers gegen einen Toyota Prius. Es ist die Entscheidung, nur dann zu konsumieren, wenn es notwendig ist. Ich glaube, dass die Lösung darin liegt, sich aus freien Stücken für einen einfacheren Lebensstil zu entscheiden.

Alles, was wir tun müssen, ist, unser Dasein auf eine weniger komplizierte Stufe zurückzufahren. Wenn wir unseren Bedarf an Konsumgütern bewusst reduzieren, müssen wir auch weniger von unserer Lebenszeit für Geld verkaufen. Wenn wir mehr Zeit für uns selbst haben, dann können wir uns mit Dingen beschäftigen, die uns wirklich glücklich machen. Wenn dieser Vorschlag naiv klingt, dann nur deshalb, weil wir daran gewöhnt sind, ein kompliziertes Leben zu führen.

Müssen die Dinge, die wir konsumieren, wirklich so viel Bedeutung haben? Macht diese Komplexität das Leben wirklich reicher? Ich glaube, dass diese Komplikationen uns in Wirklichkeit ärmer machen, finanziell ebenso wie emotional. In seinem Buch *The Value of Voluntary Simplicity* beschreibt der amerikanische Theologe Richard Gregg Einfachheit als eine Art von mentaler Hygiene:

> Genauso, wie zu viel Essen dem Körper schadet, scheint es offenbar ein Limit für die Anzahl von Dingen oder die Menge von Eigentum zu geben, die ein Mensch besitzen kann, ohne psychischen Schaden zu nehmen. Viel Eigentum oder großer Reichtum schaffen so viele Wahlmöglichkeiten und Entscheidungen, die Tag für Tag getroffen werden müssen, dass es zu einer nervlichen Belastung wird. Wenn ein Mensch sehr viel sein Eigen nennt, dann bilden diese Besitztümer ein Umfeld, das ihn beeinflusst. Seine Empfänglichkeit für zwischenmenschliche Beziehungen stumpft ab, seine Vorstellungskraft für die subtilen, aber wichtigen Aspekte persönlicher Beziehungen oder für Lebensumstände, die weniger glücklich sind als die eigenen, wird schwächer und schwächer.[60]

Das einfache Leben beginnt mit dem Ausschaltknopf des Fernsehers, eine Einrichtung, die dankenswerterweise noch nicht abgeschafft wurde. Wenn wir uns weniger Werbung und *Product Placements* anschauen, dann geht der Wunsch, neue Dinge zu kaufen, zurück. Das Gleiche gilt für Zeitschriften. Tatsächlich hat der Versuch, werbezentrierte Medien bewusst zu meiden, fast sofort einen wohltuenden Effekt. Man verspürt weniger Druck, sich anzupassen und zu konsumieren, hat mehr Zeit, das Leben physisch und mental zu genießen. Durch das Wunder von Internet und Podcasting ist es heute möglich, Unterhaltung und Medien ohne Unterbrechung durch einen einzigen Werbespot zu erleben.

Wenn unser Gehirn relativ frei ist vom Grundrauschen der Werbung, dann ist das »Bedürfnis« zu konsumieren nicht mehr so drängend. Wenn man konsumiert, dann muss wirklicher Bedarf Vorrang vor Wünschen haben, Nutzen über Symbole gestellt werden. Allerdings verflüchtigen sich viele der materiellen Sehnsüchte von selbst, wenn man weniger manipulativen Botschaften ausgesetzt ist. Jedes Mal, wenn wir an der Kasse stehen, sollten wir uns fragen: »Brauche ich das *wirklich*?« Wenn die Antwort »nein« lautet, dann stellt man es zurück ins Regal, und siehe da – das Leben geht weiter. Bald erscheinen einem die Werbespots nicht mehr als Unterhaltungskunst, sondern als vulgäre Aufforderungen, sinnlos Geld auszugeben. Eine Zeitungsanzeige für einen Luxusgeländewagen neben einem Artikel über den Hunger in der Welt – das ist keine sinnvolle Perspektive.

Einfaches Leben bedeutet weder, dass wir uns irgendwelche Grundbedürfnisse, noch dass wir uns Lebensfreude versagen. Es erfordert nicht, dass wir das Konsumdenken völlig aufgeben. Es erfordert lediglich, dass wir dem Akt des Konsums weniger Bedeutung beimessen: Handys sind zum Telefonieren da, nicht um unsere Freunde zu beeindrucken; Seife soll unsere Haut reinigen und nicht Filmstars aus uns machen. Die einfachen Dinge, die wir kaufen, müssen nicht unbedingt unterhaltsam, wertvoll oder schön sein – sie müssen einfach weniger bedeuten.

Der griechische Philosoph Epikur aus dem vierten vorchristlichen Jahrhundert lobte das »unbeschwerte Leben« als Paradigma eines Glücks, das durch sorgfältig erwogene Entscheidungen für oder gegen Dinge zu erreichen sei.[61] Insbesondere wies er darauf hin, dass die Mühen, die ein extravaganter Lebensstil mit sich bringt, das Vergnügen daran überwiegen. Was man für Glück braucht, so schlussfolgerte er, ist körperliche Bequemlichkeit; dabei sollten die Lebenskosten minimal gehalten und alle Dinge, die über das Notwendige hinausgehen, in Maßen genossen oder ganz gemieden werden.

Einfaches Leben ist unpolitisch und muss auch nichts mit Religion zu tun haben, auch wenn viele Glaubensrichtungen von den Hindus bis zu den Quäkern eine Hinwendung zu einem solchen Leben propagiert haben. Das Zeugnis der Einfachheit, einer der wichtigsten Glaubenssätze der Quäker, fordert dazu auf, das eigene Leben simpel zu halten, damit man sich auf die wichtigen Dinge konzentrieren und die unwichtigen ignorieren oder minimal halten kann. Quäker beschäftigen sich mehr mit dem Innenleben als mit der äußeren Erscheinung eines Menschen, mehr mit anderen Menschen als mit sich selbst (jene Art von altruistischen Gedanken, die heutzutage im Schulfach »Demokratische Erziehung« oder »Politische Bildung« unterrichtet werden).

Es gibt keinen grundsätzlichen Konflikt zwischen den meisten politischen Theorien und dem einfachen Leben. Wir müssen nicht aus den Städten in die Wildnis ziehen. Man kann Kapitalist bleiben und dabei einfach leben, indem man gewinnbringend in ethische Wertpapiere und Aktien investiert. Wenn die Menschen den Willen dazu aufbringen, dann wäre es gar nicht so schwer, eine Ära des Postmaterialismus einzuleiten, eine Ära, in der wir weniger Druck auf uns selbst und unsere Umwelt ausüben. Das Einzige, was wir dabei verlieren könnten, wären Angst, Egoismus und Schulden.

Ich stelle mir vor, wie ich mir zu Hause einen Film anschaue. Mit einer DVD bekomme ich ein viel schärferes Bild als bei einer VHS-Kassette. Bei einer Blu-ray Disc wäre die Qualität noch besser. Doch die des Drehbuchs, der Regie und der schauspielerischen Leistungen bleiben die gleichen, unabhängig vom Format. Man könnte natürlich argumentieren, dass ein klareres Bild das Vergnügen beim Anschauen des Films vergrößert. Doch um wie viel und um welchen Preis?

Brands funktionieren nach dem gleichen Prinzip. Sie versprechen, dass das Vergnügen beim Konsumieren des Produkts durch die zusätzliche Qualität der Marke vergrößert wird. Auch hier mag das stimmen, doch um wie viel und um welchen Preis?

Epilog

Pampers. Johnson's Babyöl. Mothercare. Ich hätte nie gedacht, dass ich einmal zur Zielgruppe für diese Marken gehören würde. Doch während ich im Warteraum der Geburtshilfeabteilung des University College Hospital auf den Fernsehschirm starre, dämmert mir, dass mir in der Tat eine Beförderung vom aufstrebenden Single zum berufstätigen Elternteil bevorsteht – und dass die Entscheidung zwischen MacLaren- und Bugaboo-Kinderwagen für Leute wie mich offenbar zu den drängendsten werden kann. Diese italienische Untersuchung über das Liebesleben im Zusammenhang mit der Präsenz eines Fernsehgeräts im Schlafzimmer sagte die Wahrheit: Je weniger man fernsieht, umso wahrscheinlicher kommt es zu einer Empfängnis.

Juliet ist schwanger – eine unerwartete Neuigkeit, die ich erst einmal verdauen muss. Während wir im Krankenhaus darauf warten, für die Ultraschall-Untersuchung aufgerufen zu werden, geht mir auf, dass ich meinen Markenentzug gerade noch rechtzeitig unternommen habe, denn nun ist Nachwuchs unterwegs und ich werde keine Zeit mehr haben für eine Nabelschau. Ich habe schon viele langweilige Gespräche mit Vätern geführt, die mir unweigerlich verkündeten, dass sie eine ganz neue Perspektive für das Leben bekommen haben, seit ihnen die Verantwortung für etwas Kleines geschenkt worden ist – und natürlich haben sie recht.

Juliet geht souverän mit ihrer neuen Rolle um. Sie liest mehrere Babybücher auf einmal und erkundigt sich, welche Serviceleistungen für die Zeit vor und nach der Geburt in unserer Gegend angeboten werden. Es wird kein Huggies/Pampers-Dilemma geben, denn wir haben ein Unternehmen gefunden, das Stoffwindeln an der Haustür abholt, reinigt und wieder zurückbringt – und das auch noch mit Elektroautos. Es ist wirklich unglaublich, wie selbst das schmutzige Geschäft mit Windeln zu einer grundsätzlichen Lifestyle-Entscheidung werden kann. Oder ist es einfach nur eine Frage von ethischem Konsum? Das Gästezimmer, mein einstiger begehbarer Kleider-schrank, wird nun zum Kinderzimmer. Glücklicherweise ist nicht mehr viel Zeug zum Rauswerfen darin.

Auf der Station liegen Mutter-und-Kind-Zeitschriften zum Mitnehmen herum. Bis heute war mir gar nicht klar, wie erbittert die Werbung um diesen Markt kämpft. Diese Magazine sind randvoll mit redaktionell aufgemachten Anzeigen und Rabattgutscheinen für Persil, Dettol, Andrex, Nestlé. All diese Firmen wollen eine Kundenloyalität etablieren, bevor das Kind auch nur geboren ist. Ihr ernster Ton übermittelt die klare und unterschwellig einschüchternde Botschaft: Wenn dir dein Baby etwas bedeutet, wenn du seine Gesundheit nicht leichtfertig aufs Spiel setzen willst (gibt es Eltern, die das wollen?), dann kaufst du besser unsere Produkte, sonst …

Vor mir öffnet sich ein völlig neues Universum von Möglichkeiten, Geld auszugeben – und außerdem eine ganze Reihe von mir bislang unbekannten Herausforderungen, wenn ich über dieses Buch hinaus markenfrei bleiben will. Ich glaube nicht, dass ich jemals wieder zum Ausgangspunkt meiner Reise zurückkehren will, und mit einem Baby könnte ich es mir wahrscheinlich auch gar nicht leisten. Werde ich mir jemals wieder eine Flasche Evian-Wasser kaufen? Wahrscheinlich, wenn es die billigste Flasche im Sortiment ist. Werde ich mir je wieder für 50 Pfund ein T-Shirt mit einem Firmenlogo auf der Brust kaufen? Auf keinen Fall. Werde ich ein 50-Pfund-T-Shirt mit Firmenlogo für mein Kind kaufen? Das ist eine ganz andere Frage.

Der Kreislauf der Generationen scheint sich zu schließen. In ein paar Jahren werde ich meinen Sohn oder meine Tochter zum ersten Schultag begleiten, und dann werde ich vor exakt dem gleichen Dilemma stehen wie meine Eltern – wobei das Dilemma heute eher noch schlimmer ausfallen dürfte als damals, weil das materialistische Gesetz des Schulhofs mittlerweile schlimmer ist als je zuvor. Damals, 1982, war alles, was ich wollte, ein Adidas-Fußball und eine Puma-Sporttasche. Mein Nachwuchs wird das Gleiche wollen – und dazu noch einen iPod, ein Handy und der Himmel weiß, welche anderen unverzichtbaren Dinge Sony und Apple bis dahin noch erfunden haben.

Soll ich fest zu meinen Prinzipien stehen und meinen Kindern einen Fernseher in ihrem Zimmer vorenthalten, das Essen von Junkfood verbieten und ihnen die Klamotten der angesagten Marken verweigern? Soll ich sie in die Schule schicken ohne die Statussymbole, die sie brauchen, um von ihren Klassenkameraden akzeptiert zu werden, und damit riskieren, dass man sie hänselt und sie mich dann vielleicht später dafür verantwortlich machen? Oder soll ich nachgeben, ihnen kaufen, was sie sich wünschen, und beten, dass sie nicht in der gleichen Weise dem Materialismus verfallen wie ich? Es scheint eine fast ausweglose Zwickmühle zu sein – und der Zorn und die Frustration, die ich früher für meine Eltern empfand, erscheinen mir auf einmal schrecklich ungerecht.

Vielleicht hätte ich mich gar nicht in die British Library setzen und Verbraucherpsychologie oder die Kunst des Brandings studieren müssen, um mit meiner Sucht klarzukommen. Ich hätte einfach auf die Dinge hören sollen, die meine Mutter zu mir sagte, als ich jung war, denn sie sind alle wahr:

1. Du bezahlst nur für den Markennamen.
2. Schlimmer noch, du bezahlst dafür, Werbung für die Marke zu machen.
3. Markenprodukte sind nicht automatisch besser.
4. Oft kannst du etwas billiger und besser selbst machen – und es bereitet mehr Spaß.
5. Egal, wie wichtig dieses Markenprodukt jetzt erscheint, du wirst bald etwas noch Neueres und Besseres haben wollen.
6. Leute, die sich dafür interessieren, welche Marken du besitzt, interessieren sich nicht wirklich für dich.

Ich bekam regelmäßig Wutanfälle, wenn mir meine Mutter diese Sätze vorbetete. Ich frage mich, ob meine Kinder in der gleichen Weise reagieren werden. Vielleicht hat es etwas damit zu tun, *wie* man es ihnen sagt. Anstatt sie in die Schule zu schicken, damit sie es dort auf eigene Faust herausfinden, sollte ich ihnen vorher erklären, dass die Dinge, die wir wollen, nicht unbedingt die Dinge sind, die wir brauchen – egal, wie cool sie auf dem Schulhof aussehen mögen. Kann ein Kind mit zehn Jahren so etwas wirklich verstehen? Ich selbst habe zwanzig Jahre gebraucht, um es herauszufinden.

Wenn ich tatsächlich mit meinen Kindern über Konsumismus sprechen sollte, dann werde ich mich bemühen, den Wert der Marke und den des Produkts klar voneinander zu trennen. An einem sonnigen Nachmittag mit dem Auto die Landstraße entlang zu fahren ist unglaublich toll, ganz gleich, welche Firma den Wagen hergestellt hat. Beim Musikhören ist es das Gleiche – dies zu tun macht Freude, unabhängig davon, ob die Songs nun auf einem Kassettenrekorder aus den Siebzigerjahren oder auf einem iPod Nano abgespielt werden. Fast alle Rituale und Freuden des Lebens sind zu Konsumgütern geworden. Das heißt aber nicht, dass man sie nicht mehr um ihrer selbst willen genießen kann. Jetzt, fünf Monate nach meinem Feuer, fange ich langsam an, mich zu fragen, ob ich mir wirklich alle einfachen Freuden des Lebens versagen musste, nur weil sie ein Logo trugen. Nicht jede Marke arbeitet mit manipulativer Werbung – auch wenn mir gerade im Moment keine Gegenbeispiele einfallen. Wahrscheinlich ist es unmöglich, sich den Besitz eines anderen Menschen anzuschauen – selbst den ohne Marken – und sich keine Meinung darüber zu bilden, was er für ein Mensch ist. Ob man dann nach diesem Urteil handelt, ist eine ganz andere Frage.

Tag 141

Die Abschlussbeurteilung meiner Therapie bei Carol liegt im Briefkasten, in dem sie auch für den Großteil des Tages liegen bleibt, weil ich es nicht über mich bringe, den ominös aussehenden Umschlag zu öffnen. Was habe ich zu befürchten? Solange sie mich nicht in eine Anstalt eingewiesen hat, dürfte ich keine Probleme bekommen. Am frühen Abend raffe ich mich schließlich auf, das Schreiben zu lesen:

Psychologische Beurteilung von Neil Boorman
Von Carol Martin-Sperry

Neil kam wegen seiner Beziehung zu Marken und zum Konsumismus zu mir in eine Therapie. Er erzählte mir von seinem Vorhaben, einen klaren Schnitt vorzunehmen, indem er seinen Besitz verbrennen und fortan ein Leben völlig ohne Markenartikel führen wollte.

Ich bat Neil, mir von seiner komplexen Beziehung zu Marken zu erzählen und zu beschreiben, was sie für ihn bedeuteten. Offenbar ist seine lebenslange Faszination für diese in erster Linie Ausdruck seiner Suche nach Identität. Das reicht zurück bis in die Kindheit, zu den Eltern und den Altersgenossen in der Schule. Als schüchternes Kind, dessen Leistungen hinter den Erwartungen zurückblieben, war es ihm sehr wichtig, in der Schule cool zu wirken, und er fand seine Identität darin, stets modisch gekleidet zu sein. Dies wurde im Familienumfeld verstärkt durch seine stilbewussten Eltern und in der Folge durch den Konkurrenzdruck in der narzisstischen Welt der Medien, die zu seinem Arbeitsplatz geworden war. Statt das Gefühl zu haben dazuzugehören, fühlte Neil sich an den Rand gedrängt und entfremdet, urteilend und selbst beurteilt. Seine ständige Selbstkritik untergrub sein ohnehin nicht stark ausgeprägtes Selbstwertgefühl und intensivierte seine Überzeugung, dass er nicht gut genug ist. Neil kämpfte mit Statusangst, er hinterfragte sein Wertesystem und überlegte sich, was seine Ziele im Leben eigentlich sind.

Es gibt mehrere Spaltungen in Neils psychologischen Konstrukten:

- Seine private und seine berufliche Rolle
- Seine Schüchternheit und seine Extrovertiertheit

286

- Sein mangelndes Selbstwertgefühl und sein selbstbewusstes Auftreten
- Der Druck, sich anzupassen, und der Wunsch, sich
  hervorzuheben und wahrgenommen zu werden

Seine Beschäftigung mit Marken hat ihm den Kontrast zwischen Illusion und Desillusionierung, zwischen Oberflächli-
chem und Tiefgründigem, zwischen Fantasie und Realität
auf unangenehme Weise deutlich gemacht.
Neil wurde von den Versprechungen der Marken verführt,
bewusst ebenso wie unterbewusst. Die unausgesprochene
Verheißung war, dass der Besitz bestimmter Produkte Erfüllung, Zufriedenheit und Glück mit sich bringen würde. Der
Eigentümer würde sich selbstbewusst und erfolgreich fühlen, würde seine Identität und seinen Platz in der Welt finden. Neil war den Marken gegenüber loyal, aber sie haben
ihre Versprechen nicht eingelöst. Das hat sein Gefühl der
Enttäuschung, Desillusionierung und Paranoia verstärkt.
Seine Projektionen und Fantasien sind nicht Realität geworden. Das, was er in die Marken investiert hat, finanziell
ebenso wie psychologisch, hat ihm nichts eingebracht.
Auf einer symbolischen Ebene spielen die Unternehmens-
marken eine Vaterrolle. Doch trotz Neils Hingabe waren sie
weder ein großzügiger noch ein wohlwollender Vater, sie haben ihm nicht das Gefühl gegeben, etwas Besonderes und
Einzigartiges zu sein. Neils Verwirrung und Ratlosigkeit verwandelte sich in Zorn und in den Wunsch nach Rache. Er
entschloss sich, alles zu verbrennen. Das kann als ein de-
struktiver Akt der Wut, der Bestrafung und der Vergeltung
gesehen werden. Es ist ebenso ein Ausdruck von narzissti-
schem Schmerz und Verzweiflung sowie eine große, nach
Aufmerksamkeit heischende Geste. Positiv betrachtet ist ri-
tuelles Verbrennen auch ein Akt der Katharsis, ein Akt der
Säuberung und der Reinigung, ein Trauerprozess und eine
Wiedergeburt. Neil hat die Chance, wie Phönix aus der
Asche einen neuen Anfang zu machen, und er hat die Freiheit, zukünftig seine eigene Wahl zu treffen. Es ist signifi-

kant, dass Neils Vater beruflich mit Feuermeldern zu tun hat. Das Verbrennen ist auch ein Akt der Rebellion gegen eine abweisende und strafende Vaterfigur in Neils innerer Welt. Neil hat sein ganzes Leben lang an Ängsten gelitten. Er hat eine suchtanfällige Persönlichkeit. Er war von Alkohol abhängig, doch dies besiegte er. Nun ist er kaufsüchtig. Ein Abhängiger verspürt den starken Drang, die Qual immer stärker werdender Ängste zu lindern. Der addiktive Akt beginnt mit der gespannten Erwartung. Danach kommen der Kick, der Adrenalinausstoß, die Endorphine, Empfindungen der Zufriedenheit und Erleichterung und die kurze Phase verbesserten Selbstbewusstseins und gestiegener Selbstachtung. Unglücklicherweise folgt diesem Prozess ein Gefühl von Enttäuschung und Leere, das unweigerlich in Depression und neue Ängste führt. So wiederholt sich der Teufelskreis der Abhängigkeit. Die meisten Abhängigen leiden an starken Angst-, Wut-, Schuld- und Schamempfindungen, sie fühlen sich leer, frustriert, enttäuscht und verletzt.

Für den Umgang mit Sucht gibt es keine Patentrezepte. Man muss lernen, die Unvollkommenheit der Welt ebenso zu akzeptieren wie die Tatsache, dass das Leben oftmals gewöhnlich und banal ist. Um der existenziellen Angst entgegenzuwirken, muss man einen Sinn in seinem persönlichen Umfeld und in seiner eigenen Kreativität entdecken. Man muss lernen, mit Konflikten und Konfrontationen umzugehen, zwischen emotionaler Distanz und intimer Nähe zu wechseln. Man muss die eigenen inneren Schatten und Dämonen akzeptieren und beherrschen, anstatt sie zu unterdrücken oder zu verdrängen. Die Spaltungen müssen überbrückt werden, um die innere Welt zusammenzuführen und die narzisstischen Wunden zu heilen. Dies ist die Arbeit einer Therapie. Es ist kein Ziel, sondern ein Weg – und Neil ist auf diesem Weg.

Tag 150

Als ich heute Morgen aufwachte, war die Londoner Innenstadt von einer Decke überzogen. Es sieht aus, als sei über Nacht jede Plakatwand und jede Bushaltestelle mit einer neuen Apple-Kampagne zugepflastert worden. Es erinnert mich an die Straßenszenen von der Krönung der Queen oder vom V-E-Day (Victory in Europe Day), an dem der Sieg der Alliierten in Europa gefeiert wird. Vielleicht ist heute Apple-Day.

Die gleiche Werbung erscheint als Pop-up, als ich meinen Computer hochfahre. Sie ist auf den Rückseiten der Zeitungen zu sehen, die sich die Pendler im Bus vors Gesicht halten. In der Anzeige sieht man zwei Männer nebeneinander vor einem weißen Hintergrund stehen. Einer der beiden trägt einen ziemlich spießigen Anzug und sieht aus, als würde ihn alles anöden. Der andere ist lässig in Jeans und T-Shirt gekleidet, seine Haltung ist entspannt und er zeigt ein breites, zufriedenes Lächeln. Beide halten ein Schild in der Hand. Auf dem des langweiligen Anzugträgers steht: ICH BIN EIN PC. Auf dem des vergnügten Jeansträgers ist zu lesen: ICH BIN EIN MAC.

Vor zwei Jahren hätte ich mir diese Werbung unentwegt angeschaut und wäre stolz gewesen, ein Mac-User zu sein; jemand, der sich nicht in eine Schablone pressen lässt; ein »Kreativer« und kein »Arbeiter«; Mitglied einer Community, die über die Grenzen öder PC-Plastikschalen hinausdenkt. Hätte ich die Anzeige vor sechs Monaten gesehen, hätte ich in erster Linie Abscheu empfunden – über Apples emotionales Branding und ebenso über meine eigene Dummheit, weil ich einmal auf diesen Traum hereingefallen bin. Schaue ich mir die Werbung heute an, dann habe ich das Gefühl, dass zwischen mir und der Marke etwas mehr Raum ist, Zorn und Ernüchterung haben nachgelassen. Ich bin immer noch empfänglich für die Verlockungen der Marke, und es wäre ein Leichtes für mich, in die alten Gewohnheiten zurückzufallen. Doch ich habe heute ein größeres Vertrauen in meine Fähigkeit, wegzuschauen und über Dinge nachzudenken, die mir wichtiger sind.

Ich werde oft gefragt, ob ich jemals zum Markenkonsum zurückkehren werde. Momentan antworte ich darauf mit einem Nein. Ich nehme an, dass ich mir nach und nach ein wenig Bequemlichkeit gestatten werde, einen gelegentlichen Notfalleinkauf im Supermarkt zum Beispiel. Ich vermisse die Aufregung beim Einkaufen, den Glamour der Mode, den Luxus, Dinge mein Eigen zu nennen, die mir das Gefühl geben, etwas Besonderes zu sein. Doch ich bezweifle, dass ich je wieder unbefangen eine der ganz großen Marken anziehen oder in meiner nächsten Umgebung haben kann. Emotional fühle ich mich heute besser dazu in der Lage, auf meinen eigenen Füßen zu stehen, ohne die Krücken irgendwelcher Statussymbole. Ich bilde mir ein, dass ich mein Selbstwertgefühl nicht mehr durch den Besitz bestimmter Dinge stützen muss, was mich sehr erleichtert.

Ich habe diese Reise angetreten, um mir eine eigene, von Marken unabhängige Identität zu geben. Aber ich bezweifle, dass ich jemals herausfinden werde, wer ich wirklich bin. Meine Werte und mein Selbstgefühl verändern sich ständig. Was ich aber sicher weiß, ist, wer ich nicht bin. Ich bin kein besonderer Mensch, der es verdient, um jeden Preis immer das Beste zu bekommen. Ich bin nicht der zufriedene, erfolgreiche Typ aus der Werbung – und ich werde es auch nie sein. Ich bin kein Mitglied irgendeiner Gruppe, die sich eine Marketingabteilung ausgedacht hat. Ich bin kein PC. Ich bin kein Mac. Ich bin einfach ich.

Danksagung

Mein Dank geht an meine Agentin Clare Conville und an alle Mitarbeiter von Conville & Walsh für das Vertrauen, das sie mir geschenkt haben. Ich danke Jamie Byng, Anya Serota, Andy Miller und allen bei Canongate Books für ihren verlegerischen Weitblick. Tom Hodgkinson, Kalle Lasn, Adam Curtis, John Berger, Carol Martin-Sperry, Phillip Hodson und Clare Short danke ich für wahre Inspiration. Weiterer Dank geht an Rana Reeves, Kate Statham und Erin Manger für so viele gute Ratschläge. Ich danke Ros und allen bei Fantastic Fireworks für die perfekte Organisation und Durchführung meines Feuers. Dank an alle Freunde, die einsprangen und mich unterstützten, darunter Ashley Bingham, Tim Parker, Tom Awad, Daniel Pemberton, Kevin Braddock, Russell Davies, James House, Micha Gilbert, Emma und James Grant, Glyn und Jim von ESP sowie Ekow Eshun. Dank an Alan Clarke für die Fotos. Ich bedanke mich bei Libby Brooks, William Briely und Lottie Moggach dafür, dass sie mich in der Presse fair dargestellt haben. Für ihre bedingungslose Unterstützung und ihre unglaubliche Herzlichkeit danke ich Dee, Barry, Ashley und Debbie Bingham sowie Jane, O. W. und der gesamten Familie Riegel. Ich danke meinen Eltern Bob und Margaret Boorman sowie meiner Schwester Lindsay mit ihrem Mann David für ihr Verständnis, ihre Selbstlosigkeit und ihre Liebe in all den Jahren. Vor allem aber danke ich meiner Partnerin Juliet Bingham, die mein Leben verändert hat und mich ohne Wenn und Aber liebt.

Anhang

Anmerkungen

1 John Berger: Ways of Seeing. London 1972
2 Kevin Lane Keller: Strategic Brand Management. New York 1998
3 Daryl Travis: Emotional Branding: How Successful Brands Gain the Irrational Edge. New York 2000
4 *New York Times*, 8. November 1967
5 J. Walter Thompson: Things to Know About Trademarks. J. Walter Thompson Co. Advertising 1911
6 Ebenda
7 Edward Bernays: Propaganda. Die Kunst der Public Relations. Freiburg 2007
8 Fourth Edelman Study on Trust & Credibility: Brands & Branding. Harvard 2003
9 Susan Fournier: Consumers and their Brands: Developing Relationship Theory in Consumer Research. *Journal of Consumer Research* 24, 1998
10 Kevin Roberts: Lovemarks: The Future Beyond Brands. New York 2005
11 Robert Booth: Generation Y speaks: it's all us, us, us. *Sunday Times*, 4. Februar 2006
12 Adrian Faiers: Inclusion without cure will liberate us all. *Journal of Mental Health Promotion*, März 2004
13 Davis Glen Mick und Claus Buhl: A Meaning-based Model of Advertising Experiences. *The Journal of Consumer Research 19*, 1992
14 Haas School of Business: The Sense and Nonsense of Consumer Product Testing: Are Consumers Blindly Loyal? University of California. Berkeley, 2005
15 Luke Harding: The new World Cup rule: take off your trousers, they're offending our sponsor. *The Guardian*, 19. Juni 2006
16 Marshall McLuhan: Die magischen Kanäle. Frankfurt am Main 1982
17 Paul Feldwick: What is Brand Equity, Anyway? World Advertising Research Center 2002
18 Paul Lewis: Parents exercised over price of sports kit. *Guardian*, 16. Dezember 2005

19   Glenn Livingston: Assessing the Emotional Drivers of Purchase: A Methodological Discussion. Livingston Research Group 2004

20   Mr. Muscle liebt die Jobs, die Sie hassen. Burger King Whopper, auf offener Flamme gegrillt, für nur 2,99 £. Big Brother, heute Abend um neun im Vierten. Das neue Elvive Shampoo gegen Haarbruch, von L'Oréal Paris. Das KFC Family Feast für nur 9,99 £, die perfekte Art, Ihren Tag abzurunden. Oral-B Pulsar – und Zähneputzen wird nie mehr so sein wie früher. Unter 0800 50 50 50 bekommen Sie bei Ihrem AA-Team die billigere Autohaftpflicht, gibt's die besseren Tarife. Die offiziellen Klingeltöne gibt's bei jamster.co.uk – jetzt downloaden! *Cars* von Disney Pixar – ab 28. Juli im Kino. Gönnen Sie sich eine Haar-Therapie mit Sunsilk. Den ganzen Tag wie frisch geduscht – mit Always. Bei den DFS-Sommer-Sonderangeboten sparen Sie gleich doppelt. Big Splash Lashes – mehr Länge, mehr Schwung, mehr Volumen, bis zu 50 Prozent, von Rimmel London. Kommen Sie Robbie Williams näher, mit dem W300i-Walkman-Handy. Zahnärzte empfehlen Sensodyne für empfindliche Zähne. Birds Eye: Fischer fangen die Lachse ein, Tiefkühlen fängt die Frische ein. O2 can do.

21   David A. Aaker: Management des Markenwerts. Frankfurt am Main 1992

22   Douglas Atkin: The Culting of Brands: When Customers Become True Believers. Portfolio 2004

23   Kate N. Grossman: *Chicago Sun-Times*, 7. Juni 2003

24   Rachel Bowlby: Carried Away: The Invention of Modern Shopping. Columbia University Press 2001

25   Dylan Jones: Style Counsel. *Mail on Sunday*, 6. August 2006

26   Commodifying Space, www.freepress.net/issues/space

27   Ebenda

28   Ebenda

29   Juliet B. Schor: Born to Buy: The Commercialized Child and the New Consumer Culture. New York 2004

30   Wordwide Ad Spend 2007, Zenith Optimedia

31   Christopher Lasch: Im Zeitalter des Narzissmus. München 1995

32   Edward Bernays: Propaganda. Die Kunst der Public Relations. Freiburg 2007

33   Nick Anderson: Brands Identity and Young People. University of Sussex 2004

34 Rosalind Minsky: Consuming Goods. In: Serious Shopping: Psychotherapy and Consumerism. Adrienne Barker (Hrsg.). Free Association Books 2000
35 Neil Boorman: Bonfire of the Vanities. *The Guardian*, 13. September 2006
36 Helga Dittmar: The Costs of Consumer Culture and the »Cage Within«: The Impact of the Material »Good Life« and »Body Perfect« Ideals on Individuals' Identity and Well-Being. In: *Psychological Inquiry* 18, Nr. 1–9, The Analytical Press 2007
37 Arlie Russell Hochschild: Das gekaufte Herz. Die Kommerzialisierung der Gefühle. Frankfurt am Main 1990
38 Warren Berger: Advertising Today. London 2004
39 Tony Juniper. *Today*. BBC Radio 4, 17. Januar 2007
40 Naomi Klein: No Logo. München 2005
41 Current and Historical Earnings, www.nikebiz.com
42 How to get involved, www.nosweat.org.uk/getinvolved
43 Nike lists abuses in Asian factories. *The Guardian*, 14. April 2005
44 Spring 2007 Trend Dossier. The Future Laboratory 2007
45 UK firms exploiting Bangladesh. BBC News-Internetseite, 8. Dezember 2006
46 Yougov Poll. *Daily Telegraph*, 27. Juli 2006
47 Election 2005: Turnout, How Many, Who and Why? The Electoral Commission, www.electoralcommission.org.uk
48 Voter Turnout 2004. United States Elections Project, www.elections.gmu.edu
49 Richard Wilson: Post Party Politics, Can Participation Reconnect People and Government? The Involve Foundation 2006
50 Herbert Marcuse: Der eindimensionale Mensch. Frankfurt am Main 1964
51 »BMW ist die bevorzugte Marke chinesischer Millionäre«, chinadaily.com, 13. Januar 2007
52 Herbert Marcuse, a. a. O.
53 Ebenda
54 Grant Thornton: Consumer Debt Report 2007
55 James Burroughs: Materialism and Wellbeing: A Conflicting Values Perspective. *Journal of Consumer Research*, 2002
56 Patricia Cohen und Jacob Cohen: Life Values and Adolescent Mental Health (Research Monographs in Adolescence). LEA Inc 1995

57 Ed Diener und Robert Biswas-Diener: Would you be happier if you were richer? A focusing illusion. *Science Magazine*, 2006

58 Jean Kilbourne: Deadly Persuasion: Why Women and Girls Must Fight the Addictive Power of Advertising. New York 1999

59 Tim Kasser und Virginia Grow: Insecurity. Department of Psychology. Knox College 2002

60 Richard B. Gregg: The Value of Voluntary Simplicity. Wallingford 1983

61 Epikur: Briefe, Sprüche, Werkfragmente. Ditzingen 1980

Bildnachweis

Literatur

Atkin, Douglas: The Culting of Brands. Turn Your Customers Into True Believers. London 2004

Berger, John: Ways of Seeing. London 1972

Bernays, Edward: Propaganda. Die Kunst der Public Relations. Freiburg 2007

Botton, Alain de: StatusAngst. Frankfurt am Main 2006

Brown, J. A. C.: Techniques of Persuasion. London 1963

Dittmar, Helga: The Social Psychology of material Possessions. To have is to be. London 1992

Dittmar, Helga: Consumer Society, Identity and Well-Being: The Search for the ›Good Life‹ and the ›Body Perfect‹. Hove/New York 2007

Frank, Robert H.: Luxury Fever: Why Money fails to satisfy in an Era of Excess. New York 1999

Gabriel, Yiannis/Lang, Tim: The unmanageable Consumer. London 1995

Glasser, Ralph: The New High Priesthood. London 1967

Goffman, Erving: Wir alle spielen Theater. Die Selbstdarstellung im Alltag. München 2003

Graff, John de: Affluenza. The all-consuming Epidemic. New York 2001

Heath, Joseph/Potter, Andrew: Konsumrebellen. Der Mythos der Gegenkultur. Berlin 2005

Hodgkinson, Tom: Die Kunst, frei zu sein. Handbuch für ein schönes Leben. Berlin 2007

Kasser, Tim: The high Price of Materialism. Cambridge 2002

Kilbourne, Jean: Deadly Persuasion: Why Women and Girls must fight the addictive Power of Advertising. New York 1999

Lasch, Christopher: Im Zeitalter des Narzissmus. München 1995

Lasn, Kalle: Culture Jamming. Das Manifest der Anti-Werbung. Freiburg 2006

Marcuse, Herbert: Der eindimensionale Mensch. Frankfurt am Main 1964

Packard, Vance: Die geheimen Verführer. Der Griff nach dem Unbewussten in Jedermann. Berlin 1965

Paterson, Mark: Consumption and Everyday Life. London/New York 2006

Schor, Juliet B.: Born to Buy. New York 2004

Smail, David: Illusion and Reality: Meaning of Anxiety. London 1997

Thoreau, Henry David: Walden. Ein Leben mit der Natur. München 1999

Veblen, Thorstein: Theorie der feinen Leute. Eine ökonomische Untersuchung der Institutionen. Frankfurt am Main 2007

Ein Spionagebericht
unter die Oberfläche der Macht

Moritz Freiherr Knigge / Claudia Cornelsen · **Zeichen der Macht**
Die geheime Sprache der Statussymbole
238 Seiten, gebunden mit Schutzumschlag
€ [D] 19,95 · € [A] 20,60 · sFr 35,50
ISBN 978-3-430-11848-4

Die Chefbüros sind kleiner geworden, die Hierarchien flacher und die Rolex ist
nur noch ein Klischee. Trotzdem steht unser Status jeden Tag auf dem Prüfstand:
Gehen Sie im Büro selbst ans Telefon? Haben Sie Kinder und wenn ja wie viele?
Träumen Sie von einem Sabbatical oder von einer Festanstellung?
Die Klingen im Machtkampf sind fein, und die Zeichen, mit denen Alphatiere
sich abgrenzen, werden immer subtiler. Claudia Cornelsen und Moritz Freiherr
Knigge zeigen, wie Sie die geheimen Zeichen so interpretieren und
anwenden können, dass diese Sie zum Erfolg führen.

Econ

Vom Weltenbummler zum Mitsubishianer!

Niall Murtagh · Blauäugig in Tokio
Meine verrückten Jahre bei Mitsubishi
292 Seiten · Klappenbroschur
€ [D] 16,00 · € [A] 16,50 · sFr 29,00

ISB 978-430-20002-8

Essen Sie Brot, Reis oder beides zum Frühstück?
Haben Sie je an einer der folgenden 62 Krankheiten gelitten? Haben Sie anderen
zufolge Mundgeruch? Wie lange brauchen Sie abends im Bad?
Mit diesen und anderen kuriosen Fragen sah sich der irische Weltenbummler
Niall Murtagh konfrontiert, als er bei Mitsubishi in Tokio anheuerte.
Seine europäische Sicht auf Japan und die Firmenkultur des Technologie-Riesen
präsentiert er in einer gekonnten Mischung aus spannendem Wirtschaftsbuch,
amüsantem Tatsachenroman und ungewöhnlicher Reisegeschichte.

Econ

Teure Verführung...

Philip Kotler · **Die 10 Todsünden im Marketing**
Fehler vermeiden, Lösungen finden
168 Seiten · gebunden mit Schutzumschlag
€ [D] 19,95 · € [A] 20,60 · sFr 35,50
ISBN 978-3-430-15497-0

Das Marketing steckt in einer Krise. Neue Produkte können am Markt immer weniger durchgesetzt werden, die meisten Marketing-Kampagnen haben keinen Einfluss auf die Kaufentscheidungen der Kunden. Kompakt und in schnörkelloser Sprache identifiziert Philip Kotler die zehn entscheidenden Marketing-Fehler, wie man sie erkennt und wie sie zu beheben sind. Besonders nützlich: die zusammenfassenden zehn Gebote für effektives Marketing am Ende dieses Buches.

Econ

Warum Chaos effektiv ist und Unordnung glücklich macht

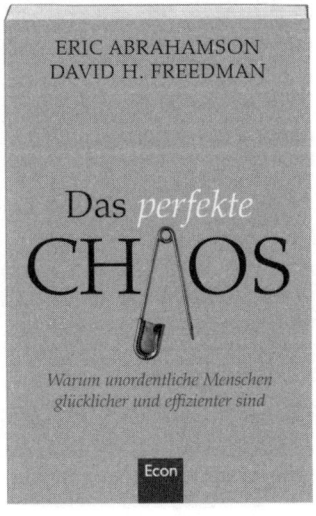

Eric Abrahamson, David H. Freedman · **Das perfekte Chaos**
Warum unordentliche Menschen glücklicher und effizienter sind
288 Seiten, Klappenbroschur
€ [D] 18,00 · € [A] 18,50 · sFr 32,40
ISBN 978-3-430-30009-4

Immer mehr Menschen und Unternehmen planen ihren Alltag oder ihre Arbeitsabläufe exakt durch. Dabei kostet Ordnung oft mehr, als sie nutzt: Zeit, Energie und Geld! Die Autoren hinterfragen die »Diktatur der Ordnung« und präsentieren einen neuen Zugang zum Chaos, der einem anarchistischen Appell nahekommt: Messify your life! Ein ungewöhnlicher und erhellender Einblick in das Chaos – und eine erfrischende Absolution für alle Ordnungsmuffel dieser Welt.

Econ